마음
태어나는
것

The Birth of the Mind
by Gary Marcus

Copyright ⓒ 2004 by Gary Marcus
All rights reserved

Korean translation copyright ⓒ 2005 by Henamu Publishing Co.

This Korean edition is published by arrangement with
Gary Marcus c/o Brockman Inc., New York.

이 책의 한국어판 저작권은 Brockman Inc.를 통해 Gary Marcus와
독점 계약한 해나무 출판사에 있습니다.
저작권법에 의해 한국 내에서 보호를 받는 저작물이므로
무단 전재와 복제를 금합니다.

국립중앙도서관 출판시도서목록(CIP)

마음이 태어나는 곳 : 몇 개의 유전자에서 어떻게 복
잡한 인간 정신이 태어나는가? / 개리 마커스 지음 ;
김명남 옮김. ― 파주 : 해나무, 2005

　p. ;　cm

권말부록으로 '게놈을 해독하는 기법들' 수록
원서명: The birth of the mind : how a tiny
number of genes creates the complexities of
human thought
원저자명: Marcus, Gary
참고문헌과 색인 수록
ISBN　89-89799-43-0　03470 : ₩13000

182.4-KDC4
155.7-DDC21　　　　　　　CIP2005000630

마음이 태어나는 곳

몇 개의 유전자에서
어떻게 복잡한 인간 정신이 태어나는가?

개리 마커스 지음 | 김명남 옮김

해나무

차례

1 본성 대 양육　_7
2 천재로 태어나다　_25
3 뇌 속의 폭풍　_47
4 아리스토텔레스 가라사대　_67
5 코페르니쿠스의 복수　_95
6 사전 배선 대 재배선　_125
7 정신 유전자　_153
8 유전자 부족이란 없다　_199
9 진실의 최전선　_221

부록 | 게놈을 해독하는 기법들　_239

감사의 말 _257 | 옮긴이의 말 _261 | 용어 설명 _265 | 주註 _281
참고 문헌 _303 | 도판의 출처 _344 | 찾아보기 _345

| 일러두기 |

1. 이 책은 개리 마커스(Gary Marcus)의 *The Birth of the Mind*를 완역한 것이다.
2. 원서에서 이탤릭체로 강조한 단어나 문장은 고딕체로 구분하였다.
3. 종명은 라틴어 학명 표기법을 따랐다.
4. 유전자 명 역시 통상의 표기대로 이탤릭체를 사용하였다.

(1)
본성 대 양육

> 유전 암호란 작은 조각들로 신체를 조립하는 청사진 같은 것이 아니다. 오히려 여러 재료를 동원해 신체를 구워내는 요리법에 가깝다. 요리책에 적힌 대로 따라해보면 결국 오븐에서는 케이크가 완성되어 나온다. 그렇지만 그 케이크를 다시 부스러기로 쪼개어 '이 부스러기는 요리법의 첫번째 단어에 해당하는 것, 저 부스러기는 두번째 단어에 해당하는 것, 기타 등등' 식으로 말할 수는 없다.
>
> ―리처드 도킨스

DNA 구조의 공동 발견자인 프랜시스 크릭은, 최근 자신의 저서 『놀라운 가설』에서, 우리 마음속에 일어나는 일들은 우리의 뇌에 기반한 것이라고 주장했다. "우리 자신을 이해하기 위해서는, 신경 세포들이 어떻게 행동하는지, 그들끼리 어떻게 상호작용하는지 이해해야만 한다."[1]

마음이 뇌의 활동으로부터 비롯된다는 점에서 크릭은 정확했다. 하지만, 한때 뉴런의 생물물리학을 연구했던 소프트웨어 엔지니어의 아들로 태어나 20세기 후반을 살아온 나에게 그것은 놀라운 사실까지는 아니다. 나와 같은 세대의 사람들은 대다수가 이미 생각은 뇌의 산물임을 알고 있다(어쩌면 상식인지도 모른다). MIT의 인지과학자 스티븐 핀커의 말을 빌리자면 "뇌가 하는 일이 바로 마음이다".[2]

오늘날, 뇌가 마음에 미치는 영향에 대한 증거는 도처에 널려 있다. 프로작이 뇌를 자극하여 기분을 바꾼다거나, 발작을 하면 뇌 손상이 일어나 행동방식이 바뀔 수도 있다는 것, 뇌의 각 부분이 각기 서로 다른 인지 기능에 참여한다는 것─음악을 들을 때는 우뇌, 연설을 들을 때는 좌뇌,[3] 공포를 느낄 때는 편도체,[4] 오르가슴을 느낄 때는 우측 전두엽 피질─ 등을 과학이 보여주었다.[5]

그런데, 마음의 기원이 뇌라는 사실은 대부분의 사람이 받아들이고 있어도, 또다른 사실, 즉 뇌의 기원은 유전자라는 사실을 선뜻 받아들이는 사람은 훨씬 적다. 50년 전에 크릭이 해독해낸 분자는 그간 과학, 의학, 심지어 법학에까지 영향을 미쳤다. 그러나 마음에 관한 이론에 있어서만큼은 유전자는 거의 아무런 영향도 미치지 못했다.

유전자 때문에 암이나 당뇨가 발병할 가능성이 있다면, 유전자가 마음을 형성하는 데 영향을 미칠지 모른다는 것도 합리적인 발상이다. 특정 품종의 개가 다른 품종보다 더 붙임성 있는 (또는 더 사나운) 데에 유전자가 관련되어 있으리라고 추정하기는 쉽지만, 유전자가 우리의 사고와 행동에도 영향을 미칠 수 있다는 생각은 과학자들조차 쉽게 받아들이지 못한다. 『현대 인류학』 최신호에서 폴 에를리히와 마커스 펠트만이라는 스탠퍼드 대학의 두 생물학자는 이렇게 주장했다. "유전이라는 개념은 식물과 동물 번식에만 적용되어야 한다. (……) [인간의 경우도] 유전자가 몇몇 일반적인 패턴을 통제할 수는 있다. (……) 하지만 인간 개개인이 어떤 행동을 할 것인지를 모두 통제할 수는 없다."[6]

에를리히는 한 발 더 나아가 자신이 '유전자 부족'이라고 이름 붙인 것 때문에라도 유전자의 영향력은 제한될 수밖에 없다고 주장했다. 인간의 유전자 수는 대략 3만 개 정도이지만, 뇌의 뉴런 수는 200억 개다. 에를리히는 이렇게 결론지었다. "그런 비율이라면 유전자가 가장 일반적인 인간 행동 이상까지 통제하기란 말 그대로 꽤나 어려울 것이다."[7] 이 견해는 문화평론가 루이 메낭이 최근 『뉴요커』에 쓴 글에도 반복되고 있다. "삶의 모든 측면은 정확히 같은 정도로 생물학적 기반을 갖고 있다. 만약 생물학적으로 불가능하다면 아예 존재할 수 없기 때문이다. 그 이상에 관해서라면 노력하면 획득할 수 있다."[8] 이 말은 존 B. 왓슨(크릭의 공동연구자인 제임스 왓슨과는 아무 관련 없는 사람이다)의 오래된 허풍을 떠올리게 한다. 그는 "자신이 특별히 고안한 적당한 환경"만 갖춰진다면, 어떤 아이를 어떤 모습으로든지 키워낼 수 있다고 장담했다.[9] 사람들은 유전자가 우리의 정신에 중요한 역할을 한다는 것을 인정하고 싶어하지 않는다. 자신의 운명은 스스로 만들어낼 수 있다는 믿음에 반하기 때문이다.

그러나 유전자가 우리의 정신 활동을 형성한다는 것은 명백한 사실이다. 엄밀히 따져 유전자가 운명을 통제하지 못한다는 에를리히와 펠트만의 주장은 옳지만, 유전자는 분명 우리의 성격, 기질, 한 개인을 독특하게 만드는 모든 특성의 발현에 기여한다. 인간 종을 독특하게 만드는 특성에 기여하는 것처럼 말이다. 현대과학은 유전자가 정신활동에 뚜렷한 영향을 미칠 수 있는 방법을 열두 가지도 넘게 밝혀냈다. 동물 실험에 따르면 행동이나 성격의 특정한 면들은 유전적으로 다음 세대로 이어진다(앞서 말한 개의 품종에 대한 예나, 쥐 유전학자들이 우디 앨런만큼이나 산만한 쥐를 만들어낸 연구에서 확인할 수 있다).[10] 쌍둥이에 대한 연구는 유전자를 더 많이 공유한 사람들(일란성 쌍둥이)이 더 적게 공유한 사람들(이란성 쌍둥이)보다 더 비슷하다는 사실을 오래전부터 보여주었다. 육체적 특성뿐 아니라 성격과 지능 등 사실상 측정 가능한 모든 정신적 특성이 그러했다.

물론 쌍둥이 사이의 공통점이 유전자에만 기인하는 것은 아니다. 2002년 3월 6일, 일흔한 살의 핀란드 쌍둥이가 한 시간 간격으로 같은 도로에서 비슷한 식의 자전거 사고로 사망한 일은 전적으로 우연의 일치였다.[11] 유전자가 둘 모두에게 육체 활동이나 위험을 즐기는 경향을 부여했을 수는 있지만, 그들이 같은 날 같은 식으로 죽게 된 것은 단순한 우연이다. 그럼에도 유전자가 우리 정신 구조에 영향을 미친다는 것은 거부할 수 없는 사실이다.

유전자는 뇌의 구조 자체에도 영향을 미친다. 로스앤젤레스 소재 캘리포니아 대학의 뇌영상처리 연구팀과 헬싱키의 유전학 연구팀은 공동으로 쌍둥이 20쌍의 뇌자기공명영상에 대해 연구했다. 열 쌍은 일란성, 다른 열 쌍은 이란성이었으며, 사회계층, 나이, 쌍둥이끼리 함께 보낸 시간이 얼마나 되는가 등을 주의 깊게 살펴 실험 대상을 선정했다.[12] 그 결과, 뇌의 회색질―경험과 상관없이 가장 오래 변하지 않는다고 알려진 부분―의 밀도가 일란성 쌍둥이에서 이란성 쌍둥이보다 서로 더 비슷했다.

또다른 연구팀은 뇌의 백색질―변형 가능한 신경망으로 이루어져 있어 경험의 영향을 가장 많이 받는다고 알려진―의 부피 역시 일란성 쌍둥이 쪽이 더 비슷하다는 것을 알아냈다.[13] 일란성 쌍둥이의 뇌는 이란성의 뇌보다 뇌회의 패턴[14]이나 뇌량(좌반구와 우반구를 이어주는 역할을 한다) 같은 특정 구조의 크기에서 유사성이 두드러진다.[15] 고양이를 대상으로 한 연구는 그러한 유사성이 훨씬 세부까지 미친다는 것을 보여주었다. 긴밀하게 연결된 뇌 세포군으로 같은 기능을 공유하는 것으로 알려진 미세피질 원주의 간격이나 배치 등이 그러했다.[16] 유전자는 뇌의 세밀한 부분에까지 영향을 미치는 듯하다.

유전자가 마음의 발생에 중요한 역할을 한다는 증거는 신생아에게서도 찾아볼 수 있다. 태어난 지 몇 시간 만에 신생아들은 얼굴 표정을 따라 할 줄 알고,[17] 소리를 내는 물체를 눈으로 찾아낼 수 있으며,[18] 네덜란드어의 리듬과 일본어의 리듬을 구별하고,[19] 자신을 쳐다보고 있는 사람과 그렇지 않은 사람을 가려낸다.[20] 상대적으로 경험이 거의 없는 신생아들조차 세상을 관찰할 준비가 되어 있다는 뜻이다. 언어학의 선구자 놈 촘스키의 이론에 기반한 '선천론자'들, 즉 스티븐 핀커나 프랑스 인지뇌과학자 스타니슬라스 드에인 등은 아기들이 '언어 본능'[21]과 '수 감각'[22]을 타고난다고 주장한다. 핀커가 강력하게 주장하듯이, 신생아는 (유전자가 아닌) 순전히 경험에 의해서 형성되는 '빈 서판(blank slate)'이라는 관념은 더이상 유효하지 않다.[23]

오늘날 이런 결과들은 새로운 소식이라고 할 수도 없다. 하지만 신문, 잡지, 심리학 전공 문헌에서는 아직도 유전자를 다룬 마음의 이론을 거의 찾아볼 수 없다. 마치 왓슨과 크릭의 DNA 발견 소식이

심리학 분야에만 여태 전해지지 않은 것 같다.

이 책의 목적은 유전자가 우리에게 영향을 미친다는 것을 증명하기 위함이 아니다—그것은 이제 의심의 여지가 없는 사실이니까 말이다. 나는 유전자가 어떻게 작용하는지 설명하려 하며, 그것이 마음에 대해서는 어떤 의미를 갖는지 처음으로 밝혀보고 싶다. 유전자가 우리의 운명을 결정한다고 주장할 생각이 없거니와(분명 그럴 수가 없는데 그 이유는 나중에 설명하겠다), 유전자의 영향이 문화와 경험의 기여보다 크다고 주장할 마음도 없다(어느 쪽의 영향이 더 큰가는 측정하기 어려운 문제다). 이 책의 주제는, 자연이 우리에게 무엇을 부여했는지 이해하기 위해서는 유전자의 실제적 역할을 살펴보는 방법밖에 없다는 것이다.

대중매체에 실린 유전자에 대한 글들은 대부분 이런저런 오해를 일으킨다. 그들은 유전자란 청사진이나 지도 같은 것이라고 말한다. 책, 도서관, 요리법, 컴퓨터 프로그램, 암호, 심지어 공장과 비슷한 것이라고도 말하지만 유전자가 실제로 무슨 일을 하는지는 말해주진 않는다.[24] 그러므로 독자는 경쟁적인 주장들을 비교 평가할 변변한 기반도 갖고 있지 않다. 진화를 통해 '언어 본능'이 생겨났다는 주장은 사실일까? 과연 '유전자 부족'이란 존재하는 것일까? 유전자가 기능하는 방식을 명료하게 설명할 수 없다면, 이런 질문에 답할 수도 없다. 알코올중독 유전자나 비만 유전자가 발견되었다는 신문기사는 대체 무슨 뜻일까? 유전자가 실제로 기능하는 방식을 이해하지 못하면 매일 폭격하듯 쏟아지는 흥미진진한 생물학 발견들의 의미를 해석해낼 길도 없다.

유전자가 어떻게 인간의 기질과 능력에 영향을 주는지 알기 위해 먼저 게놈이 청사진과 비슷하다는 생각을 버릴 필요가 있다. 신문기사의 제목이야 어쨌든 간에, 게놈은 마음을 만들어내기 위한 정확한 배선도나 완제품의 도면이 아니다. 그리스 신화의 여신 아테네는 완전히 갖춰진 모양새 그대로 제우스의 머리에서 솟아 나왔다고 한다. '전성설자'라고 불리는 17세기 과학자들은 정자나 난자 속에 완전한 인간의 축소형인 생명체가 들어 있다고 믿었다. 하지만 오늘날의 생물학자들은 발생 초기 단계에서 생명체가 그런 식으로 존재하지 않는다는 사실을 잘 알고 있다. 완성될 생명체의 세세한 면까지 규정짓는 상세한 청사진으로 게놈을 이해해서는 안 되는 이유를 말하라면, 최소한 다섯 가지 이상 들 수 있다.

- 청사진에서는, 도면 속의 한 요소와 그 그림이 묘사하는 건물의 한 요소 간에 직접적인 대응이 성립한다. 유전자와 한 기관을 이루는 세포나 조직 사이에는 그런 일대일 대응이 성립하지 않는다. 영국 동물학자 패트릭 베이트슨이 말한 바와 같다. "유전자를 청사진에 비유하는 생각은 터무니없는 오해다. 계획도와 생산물 사이의 대응 관계를 찾아볼 수 없기 때문이다. 청사진이라면 쌍방향으로 위치를 찾을 수 있다. 방의 위치가 청사진에 의해 미리 결정되듯, 완성된 집을 보고 청사진에서 그 방을 찾아내는 것도 가능하다. 이런 즉각적인 위치 대응은 유전자와 행동 사이에는 적용되지 않는다. 어느 방향으로든 말이다."[25]
- 어떤 도면에서 1퍼센트 달라진 청사진으로 집을 지으면 1퍼센트 다른 도양의 건물이 나온다. 그러나 1퍼센트 다른 게놈은 획기적으로 다른 마음을 만들어낼 수 있다. 원래의 유전자 구성에서 단

한 가지만 변해도 겸상세포빈혈증이나 언어장애 등이 생길 수 있다. 인간의 게놈은 침팬지의 게놈과 겨우 1퍼센트 다를 뿐이지만, 그 마음은 엄청나게 다르다.
- 유전자가 실제 마음을 조직하는 데 쓰이는 정확한 청사진이 되려면 수많은 종류의 세부사항에 대한 정보를 다 갖추고 있어야 할 텐데, 그것을 다 포함하기에는 게놈이 너무 협소하다. 인간의 게놈은 10만 개도 안 되는 수의 유전자를—아마도 3만 개보다도 적을 것이다[26]—갖고 있는데, 이는 인간 뇌에 있는 200억 개 정도의 뉴런에 비하면 하찮은 숫자다.[27] 게놈이 글자 그대로의 청사진으로 기능한다는 생각은 에를리히가 말한 '유전자 부족' 때문에라도 가능할 법하지 않다.
- 똑같은 게놈에서 똑같은 신경계가 탄생하는 것은 아니다. 신경생물학자 코리 굿맨이 1970년대 중반에 수행한 연구에 의하면, 똑같은 유전자형을 가진 메뚜기 클론들의 신경계는 서로 비슷하긴 했지만 똑같지는 않았다.[28] 나날이 발전해가는 뇌영상 기술을 이용한 최근의 연구 결과, 인간 쌍둥이의 경우도 마찬가지다. 일란성 쌍둥이들의 뇌는 서로 비슷하지만, 실제로 둘은 전혀 다르다.[29]
- 일란성 쌍둥이의 뇌가 서로 다르듯, 그들의 마음도 다르다. 더 야심만만한 쪽이 있고 더 고분고분한 쪽이 있다. 아마도 뇌 구조의 차이에 기인할 것이다. 일란성 쌍둥이라도 몸무게, 종교, 심지어 성적 취향까지 서로 다르다. 일란성 쌍둥이는 똑같은 게놈을 갖고 있긴 해도 서로 다른 마음을 가진, 서로 다른 사람들이다.

분명 청사진 비유에는 문제가 많다. 그런데도 앞으로 살펴보겠지만, 사람들은 유전자를 단순한 청사진으로 가정하는 잘못을 저질러 선천성-후천성 논쟁을 수렁에 빠뜨리고 있다.

사람들이 유전학에 대해 품고 있는 두번째 큰 오해는, 언젠가 반드시 본성(선천성)이나 양육(후천성) 중 어느 쪽이 '더 중요한지' 밝혀질 날이 오리라고 믿는 것이다. 유전자는 환경을 떠나서는 아무 소용이 없고, 어떤 생명체도 유전자가 없으면 주위 환경을 이용할 수 없다. 어느 쪽이 더 중요한가 묻는 것은 남성과 여성 중 어느 성이 더 중요한가 묻는 것이나 마찬가지다. 일부러 멍한 척하는 영국 코미디언 알리 G가 한 여성학자와의 인터뷰에서 한 말이기도 하다(그 대화를 단어 그대로, 알리 G 특유의 말투까지 섞어 인용해보겠다. 그의 팬들은 알리 G라는 코미디언이 익살스럽게 꾸며낸 가상의 캐릭터라는 것을 잘 알 것이다. 열혈 팬이라면 알리 G를 연기하는 사샤 바론 코헨이라는 재능 있는 젊은이가 다름아닌 세계적으로 권위 있는 인지발달학자 사이먼 바론 코헨의 조카라는 사실도 알 것이다).

알리 G   요즘에는 우리나라에서 두명 중 한명은 여자죠. 여성들에 대해 좀 알 필요가 있는 거 아닙니까. 여성은 중요하죠, 그쵸?
교 수   물론 그렇습니다. 매우 중요하죠. 남성만큼이나 중요합니다.
알리 G   어느 쪽이 더 낫나요? 남자 아니면 여자?
교 수   글쎄요, 어느 쪽이 더 낫다 아니다 하는 것은 평등하지 않지요.
알리 G   그래도 어느 쪽이 낫나요?
교 수   양쪽 다 좋습니다.
알리 G   그래도 한쪽이 조금이라도 더 나을 거 아닙니까……
교 수   (잠시 가만히 있다가) 어떤 면에서 말입니까?

알리 G 그러니까, 그렇잖아요, 한쪽은 좀 못하고 한쪽은 좀더 낫다
는 면에서 말이죠.[30]

본성과 양육의 상호작용이라는 측면에서 더 나은 쪽이란 없다. '어느 쪽이냐'보다 적합한 질문은 '어떻게'다. 인간의 마음을 형성하기 위해서, 유전자는 어떻게 환경과 협력하는가?

이 질문을 파고들기 전에, 우선 '유전력'이라 불리는 통계 수치에 대해서 설명하고 넘어가야겠다. 이 수치는 언뜻 보기에는 유전자나 환경 중 어느 편이 '더 나은가'를 측정해주는 것으로 여겨진다. 그렇지만 정확히 말하자면, 유전력이란 특정 성질에서의 개인차에 대해 유전자와 환경이 얼마나 기여하는가를 통계적으로 예측한 수치일 뿐이다. 사람들 사이의 지능 차이는 유전자에 달린 문제인가, 아니면 환경에 달린 문제인가? 독단성은 어떤가? 신경과민은? 자제력은?

이 문제에 답하기 위해 연구자들은 IQ나 성격 같은 특성의 개인차를 개인 간의 유전적 연관도에 비교해보고 얼마나 달라지는지 측정하고 계산한다.[31] 유전력은 DNA 배열을 따지고 들어서 확정하는 것이 아니다(현미경은 필요하지도 않다). 어떠한 특성에 대해 나타나는 편차의 총량과, 유전적으로 연관된 사람들이 보이는 편차의 정도를 비교함으로써 결정된다. 환경 요소가 적당히 통제된 상황에서 유전적으로 가까운 사람들이 그렇지 않은 사람들보다 특정 성질에 있어 확연히 비슷한 면을 보인다면, 그 성질은 유전력이 높다고 말한다.[32] 쉽게 짐작할 수 있는 바지만 지문은 그 무엇보다도 타고

나는 것이다(선천성). 반면 손에 못이 얼마나 박였나 하는 것은 그 사람이 하는 일의 결과로 나타난다(후천성). 몇몇 육체적 특성들, 예를 들어 이두근의 크기 같은 것은 개인의 타고난 상태에다 식단이나 운동 등의 경험적 요소가 뒤섞인 결과이다. 이와 마찬가지로 대부분의 정신적 특성들은 선천과 후천의 중간 정도에 위치한다. 예를 들어, (모든 유전자를 공유하는) '일란성' 쌍둥이들은 서로 완전히 똑같지는 않지만, 측정할 수 있는 거의 모든 면에 있어서 (유전자의 절반만을 공유하는) 이란성 쌍둥이보다는 더 비슷하다.[33] IQ, 성질, 심지어 종교적 독실성까지. 또 형제자매는 배다른 형제자매 간이나 사촌 간보다 서로 더 비슷하다.[34]

원칙적으로 유전력 지수는 0퍼센트에서 100퍼센트 사이에서 아무 숫자나 취할 수 있다. 0퍼센트라면 유전자로 개인 간의 차이를 전혀 설명할 수 없고, 100퍼센트라면 개인차를 유전자 차이로 완벽히 설명할 수 있다. 벼락에 맞는 일의 유전력은 거의 0 수준일 것이다. 달리 말해 유전자가 벼락에 맞을지 안 맞을지를 결정해주지는 않는다. 반대로 지문은 유전력 지수가 100퍼센트에 가깝다. 지문에서의 개인차는 거의 완전히 유전적으로 결정된 것이다.[35] 마음에 관련된 측정을 해보면 이 수치는 보통 30퍼센트가 넘으며, 간혹 60이나 70퍼센트까지 올라가기도 한다. 이는 유전자와 마음이 어떤 식으로든 서로 관련이 있다고 확신하기에 충분하지만, 동시에 유전자 말고도 무언가 다른 요인이 (환경일 수도 있고 그저 우연일 수도 있을 것이다) 관여한다는 사실을 입증하기에도 충분한 정도이다.[36]

유전력 수치라고 하면 퍽이나 권위 있어 보이지만, 실은 상당한 오해를 불러일으키는 것이기도 하다. 예를 들어, IQ 테스트에 대한 유전력 수치가 60퍼센트로 나왔다는 사실은 '지능의 60퍼센트는 유전이다'는 뜻으로 해석될 공산이 크다.[37] 쌍둥이 연구에 따르면 IQ의 유전력 수치는 실제로 60퍼센트에 가깝게 나온다. 그렇다고 당신의 지능의 60퍼센트가 당신의 유전자로부터 비롯된 것이라고 말할 수는 없다. 사실 유전력 수치는 특정 성질의 몇 퍼센트가 유전자로부터 나온 것인가를 말해주지 않는다. 그 까닭은 다음과 같다.[38]

첫째로, 유전력은 어떤 특성의 몇 퍼센트가 유전자로부터 오느냐를 밝히지 않는다. 다만 그 특성에서의 편차 중 몇 퍼센트가 유전자에서 나오느냐를 측정할 뿐이다. '그 특성에서의 편차 중 몇 퍼센트'란 무슨 뜻일까?(이 말만큼이나 헷갈리는 용어인 '유전자에서 나오다'에 대해서는 다음 단락에서 설명하겠다) 유전력 측정은 숲과 나무를 구별해 보지 못한다. 볼 수 있는 것은 나무들 사이의 차이뿐이다. 통계에 잡히는 것은 나무의 평균 높이가 아니라, 그들의 높이 사이의 차이이다. 즉 유전력은 몇몇 나무들이 다른 나무들보다 큰 원인(빛이나 습기 때문인가, 고성장 유전자 때문인가?)에 대해 말할 뿐, 왜 나무는 기둥이나 뿌리를 갖고 있는가를 말해주지는 못한다.

인간에게 적용해보자면, 유전력은 지구 상의 생명에 대한 폭넓은 관점으로 볼 때는 대단히 작게만 느껴지는 차이에 주목하고 있는 것이다. 지미는 조니보다 더 어휘가 풍부한가 아닌가, 제니는 수전보다 스패너를 더 잘 다루는가 아닌가 하는 것들 말이다. 무엇이 인간을 지능 있는 생명체로 만들었는가는 주목하지 않는다. 설령 인간의 지능에 기여하는 유전자가 5천 개나 되더라도, 그중 단 몇백 개에서 생긴 변화만으로도 사람 간의 차이가 나타날 수 있는 것이다.

사회사업가이면서 평생 인간 본성에 대해 탐구했던 나의 어머니는 종종 정신분석학자 해리 스택 설리번의 말을 인용하셨다. "인간적이라는 면에서 우리는 다 거기서 거기다." 유전력 수치는 우리에게 몇몇 유전자의 차이와 IQ 수치의 차이가 서로 얼마나 연관이 있느냐를 말해주는 것이다. 우리가 공유하는 유전자들이 IQ 자체에 얼마나 기여하느냐, 또는 유전자가 어떻게 인간과 침팬지 사이의 차이를 만들어내느냐 등을 말해주지는 않는다.

둘째로, 어떤 특성이 유전자로부터 '나왔다'고 말하는 것과 그 특성이 유전자에 의해 만들어졌다고 하는 것은 다른 얘기다. 유전력은 상관도의 측정치일 뿐이며, 상관이 있다고 해서 다 인과관계가 성립하는 것은 아니다. 영화 〈스타워즈〉의 제다이 기사들은 다 남성이므로 Y염색체를 갖고 있고, 그래서 통계적으로 말한다면 제다이 기사가 될 가능성은 Y염색체의 유무에 연계되어 있다. 하지만 레아 공주도 포스를 습득할 수 있는 건 아닐까? 그녀가 제다이가 못 된 진짜 이유는 재능이 부족해서가 아니라 기회가 없어서였을지 모른다. 아마도 그 시대의 제다이 지휘부는 여성이 요다의 제다이 훈련 캠프에 들어가는 것을 좋아하지 않았을 것이다. 〈스타워즈 에피소드 7〉이 제작된다면 포스 습득의 기회가 남녀에게 동등하게 주어질 거라는 말도 있다.[39] Y염색체와 제다이가 되는 것 사이에는 여전히 상관이 있지만, 그렇다고 Y염색체가 제다이가 될 수 있었던 원인이라고 말할 수는 없다. 마찬가지로, 단어 IQ 테스트 결과 나타난 수치의 차이가 성유전자와 상관이 있다 하더라도, 그 유전자가 차이의 원인이라고 말할 수는 없다. 오히려 사회가 성이 다른 사람들을 다른 방식으로 취급해왔기 때문일 것이다. 유전력 수치는 인과적이든 아니든 모든 상관관계를 다루기 때문에, 유전자가 완성품에 기여하는 바에 대해 오해를 줄 수 있다.

  셋째로, 모든 행동유전학자가 지적하는 바지만, 유전력 수치는 필연적으로 그 데이터를 수집한 환경을 어느 정도 반영한다.[40] 현대 미국처럼 모든 아이들이 의무교육을 받는 평등한 사회에서 IQ 테스트를 수행하면 환경 다양성의 영향이 감소되어 비교적 높은 유전력 수치가 나타나기 쉽다. 좀더 심한 격차를 보이는 사회—부잣집에서만 교육을 시킬 수 있었던 초창기 미국 같은—에서 유전력을 측정하면 아마 수치가 낮게 나올 것이다. 확실한 사실이나 확실한 수치 따위는 있을 수 없다. 유전력 수치는 자동차 생산자가 측정하는 연비와 비슷한 면이 있다. 이 수치들은 상당히 좋은 가이드이겠지만 (지문보다는 몸무게가 환경에 더 민감하듯, 소형차가 사륜구동 SUV보다 연비가 나을 것이다), 구체적인 숫자 자체는 별 의미가 없다. 길의 상태, 차를 점검한 시점, 운전하는 스타일 등에 따라 1갤런의 연료로 35마일을 달리기도 하고 26마일을 달리기도 한다. 이처럼 유전력 수치란 측정 방법과 측정 대상자를 복합적으로 반영할 뿐이다.

최근까지만 해도 이 이상 나아간 바가 없었다. 과학자들은 본성과 양육 양쪽이 모두 중요하다는 사실을 알고는 있었지만, 왜 그런지 또는 어떻게 그런지 알지 못했다. 작고한 노벨상 수상자 피터 메더워가 1981년 썼던 것처럼, 마음의 발달을 탐구하기 위해 생물학자가 쓸 수 있는 도구란 개인차를 연구하는 것밖에 없었다. '인간이라면 누구나 소유한 어떤 공통된 특성들'(일례로 언어 습득 능력)이 어떤 식으로 '유전적으로 암호화되고, 그러므로 유전의 일부'인지 알려는 시도 역시 막다른 골목에 부닥쳤다.[41] 그런 이론들이 진실일 것 같기는 해도 검증할 방법이 없었다. 본성이냐 양육이냐 하는 논쟁은 '지겨운,'[42] 답이 없는 질문이라고 생각되었다.

그러나 1981년 이래 많은 것이 바뀌었고, 우리는 마침내 오래도록 머물렀던 막다른 골목을 벗어날 단계에 와 있다. 양자 중 어느 쪽이 더 나은가를 결정하는 게 아니라, 어떻게 양자가―유전자와 환경이―협력하는가를 이해함으로써 말이다. 새롭게 개발된 생물학 연구기술을 통해 과학자들은 개별적인 유전자의 기여를 평가해 볼 수 있게 되었고, 유전자를 교묘하게 바꾸어볼 수도 있다. 그리하여 마음을 형성하는 데 영향을 미치는 분자들을 연구하는, 실로 혁신적인 과학 연구가 비로소 시작되었다. 이 책의 목적은 과학 연구의 결과를 기초로 인간과 동물의 심리학 연구 결과를 고찰하는 것이다. 달리 말한다면, 게놈으로부터 통찰을 끌어내어, 우리의 본성과 양육을 이해하고 양자가 어떤 식으로 협력하여 인간의 마음을 탄생시키는가에 대한 이해를 바로잡고자 하는 것이다.

그러기 위해 유전자의 실제 작업 영역인 세포와 단백질의 세계로 당신을 안내하겠다. 마음에 관한 책으로는 이례적인 일인지도 모른다. 마음을 다루는 책들은 대부분 심리학을 말하지, 세포를 말하지 않는다. 하지만 세포 세계를 알면 정신세계를 이해하는 데 크나큰 도움을 주리라는 것, 세포 세계를 확실히 파악하지 못하면 정신세계를 제대로 이해하지 못하리라는 것이 나의 주장이다. 본성을 탐구하지 않는다면 논의는 이전처럼 '본능이냐 양육이냐'라는 식상한 수준에 머무를 것이다.

유전자의 역할을 전면에 내세우는 이론은 내가 마음의 과학의 '두 가지 역설' 이라 부르는 까다로운 문제점을 반드시 해결해야 한다. 첫째, 적합한 이론이라면 신경 유연성이라는 문제를 풀어야 한다. 신생아 때부터 환경을 이해하는 능력을 가지고 있다는 연구가 있는 반면, 뇌는 그 구조가 약간 변경되어도 기능을 잘 수행한다는 연구도 많다. 마음은 한편으로는 그토록 잘 조직되어 있으면서도 어떻게 그렇게 유연하기도 할까? 두번째 문제는 에를리히의 '유전자 부족'이다. 3만 개의 유전자에 200억 개의 뉴런이라니, 상대적으로 적은 수의 게놈에서 어떻게 그렇게 복잡한 뇌가 생겨나는 것일까?[43]

∞

즉 이 책은 마음, 뇌 그리고 그들을 이루는 분자에 대한 책이다. 2장에서는 먼저 마음을 다루며, 신생아가 바깥세상의 어떤 부분을 이해하는지 (그리고 이해하지 못하는지) 알아볼 것이다. 갓 태어난 인간 아기와 침팬지 새끼, 그리고 새의 새끼는 어떻게 서로 다른가? 아기의 탄생 시점은 우리 연구를 시작하기에 알맞은 조건이다. 9개월에 걸친 정교한 자기 조립(편안한 자궁 속에서 이루어지는)의 정점에 다다른 단계이자, 평생 학습과 경험을 쌓아갈 인생을 시작하는 단계이기도 하다. 우리는 무엇보다 배우기 위해 태어난 존재들이다.

  3장에서는 뇌로 시선을 돌린다. 신생아의 뇌 구조는 어떠하며, 성인과 비교해 어떠한가? 3장의 핵심은 유연성의 역설, 즉 신생아의 뇌가 매우 정교하게 조직되어 있는 것 같다는 사실과 그 뇌가 발달해가면서 놀라울 정도의 유연성을 보인다는 사실 사이의 마찰이다. 결론은, 자연이 신생아에게 상당히 복잡한 뇌를 선사했는데, 그 뇌는 완전히 고정되어 하나도 바꿀 수 없는 고정 배선 상태가 아니라, 유연할뿐더러 변하기도 하는 사전 배선 상태라는 것이다.

4장부터는 뇌를 구성하는 주된 재료인 유전자와 단백질을 살펴본다. 유전자는 밑그림을 그리는 게 아니라 단백질을 위한 요리법을 제공하는 것이며, 요리법이 마련되고 사용되는 시점에 대한 중대한 지침을 제공한다. 이 유전적 '요리법' 이야기는 과학자들이 유전자의 진정한 본성을 이해하는 이야기이기도 하다.

다음으로 뇌를 만들어낼 때 유전자가 무슨 역할을 하는지 알아볼 텐데, 특히 그다지 놀랍지는 않지만 깊은 뜻을 품고 있는 단순한 사실에 초점을 맞출 것이다. 뇌의 형성에 유전자가 맡는 역할은 다른 신체가 형성될 때 맡은 역할과 똑같다. 마음의 눈으로 보자면 뇌란 무지무지하게 특별한 존재—우주의 그 어떤 것과도 다른—겠지만, 유전자의 눈으로 보자면 뇌는 그저 또 하나의 공들여 만들어낸 단백질 덩어리에 불과하다. 5장에서는 인간 뇌의 발달을 여타 생물학의 맥락 속에서 고찰한다.

6장은 뇌의 가장 특별한 부분, 신경 세포 사이의 정교한 '배선' 시스템이 처음에 어떻게 그려지며 이후에 어떻게 수정되는가를 다룬다. 여기에는 이중의 목적이 있다. 첫째, 배선 과정에조차 유전자가 중요한 역할을 한다는 사실을 보여주는 것이고, 둘째, 한 사람이 형성되는 과정에 환경이 어떻게 연관되는지 밝혀내는 것이다.

7장에서는 마음의 구성에 기여하는 유전자들의 기원을 살펴보고 인간의 뇌를 진화의 맥락에 놓고 살핀다. 인간과 침팬지의 게놈은 98.5퍼센트가 비슷한데도[44] 왜 침팬지가 아닌 인간만이 말을 할 수 있고 풍부한 문화를 습득할 수 있는지 알아볼 것이다.

8장에서는 자기 조절이 가능한 요리법으로 게놈을 이해한다면 '두 가지 역설'을 끊을 수 있다는 것을 보여주려 한다. 어떻게 유전자는 선천성을 부여하면서도 발달에서의 유연성도 잃지 않는지, 어떻게 상대적으로 적은 수의 게놈으로부터 그토록 정교한 구조를 만들어낼 수 있는지 알아본다.

마지막 장은 이 모든 가닥들을 다 끌어모아, 생물학과 인지과학을 종합하면 본성과 양육의 문제를 새롭게 이해할 수 있음을 보여줄 것이다. 그리고 그것이 우리의 미래에 어떠한 의미를 갖는지도 살펴보겠다.

(2)
천재로 태어나다

우리 모두는 천재로 태어났다. —R. 버크민스터 풀러

오랫동안 과학자들은 신생아의 마음은 어떤지 궁금하게 여겨왔다. 1993년의 어느 운명적인 날, 『라이프』는 '아기는 당신의 생각보다 훨씬 똑똑하다'는 제목의 기사를 실었고, 그후로 신문과 잡지에는 영리한 아기에 대한 이야기가 넘쳐났다(나 역시 그 사태에 얼마간 책임이 있다. 『록 힐 헤럴드』의 한 편집자가 내 연구실의 연구에 자극받아 '아기들 옹알이어 과학자들 열광하다'라는 제목을 뽑아낸 적이 있기 때문이다[1]).

하지만 이에 반대하는 이야기도 등장하기 시작했다. 최근의 한 기사 제목은 이렇다. '연구 결과 아기들은 멍청하다는 것이 밝혀지다.' 이어지는 이야기는 이렇다. 빗 손잡이로 아기들을 쿡쿡 찔러보면 "90퍼센트가 넘는 아기들이 (……) 스스로를 보호하기 위한 가장 기초적인 행동도 시도하지 못했다. 나머지 10퍼센트는 똥을 누는 반응을 보였다". 사진에는 장난감을 문 아기가 등장하고, 다음과 같은 설명이 붙어 있다. "비교적 큰 두개골 용량을 갖고 있음에도 아기는 삑삑 소리나는 컬러풀한 플라스틱 장난감을 음식으로 착각할 만큼 지능이 낮다."[2]

물론, 이 연구는 『어니언』의 영리한 친구들이 지어낸 풍자이다. 인간 유아의 인지 능력을 연구하기 위해 빗 손잡이를 도구로 쓰는 과학자란 없다. 하지만 이 우스개 뒤에는 제대로 된 심리학 실험을 하기란 무척 어렵다는 통렬한 진실이 숨어 있다. 빗 손잡이로 아기들을 찔러보니 대부분 움직이지 않더라고 할 때, 이 결과를 어떻게 해석해야 할까? 아기들이 위험을 감지할 수 없기 때문인가? 실험자가 자신을 해치지 않을 거라고 믿기 때문일까, 아니면 반격할 능력이 없기 때문일까? 아기가 어떤 실험의 수행에서 '실패'했을 때, 주의 깊은 과학자는 왜 그랬을까를 물어야 한다.

놈 촘스키는 '능력'과 '실행'을 구별하여, 아기들의 지능에 대한 복잡한 문헌을 이해할 간편한 가이드로 삼았다.[3] 촘스키에 따르면, 원칙적으로 어떤 일을 할 수 있는 능력과 그 능력을 펼치는 것을 방해하여 실제 실행에 걸림돌이 되는 것들—기억력의 한계에서 운동 능력의 한계에 이르는 다양한 것들—은 구별되어야 한다. 『어니언』에서 꾸며낸 아기들은 위험을 인지하는 능력은 갖고 있되 무언가 반응을 보일 실행 능력은 없었을지도 모른다.

현대 발달심리학의 기나긴 족보에서 끄집어내어 예를 하나 들겠다. 10여 년 전의 발달심리학 교재 중 아무것이나 집어서 펼쳐보라. 8개월 된 아기들은 어떤 물체가 눈앞에서 사라지면 그 물체는 더이상 존재하지 않는 것으로 생각한다는 이야기가 적혀 있을 것이다.

심리학 용어로 표현하자면, 유아들에게는 '물체 영속성' 개념이 없다. 이 극적인 명제에 대한 증거들은 대부분 인지발달학의 아버지로 불리는 장 피아제의 관찰에서 나온 것이다. (찰스 다윈으로부터 생겨난 전통에 따라) 자신의 아이들을 집중적으로 연구한 피아제는, 시야에서 사라진 물체는 단순히 유아들의 마음에서 잊혀진 게 아니라 아예 존재 자체가 없어진 것이라는 결론을 내렸다. 피아제에 따르면, 어린 아기들에게 "물체가 보이지 않더라도 (……) 물체는 계속 존재하며 단지 위치가 바뀌었을 뿐임을 인식하지 못한다. 물체가 없어지면 공백이 생기고, 다시 나타날 때도 아무런 이유 없이 나타나는 것이다."[4]

피아제의 실험 중 하나는 아기에게 흥미로운 장난감을 보여주고 그것을 담요 아래 숨겼을 때 보이는 반응을 관찰하는 것이었다. 딸 뤼시엔이 8개월이 되었을 때, 피아제는 아기에게 장난감 새를 보여준 뒤 만지고 흔들며 놀게 하였다. 뤼시엔은 장난감 새에 꽤나 마음을 빼앗겼다. 하지만 피아제가 숨겨버리자, 뤼시엔은 아무 신경도 쓰지 않았다. 피아제는 이렇게 썼다. "뤼시엔은 장난감이 담요 밑으로 사라져버리자마자 그것은 쳐다보지 않고 내 손만 바라본다. 아기는 (내 손을) 다단히 유심히 살펴볼 뿐, 담요에는 신경을 쓰지 않는다."[5]

피아제는 다른 자식들, 로랑이나 자클린에게서도 똑같은 결과를 얻었다. 이후 많은 과학자들이 같은 결과를 반복하여 얻었다. 하지만 그렇다고 8개월 된 아기는 물체의 영속성을 이해하지 못한다고 결론 내릴 수 있는가? 보다 최근에 수행된 일련의 실험들—손을 뻗는 동작을 요구하지 않는 완화된 수준의—은 반대 결과를 보였다.

그중 최초의 실험 한 가지가 1985년 심리학자 르네 베일라전, 엘리자베스 스펠크, 스탠리 바서만이 수행한 '도개교(들어올리는 다리)' 실험이다.

이들은, 아기가 예상치 못했던 무언가를 볼 때 더 많은 관심을 쏟는다는 심리학자 로버트 판츠의 관찰[6]을 바탕으로 실험을 고안했다. 이 실험에서 아기들은 보기만 할 뿐 손을 뻗지 않아야 한다. 5개월 된 아기들에게 칸막이가 도개교처럼 반복하여 들어 올려졌다 내

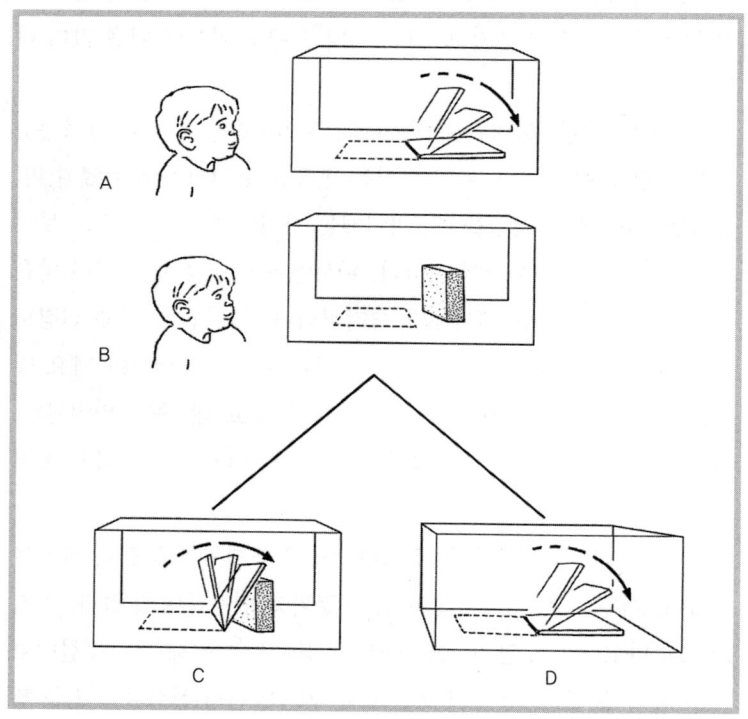

도개교 실험

려졌다 하는 것을 보여주었다. 아기들이 질릴 때쯤, 실험자는 칸막이 바로 뒤편에 상자를 하나 놓았다. 그리고 칸막이를 다시 움직이기 시작했다. 칸막이를 들어올리자 상자는 서서히 감춰졌다. 이 경우 다리가 예전처럼 180도 기울어 넘어갈 것인가(다리의 뒤편에 상자가 놓여 있기 때문에 사실상 '불가능한' 사건이다), 또는 다리가 상자에 닿아 더이상 넘어가지 않고 멈출 것인가(이것이 여기서 벌어질 '가능한' 사건이다)에 아기들이 신경을 쓰느냐 하는 것이 실험에서 알아보고자 하는 점이었다.

어른이라면 전자인 '불가능한' 사건은 놀라운 것으로, 마술처럼 여기는 반면, 후자인 '가능한' 사건은 특별히 눈여겨볼 필요도 없다. 베일라전과 그 동료들에 따르면 5개월 된 아기들도 불가능한 사건이 벌어지자 '놀랐으며' '가능한' 사건이 일어날 때보다 더 오래 쳐다보았다.[7] 대조군 실험에서 상자를 칸막이의 움직임과 상관없는 위치에 놓아두자 아기들은 어느 한쪽에 특별히 관심을 쏟지 않았다. 피아제가 세련되지 못한 방법을 통해 주장했던 바와는 달리, 이 실험은 칸막이가 올려져 상자를 가리더라도 아기들은 그 자리에 상자가 있다는 것을 알고 있음을 보여준다.

이 결과를 달리 해석하여 정반대 가설을 짜내는 것도 가능하지만,[8] 실험의 전반적인 결론은 여전히 유효하다. 생후 8개월 이전의 아기도 숨겨진 물체가 계속 존속한다는 사실을 이해할 수 있다. 다른 방법을 사용한 이후의 여러 실험도 이를 확인해주었다. 예를 들어, 심리학자 카렌 윈은 5개월 된 영아들이 인형극장 무대에 등장하는 미키 마우스 인형의 개수를 기억하는지 시험해보았다. 설령 무대 가운데에 스크린이 세워져 있어 그 뒤로 인형 몇 개가 가려지더

라도 아기들은 문제없이 전체 개수를 기억했다.[9]

그렇다면 어째서 아기 뤼시엔은 담요를 잡아당겨 그렇게 좋아하던 장난감 새를 손에 쥐지 않았을까? 그녀가 담요에 손을 뻗을 줄 몰랐기 때문은 아니다. 유코 무나카타는 아기들이 단추를 누르기만 하면 투명한 덮개 밑에 있는 물체를 바로 잡을 수 있는 실험을 고안했다. 이 창의적인 실험의 결과, 아이들도 '목표(에 부합하는) 수단'을 찾아내는 분석력을 갖고 있음이 밝혀졌다.[10] 나는 8개월 된 아기들이 담요를 들추지 않은 이유는 아기들이 목표를 설정하는 방식과 관계있다고 본다. 아기들은 해야 할 일의 목록을 마음속에 만들어 두지 않는다. 대신 '지금 그리고 여기'에서 주변을 둘러보고는 주변에 있는 것 중 가장 흥미로운 자극 하나에 집중하여 그 순간 할일을 정하는 듯하다. 장난감은 흥미롭다. 장난감이 보이면 아기들은 갖고 논다. 장난감이 담요에 가려지면 아기는 담요를 들추려 할 테지만, 주변에 담요만큼 흥미로운 다른 물체가 없는 경우에만 그렇다. 엄마가 옆에 있으면 담요는 금방 잊어버린다.[11]

눈에 보이면 보고, 안 보이면 잊어버리는 아기들의 주의산만이 우습다면, 코미디언 스티브 마틴이 '나이 쉰이 넘은 사람들'을 위한 소일거리로 제안한 아래 우스개를 읽어보라.

심심한가?
여기 30분 정도는 족히 때울 수 있는 좋은 일이 있다.
—자동차 열쇠를 오른손에 쥐어라.
—왼손으로 친구에게 전화를 걸어 점심이나 저녁 약속을 하라.

―전화를 끊어라.
―이제 자동차 열쇠를 한번 찾아보라.[12]

당신은 자동차 열쇠를 찾지 못한다 해도 열쇠가 존재하지 않는다고 생각하지는 않는다. 아기들도 주의가 흐트러지기 쉽지만 그래도 감춰진 물체를 따라가는 능력을 완벽히 갖추고 있다. 아기를 어둠 속에 두어보라(그 방에는 물체를 담요로 덮고 노는 것 외에 다른 흥미로운 일은 아무것도 없어야 한다). 그러면 어린 아기들은 기꺼이 다가가 눈에 보이지 않는 물체를 잡는다. 심지어 볼 수 없는 물체의 크기에 맞도록 손 모양을 조절하기도 한다.[13]

갓 태어난 아기들이 물체에 대해서만 아는 것은 아니다. 아기들은 출생 직후부터 얼굴, 단어, 심지어 문장에 대해서도 어느 정도 이해하고 있는 듯하다. 1991년 영국의 심리학자 마크 존슨과 존 모튼은, 신생아들이 얼굴 그림과 그 그림의 선들을 아무렇게나 흩어놓은 것을 구분할 수 있음을 알아냈다.[14]

존슨과 모튼은 뒷면에 그림 두 장을 붙인 손거울을 아기의 눈앞에서 천천히 앞뒤로 움직여가며 보여주었다. 아기의 눈은 엉망으로 흐트러진 선의 그림보다는 제대로 된 얼굴 그림을 더 오래 좇았다. 이보다 더 교묘한 또다른 실험은 신생아들이 눈맞춤에 대해 알고 있음을 밝혀냈다. 아기들은 얼굴을 닻대고 있지만 다른 곳을 바라보는 사람보다는 자신을 똑바로 쳐다보는 사람에게 더 주의를 기울였다.[15] 그러니 아기가 당신을 쳐다보길 바란다면, 당신도 시선을 돌리지 마라.

프랑스의 심리학자 자크 멜러, 티에리 나치와 동료 연구자들은 아기들이 한 번도 들어본 적 없는 언어에서 서로 다른 높낮이 구조를 가진 (저-고와 고-저) 단어들 사이의 차이점, 그리고 서로 다른 리듬을 가진 문장 사이의 차이점을 분간해낸다는 것을 보여주었다.[16] 브리티시 콜럼비아 대학의 심리학자 아테나 볼루마노스와 재닛 베르커에 따르면 신생아들은 인간의 말과, 그와 비슷하게 들리지만 언어라고 할 수 없는 복잡한 소리 중에서 언어 쪽을 더 선호하는 경향이 있다.[17]

물론 이 모든 능력이 출생 직후부터 존재하는 것은 아니다. 아기들은 얼굴이나 언어 인식을 어른만큼 잘하지 못한다. 두 살짜리 아기들은 정확하게 그린 얼굴 그림과, 몇 가지 얼룩이 비슷한 자리에 그려져 있을 뿐인 간단하고 엉망인 그림 사이의 차이를 모른다. 문법에 맞는 문장과 그렇지 않지만 리듬이 비슷한 문장 간의 구별도 하지 못한다. 그보다도 발달심리학자들이 알아낸 중요한 사실은, 아이들은 바깥세상의 모든 정보(양육)를 활용하기 위한 정교한 정신기제(본성)를 타고난다는 것이다.[18]

인간만 유별난 것은 아니다

아기들이 그런 재능을 타고나게 된 것은 분명히 진화라는 어려운 과정 덕분이다. 자연이 동물을 길러온 이래, 천성적인 '본능'도 함께 자라왔다. 예를 들어 막 부화한 병아리조차 물체의 영속성을 이해하는 듯하다.[19] 그리고 생물학적인 방식으로 움직이는 점들(가령 어두운 공간에서 걸어 다니는 암탉의 몸체 한 부분에 불빛을 달아둔 경우)과 마구잡이로 움직이는 점들 사이의 차이도 알아챈다.[20] 자그마한 래브라도 강아지는 주인의 시선을 좇을 줄 안다.[21] 망아지는 태어난 지 겨우 몇 분 만에 근육을 추스려 걸어 다닌다(비틀거리면서라도 말이다).

어떤 동물에게는 더 복합적인 행동방식이 내재되어 있는 듯하다. 가령 초파리 수컷의 구애행동을 생각해보자. 그 파리는 이전에 한 번도 본 적이 없더라도 쉽게 일련의 수순을 따른다. 수컷 파리는 먼저 암컷을 찾아 나선다. 일이 잘 풀리면 암컷을 다라다니기 시작한다. 다음에는 앞다리로 암컷을 톡톡 치고, 퇴짜를 맞지 않으면 날개를 진동시켜 노래를 불러준다. 그러고는 짝짓기를 하고 싶은 암컷의 생식기를 핥으려 든다. 이 시점에서 수컷은 자신의 배를 구부려 마침내 짝짓기를 마무리한다.[22] 수컷 파리가 짝을 고르는 데에는 경험도 영향을 미치지만, 일단 구애과정이 시작되면 그 단계가 대체로 고정되어 있어서 매번 같은 식으로 진행된다. 나중에 보겠지만 과학자들은 오랜 연구 끝에 이 과정에 연관된 유전자를 찾아낼 수 있었다.[23]

동물의 구애행동은 대부분 이처럼 형식적이다. 대개 쥐는 머리부터 시작해서 몸통으로 옮겨가며, 항문-생식기로 갔다가 꼬리에서 마무리한다.[24] 이 행위에 대한 충동은 어찌나 강한지, 태어날 때부터 앞발이 절단된 쥐조차 이 행동을 시도한다.[25] 2002년 여름, 유타 대학의 과학자들은 이 전체 과정을 관장하는 데 중요한 역할을 하는 유전자를 발견했다.[26] 그 유전자가 없으면 쥐는 끊임없이 자기 자신에 대해 구애를 반복한다. 이 쥐는 마침내 머리가 찢어지기에 이른다.

붉은 야생닭의 구애과정은 한결 정교하다. 대략 이틀에 한 번씩, 필요하든 않든 간에 야생닭은 '먼지목욕'이라 불리는 과정에 몰두한다. 그 과정은 당신의 샴푸병 뒤에 적힌 '거품 내고-헹구기를-몇 번 반복하라'는 지시보다 훨씬 복잡하다.[27] 야생닭에게는 보고 배울 어른도 먼지도 필요 없다. 먼지가 쌓이지 않게 특별히 만든 철망 바닥이 있는 우리에서 격리되어 자란 놈이라도 먼지목욕 춤을 추려 든다.

동물들이 몇 가지 정형화된 행동양식만을 타고나는 것은 아니다. 예를 들어, 하버드 대학의 심리학자 마크 하우저는 콜럼비아 주 북서부에 사는 작은 원숭이류인 솜털모자팽셰원숭이에게 과일 잡는 고리 사용법을 가르칠 수 있었다. 야생에서는 도구를 사용하지 않는 종인데 말이다. 원숭이들은 영리하게도 모양과 방향이 제대로 된 막대기(물체를 끌어올 수 있는 고리를 갖춘)는 사용하고, 모양이 다르거나 위치가 맞지 않는 막대기는 버릴 줄 알았다. 하우저가 사용할 수 있는 도구와 그렇지 않은 도구를 주고 고르라고 하면, 원숭이들은 언제나 먹을 것을 안겨줄 수 있는 제대로 된 도구를 선택했다.[28] 원숭이가 태어날 때부터 막대기에 대해 뭔가 알았던 것은 아니지만, 다른 동물들처럼 세상을 분석하는 충분한 능력을 갖고 태어났다.

그렇지만 동물이 자신이 분석한 결과를 기억할 수 없다면 애초의 분석 능력도 쓸모가 없을 것이다. 다행스럽게도 대부분의 (아니 어쩌면 모든) 동물들은 인식하고 행동하는 능력뿐 아니라 배우고, 이후의 행동을 개선하기 위해 과거의 경험을 활용하는 능력까지 타고난다. 또한 놀랍게도 생명체가 무언가를 약간 배우는 데에는 거창

하고 정교한 신경 하드웨어가 필요하지 않다. 동물행동학자 피터 말러가 '배우는 본능'[29]이라고 부른 것은 벌레에게도 발견된다. 벌레는 접시의 어느 쪽에 먹을 것이 더 많은지 배우며, 해삼은 호기심에 찬 연구자가 쿡쿡 귀찮게 찔러대는 것을 무시하는 법을 배운다.[30] 실험심리학자의 어휘로 표현하자면, 벌레는 음식과 특정 위치를 연관 짓는 법을 배우고, 해삼은 끊임없는 괴롭힘에 습관화된다.

연관화와 습관화는 동물계에 벌어지는 많은 학습 중 두 가지 예에 불과하다. 나중에 알아보겠지만 가장 흔히 발견되는 예이기도 하다. 당신의 금붕어도, 당신의 개도, 그렇게 민첩하지 않은 당신의 조카애조차도 할 줄 아는 일이다. 존 왓슨이 자신은 어떤 아이라도 의사, 변호사, 거지, 도둑 등으로 자유자재로 길러낼 수 있다고 말했을 때, 그는 이와 비슷한 기술들을 염두에 두고 있었던 것이다.[31]

습관화와 연관화는 나름의 소용이 있다. 하지만 심리학자 랜디 갈리스텔이 지적했듯, 동물 세계는 한층 더 흥미로운 학습능력들, 특수한 정보를 습득하기 위해 정교한 인지분석 과정을 동원하는 능력들로 가득 차 있다.[32] 북미멋쟁이새라는 녀석이 밤하늘에 대해 학습하는 기제를 예로 들어보자. 도대체 왜 북미멋쟁이새는 하늘에 신경을 쓰는 걸까? 대답은 어느 쪽이 남쪽인지 알아야 하기 때문이다. 이 새들은 여름은 미국 동부에서, 겨울은 바하마에서 난다(사람들 중에도 이렇게 지내는 사람들이 있다). 미국에서 바하마까지 가기 위해 새는 하늘의 별을 항로의 가이드로 삼는다. 새는 단순히 북극성이 북쪽을 가리킨다는 사실을 암기하는 것이 아니라, 별들이 어떻게 회전하는가를 관찰하면서 방향을 결정한다.[33]

별들은 한 시간이 단 15도 회전하기 때문에, 하늘의 회전을 관찰해 방향을 조정한다는 것은 페인트가 마르기를 기다리는 것과 비슷하다. 하지만 북미멋쟁이새는 방향 결정법을 터득함으로써 특정 별 하나의 위치만 알 때보다 한층 강력한 항법도구를 얻었다. 새는 여기저기 흩어진 구름에는 신경 쓰지 않으며—북극성이 어디에 있나 특별히 신경 쓸 필요도 없다—땅의 위치가 바뀐다고 해도 마찬가지다. 새의 타고난 천체 학습기제는 금방 따끈따끈한 최신판이더라도 곧 쓸모가 없어지는『해몬드 천체지도』보다 간편하다. 새의 항법체계는 타고난 무언가(타고난 기제를 국지적 상황에 맞추어 파악하는 체계)와 학습한 무언가(특정 장소의 상황)가 결합된 것이다.[34]

꿀벌 또한 날아가는 방향을 알기 위해 굉장히 전문화된 학습기제를 사용한다. 차이가 있다면 이들은 단 하나의 별, 즉 태양의 궤적에만 입각하여 체계를 운용한다는 점이다. 여기서도 마찬가지로 체계의 일부는 사전 배선된 것이고, 나머지는 학습을 요하는 것이다. 사전 배선된 부분은 지평선 위 태양의 위치와 벌의 방향을 연결하는 일종의 수학 공식이다. 하지만 방정식 속의 몇몇 숫자는 그때마다 입력이 되어야 하는데, 이 부분에 학습이 관여한다. 꿀벌이 배우는 정보는 일년 중 특정한 날, 벌이 있는 특정 위도에서의 태양의 궤적이다. 겨울 보스턴의 5시는 여름 캘리포니아의 5시와는 전혀 다른 뜻이 되며, 꿀벌은 초점이 분명한 학습기제를 통해 해당 정보를 활용하는 법을 배운다. 벌이 단순히 특정 지평선의 위치를 특정 방향과 일치시켜 기억하는 것은 아니다. 아침나절의 햇빛에만 노출되며 자란 벌이라도 저녁나절의 햇빛을 가이드로 삼아 정확히 방향을 찾아낼 수 있기 때문이다.

내용 면에서 벌의 방위 측정 체계는 해시계를 거꾸로 적용한 것과 비슷하다. 그리고 해시계처럼 벌의 체계도 눈금 조정이 필요하다. 잘 알려진 방향 하나를 나침반과 맞추어 조정한 해시계는 태양의 위치에 기초하여 그날의 시각을 계산한다. 벌의 뇌에 입력되어 있는 항로 관제 센터는 그날 시각에 기초하여 태양이 어느 위치에 있을 것인가 계산한다. 그러므로 벌은 시차로 인한 기준 변동에는 대처하지 못한다. 1960년대에 수행된 유명한 실험에서 막스 렌너는 뉴욕 롱아일랜드의 벌 한 무리를 싸서 비행기로 캘리포니아 데이비스에 데려간 다음, 태양을 기준점 삼아 나는 능력을 시험해보았다. 시차를 겪은 벌들은 계속 45도가량 방향을 잘못 잡았는데, 이는 벌들이 해당 시각을 3시간 후인 것으로 믿었기 때문이다.[35] 태양을 가이드로 활용하는 복잡한 회로는 벌에게 사전에 주어진 것이지만, 유전자가 환경까지 지배할 수 있는 것은 아니다(어떤 우회적인 방식으로라도 말이다). 오히려 유전자는 생명체가 소속된 특정한 환경을 민감하게 활용하도록 돕는다. 학습은 선천성의 반대 논리가 아니라 선천성의 가장 중요한 산물이다.

가끔은 가깝게 연관된 종들 사이에 학습 역량의 차이가 나타나기도 한다. 앞서 언급했던 해삼 종인 아플뤼시아 칼리포르니카(*Aplysia californica*)에게는 돌라브리페라 돌라브리페라(*Dolabrifera dolabrifera*)라는 좀 멍청한 사촌이 있는데, 이 해삼은 탈습관화하는 방법을 모른다. 일단 찌르기에 익숙해지면 고롭힘이 멈춘 뒤에도 계속 그 상태로 있는 식이다. 반면 칼리포르니카는 찌르기가 멈추면 잠시 후에는 원래 상태로 돌아간다. 끈적끈적한 돌라브리페라를 비방하자는 게 아니라, 학습은 공짜로 주어지는 게 아니라는 말을 하고 싶은 것이다. 동물이 특정한 학습을 해낼 수 있느냐 없느냐 하는 것은 그가 가진 신경회로의 종류에 달려 있다. 진화 중간에 돌라브리페라는 상황이 이제는 정상으로 돌아왔다는 것을 알려주는 학습 능력 중 한 가지를 잃어버린 것인지도 모른다. 학습은 거저 이루어지는 게 아니며 진화의 결과인 특정 정신기제들의 종합체이다.

가까운 종들 사이에도 학습도구가 다를 수 있다는 것은 새의 예로도 알 수 있다.[36] 버들솔딱새 같은 새는 하나의 노래만 타고나며, 다른 노래는 배우지 못한다.[37] 양육 조건은 아무 영향도 미치지 않는다. 보고 배울 수 있든 없든 그들은 똑같은 노래를 지어낸다. 특정한 노래를 부르도록 사전 배선만 되어 있는 게 아니라 아예 고정 배선되어 있는 셈이다.[38] 하지만 노래를 배울 줄 아는 새들 사이에도 다양한 차이가 있다. 각각의 종은 서로 다른 학습기제를 갖고 있으며 종마다 배울 수 있는 것에도 차이가 크다. 입내새 류는 주변에서 들리는 소리 중에 노래 비슷한 거라면 제비가 내는 소리든 벌레가 내는 소리든 자동차 경적 등의 도시 소음이든 뭐든지 배운다.[39] 앵무새는 사람 목소리까지 흉내낸다.

그러나 제비나 금화조 같은 종들은 제 노래를 더 좋아하도록 만드는, 초점이 더 분명한 학습기제를 갖고 태어난다. 말을 배우는 아기처럼 이런 새들은 자신이 듣는 '문장'을 구와 음절에 해당하는 조각으로 나누기도 하는 듯하다. 늪참새나 금화조에게 노래를 배우는 것은 사투리를 습득하는 것과 비슷하다. 반면 찌르레기에게 노래 학습은 사회적인 문제다. 수컷은 타고난 여러 가지 노래를 하나씩 시험해보고는 암컷들이 가장 매력적으로 느껴 반응을 보이는 노래에 매달리게 된다.[40]

배우기 위해 태어나다, 인간 스타일

새나 벌의 학습 재능을 생각해본다면 인간이 학습에 걸맞게 만들어졌다는 것은 조금도 놀랄 바가 아니다. 다른 동물처럼 인간의 아기들도 그들을 둘러싼 세상의 통계 법칙에 엄청나게 민감하다. 태어난 지 4일 되는 아기조차 3음절짜리 단어들의 나열과 2음절짜리 단어들의 나열 사이의 차이점을 알아챈다. 로체스터 심리학자들인 제니 사프란, 딕 애슬린, 엘리사 뉴포트는 8개월 된 아기를 대상으로 한 실험에서 'tibudopabikudaropigolatupabikutibudogolatudaropidaroptibudopabikugolaatu'처럼 음절들이 분해되지 않도록 길고 단조롭게 이어진 단어를 들려주었다.[41] 놀랍게도, 아기들은 음절에 대한 통계를 이용해서 혼란 속의 질서를 발견하여 'pabiku' 같은 '단어'와 'pigola' 같은 '유사 단어'를 구분하는 것처럼 보였다. 이 둘 사이에는 단지 통계적인 차이가 있을 뿐이다. 즉 'pa' 'bi' 'ku' 같은 음절은 언제나 한 덩어리로만 나타나지만 'pi' 'go' 'la' 같은 음절은 이따금씩만 함께 뭉쳐 나타난다(가끔 'pi' 뒤에는 'da'나 'ti'가 등장한다).

아기들은 또한 주어진 정보의 범위를 넘어 일반화하는 능력도 보여준다. 내 연구실에서 수행된 연구에서, 우리는 아기들에게 'ga ti ga' 'ta la ta' 'ni la ni' 등의 'ABA' 구조의 문장을 2분 정도 들려주었다. 아기들은 방금 들은 문장을 단순히 외우는 것이 아니라 그 속의 일반적인 패턴을 추측해내어, 'wo fe wo' 등 완전히 다른 문장을 들을 때에도 알아차렸다.[42] 그러나 이런 능력들은 인간에게만 있는 것이 아니다. 모든 포유류가, 아니 모든 다세포 유기체가 크든 작든 간에 통계적 정보를 감지하는 능력을 갖고 있다. 추상적인 패턴을 일반화하는 동물의 능력에 대해서는 알려진 바가 적지만, 그 능력을 갖춘 동물이 인간만이 아니라는 사실만큼은 분명하다. 솜털모자팽셰원숭이 역시 내 연구실의 아기들처럼 'wo fe wo' 문제를 풀 수 있었다.[43]

사람은 타고나는 듯하나 다른 동물에게는 찾아보기 어려운 학습 재능이 있으니 바로 모방 능력이다. 재미있게도 원숭이 같은 동물의 뇌에도 모방의 선결 조건인 '거울' 뉴런이 존재한다.[44] 이 뉴런들은 원숭이가 도구를 향해 손을 뻗칠 때 작동하는데, 또한 다른 누군가 똑같은 방식으로 도구를 잡는 모습을 원숭이가 지켜볼 때에도 작동한다. 하지만 다른 사람이 당신과 똑같은 행동을 하고 있다는 사실을 아는 것만으로는 모방이 일어나지 않는다. 또 원숭이가 모방을 통해서만 학습을 할 수 있는지의 여부는 여전히 논란의 대상이다.[45]

인간이 다른 이를 모방하며 학습한다는 것은 명백한 사실이다. 그리고 모방 학습은 매우 어릴 적부터 일어난다. 워싱턴 대학의 심리학자 앤드류 멜조프는 몇 년 전에 생후 3주 된 아기에게 혀를 내밀어 놀리면 그때마다 아기도 그에게 혀를 내밀어 보복한다는 사실을 발견했다. 멜조프는 후에 신생아들도 그런다는 것을 알아냈고, '혀 내밀기'(tongue protrusion, 학계에서 고상하게 부르는 용어다)뿐 아니라 입 벌리기와 입술 오므리기도 따라할 수 있음을 밝혀냈다.[46]

모방 욕구는 인간이 능숙한 또다른 분야, 즉 문화 습득과 관련이 있을지도 모른다. 다른 동물도 문화를 습득할 수는 있으나 인간만큼 풍부하게 경험하지는 못한다. 『네이처』에 실린 한 논문에 따르면 침팬지의 행동 중에서 최소한 39가지는 문화 의존적인 것으로, 집단마다 다른 형태를 보인다고 한다.[47] 오랑우탄 역시 모종의 문화를 갖고 있는 것 같다. 최근 출간된 한 연구는 오랑우탄에게 최소 19가지의 문화적으로 상이한 행동이 있다고 주장했다.[48] 가령 연구대상이 된 6개 오랑우탄 집단 중에서 늘어진 가지를 서핑하듯 타고 노는 것은 보르네오 섬 탄중푸팅(Tanjung putting)에 서식하는 오랑우탄뿐이었다. 반면 보르네오 섬의 쿠타이 오랑우탄과 수마트라 섬의 케탐베 오랑우탄은 도구를 사용해서 자위행위를 하는 유일한 집단이었다(하지만 아쉽게도 이들이 점점 이 행위에 집착하는가 아닌가에 대해서는 아무런 설명이 없다).

그러나 동물의 문화는 인간의 문화만큼 다양하지 않다. 동물 집단 사이에는 차이가 있지만—예를 들어 초원 지역 비비 원숭이는 대규모 집단을 이루는 반면, 고원 지역 비비는 소규모 집단을 선호한다—그것이 개별 동물의 삶에 미치는 전체적인 영향은 그리 크지 않다. 모든 비비는 거의 비슷한 음식을 먹고, 똑같은 방법으로 매일 새끼를 돌보며, 음식을 찾고, 이동할 때에는 포식자를 경계한다. 반면 상이한 곳에 사는 인간들의 삶은 너무나 다르다. 생태학자 피터 리처슨과 인류학자 로버트 보이드가 지적한 대로, 비비의 서식지와 같은 넓이, 환경 속에서 전혀 다른 친족 관계, 사회 구조, 식단을 유지하고 살아가는 인간이 있다. 이들은 활과 화살로 작은 동물을 잡는 사냥꾼에서 낚시, 농사, 가축 사육으로 주로 먹고사는 사람까지 매우 다양하다.[49]

어떤 심리학자들은 종종 화목한 인간 가정 같은 환경만 갖춰진다면 아기 침팬지나 아기 비비도 인간처럼 행동하게 될 것이라고 애기하곤 한다. 하지만 동물의 새끼를 인간의 환경에서 키우려는 시도들은 하나같이 실패했다. 침팬지가 아무리 일찍 공부를 시작해도 말을 할 수는 없을 것이며, 아프리카 한구석의 작은 공간에 존재하는 정도의 문화적 다양성을 갖출 수도 없을 것이다. 문화를 습득하는 능력은 가장 강력한 정신적·선천적 학습기제 중 하나다.

∞

나는 풍부한 의사소통 체계 없이는 풍부한 문화가 발생할 수 없다고 생각한다. 그런 점에서 우리에게는 다른 동물은 갖지 못한 또다른 학습 능력이 있다. 지금 당장의 일만이 아니라 미래의 일, 가능한 일, 상상하는 일을 서로 소통하게 하는, 언어라는 풍부하고 복잡한 의사소통 체계를 습득할 수 있다는 축복 말이다. 이 장 초반에서 언급했듯 인간의 신생아들은 말을 좋아한다. 아기들은 뜻이 없는 중얼거림보다는 제대로 된 말을 듣기를 좋아한다. 이들은 앞으로 많은 연습을 통해 언어에 적응해나가겠지만, 인간이 아닌 동물의 새끼들은 연습만으로 언어를 습득하지 못한다. 원숭이에게 연습을 아무리 많이 시켜봤자 그저 쳐다볼 뿐, 끝내 말을 할 수는 없다.

원숭이가 세상의 통계법칙을 배울 수 있고 심지어 추상적인 규칙성까지 추출해낼 수 있다면, 어째서 언어는 배우지 못하는가? 그저 배울 생각이 없어서일지도 모르겠다. 침팬지와 마찬가지로 언어 학습 능력이 없는 개들은 침팬지에 비해 인간의 마음에 더 큰 관심을 보인다. 개는 사람을 보고 그 사람이 쳐다보고 있는 게 무엇인지 눈치 채지만, 침팬지는 우리가 보는 것에 별 관심이 없다.[50] 침팬지는 인간의 말에 대해서도 그저 흥미가 없는 것뿐인지 모른다.

하지만 그것으로 설명이 되는 건 아니다. 인간과 다른 포유류의 중대한 차이점 중 하나는 인간은 새로운 단어를 배우는 데 엄청나게 능하다는 사실이다.[51] 버빗 긴꼬리원숭이들은 세 가지 경고 신호를 내는 법을 타고나는 듯하다. '독수리'(또는 '위를 조심하라'), '뱀'(또는 '아래를 조심하라'), 그리고 '표범'('숲 속으로 뛰어들어가 숨어라')이다.[52] 이들은 나이를 먹으면서 경고 신호를 더 잘 사용할 수 있게 된다. 어린 버빗은 막대기를 보고 뱀이 나타났다는 경고 신호를 내는 실수를 하기도 하지만, 나이 든 버빗은 그보다는 능숙하다. 하지만 버빗은 (적어도 야생에서는) 새로운 경고 신호를 배우지는 못하는 것 같다. 몇몇 침팬지들이 기호 문자를 배워 매우 인상적인 결과를 보여주기도 했으나, 그들에게도 단어를 배우는 과정은 무척 더디고 고통스런 것이었다.

침팬지계의 아인슈타인이라 할 만한 (그리고 내가 알기로는 가수 폴 매카트니와 피터 가브리엘과 함께 공연한 유일한 침팬지인) 칸지는 그녀의 열렬한 보호자가 수년간 끊임없이 가르친 결과 250개의 단어(단어 문자)를 사용할 수 있게 되었다.[53] 보통의 인간 아기는 그 정도 개수의 단어를 두 살 생일이 되기 전에 다 배운다.[54] 그리고 일단 배우기 시작하면 속도는 점차 빨라진다(속도가 점진적이냐 아니면 지수적이냐는 아직도 논란이 되고 있다[55]). 학교에 갈 나이가 된 아이들은 정식 교육을 받지 않고도 하루에 아홉 개 정도의 단어를 배운다. 아이들의 뇌는 주위 환경에서 들려오는 어휘를 스펀지처럼 빨아들인다.[56] 인간의 아이는 이미 알고 있는 하나의 단어 내지는 몇 개의 단어들을 다른 단어를 익히는 데 활용하기도 하는데,

이것은 어떤 연령의 침팬지도 하지 못하는 일이다. 심리학자 엘런 마크맨은, 두 살짜리 아기에게 숟가락과 마늘 빻기를 함께 보여주면서 "저것이 댁스야"라고 말했을 때 이미 '숟가락'이라는 단어를 알고 있는 아기는 '댁스'가 마늘 빻기를 지칭하는 말이라 생각한다는 것을 보여주었다.[57] 현대 언어 습득 연구의 장을 열어젖힌 1957년의 한 실험에서 로저 브라운은, "sib가 보이니?"라는 질문에서는 질문자가 특정 물체를, "sibbing이 보이니?"라는 질문에서는 행동이나 과정을 염두에 두고 있다는 사실을 아기들도 안다는 것을 보여주었다.[58] 인간 외에는 이런 단서를 통해 단어를 배우는 포유류가 없다.

더욱 극적인 사실은, 다른 종의 생물들은 단어의 순서를 이해하지 못한다는 점이다. 인간이 아닌 동물 동료들에게 '개가 사람을 문다'는 문장과 '사람이 개를 문다'는 문장 사이의 차이는 없는 것이나 마찬가지다.[59] 앞서 말한 칸지는 단어의 순서에 조금쯤 신경을 쓴다고 하지만, 분명 세 살짜리 인간 아이만큼은 아닐 것이다.[60]

인간 아이의 언어 습득 기제는 너무나 강력하고 탄력적인 것이라 아이들은 그 어떤 환경에서도 기본적인 언어 문법을 배워낸다. 서구사회 중산층 가정의 부모들은 아이가 내뱉는 한마디 한마디에 열광하며 본격적인 언어 교습을 시키기도 하지만, 사실 관심을 전혀 쏟지 않아도 아이가 말을 배우는 데에는 지장이 없다. 부모가 어린 아이에게 말을 거는 것은 멍청한 짓이라고 생각하는 문화권도 있는데 그런 곳의 아이들도 문제없이 언어를 익힌다.[61] 물론 단어를 많이 들을수록 많이 배우기는 하지만,[62] 정상적인 아이라면 모두 환경과는 상관없이 언어의 기본을 배워나간다. 침팬지로서는 부러워할 수밖에 없는 일이다.

어째서 인간만이 일련의 단어와 그 의미를 연결짓는 일에 특별히 능통할까? 이 문제는 학계에서도 여전히 논란거리다. 촘스키, 핀커 등 일군의 학자들은 어떤 유형의 언어가 가능한지 알려주는 선천적인 보편문법 기제(또는 '언어 습득 기제')가 인간에게 깔려 있다고 주장한다.[63] 반면 다른 학자들은 인간은 단지 청각 자료를 빠른 속도로 처리할 수 있을 뿐이라고 주장한다. 내가 볼 때, 인간이 기호 언어 습득에서도 침팬지를 압도적으로 능가하는 것을 감안하면, 인간이 단지 청각 자료 처리에 알맞은 기관을 타고났을 뿐이라는 이론은 찬성하기 어렵다. 만약 언어 습득 기제라는 것이 존재한다면, 나는 존재할 것이라고 생각하는데, 그것은 다양한 능력들의 결합체일 것이다. 즉 언어에 관한 능력과 추상법칙을 배우는 능력이나 통계를 수집하는 능력 등 정신 활동 전반에 널리 사용되는 여타 능력들의 결합일 것이다.

사실 논쟁의 핵심은 언어가 선천적으로 타고나는 것이냐 후천적으로 학습되는 것이냐가 아니다. 문제는 아마도 우리 속에 내재되어 있을 언어 학습 기제라는 것이 얼마나 언어적인 면에만 전문화되어 있는가 하는 것이다. '언어 본능'이란 특정 언어를 배울 수 있도록 타고난다는 뜻이 아니라—영어, 힌디어, 일본어를 배우는 능력을 따로 타고나는 아기는 없다—새로운 정보를 습득하는 방법이 내재되어 있다는 뜻이다. 언어는 당신이 학습을 위한 정신기제를 제대로 갖고 태어난 경우 구현할 수 있는 가장 훌륭한 학습 예제인 것이다.

⟨3⟩
뇌 속의 폭풍

뇌: 우리가 생각하고 있다는 사실을 생각할 수 있도록 하는 기관

—앰브로즈 비어스

야구 전문가 빌 제임스가 언젠가 말했듯이 "코끼리가 눈 위를 지나가면, 반드시 발자국이 남는다". 우리의 마음이 출생 때부터 잘 조직되어 세상을 이해하고 배울 준비가 되어 있는 것이라면 신생아의 뇌에서도 그런 구조를 찾아볼 수 있어야 한다. 그리고 실제로 그러하다.

우선 아기의 뇌는 성인 뇌의 축소판이다. 똑같이 반구와 엽(예를 들면 전두엽, 후두엽 등)으로 조직되어 있고, 이랑과 고랑이라 불리는 돌출부와 계곡부가 있다. 또 가장 중요한 대뇌피질은 여섯 층으로 나뉘어 있고, 각종 감각기관에서 뇌로 연결되는 경로가 있다. 아직 발달될 부분이 많다고 할 수도 있지만 아기가 자궁을 떠나는 순간 이미 뇌의 구조는 대부분 형성된 상태이다(코미디언 스티븐 라이트는 자신이 출생 직후부터 일기를 써왔다는 농담을 한 적이 있다. '첫

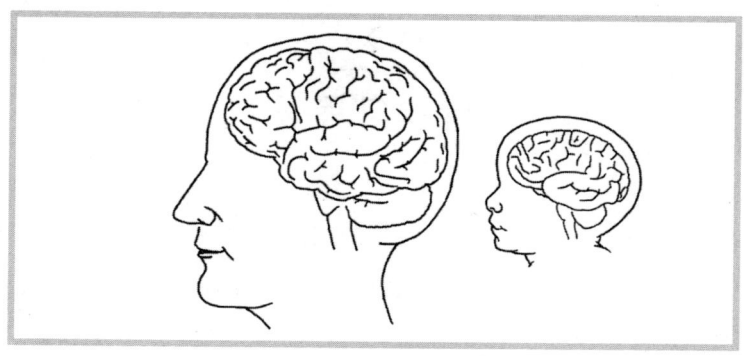
성인과 신생아의 뇌

날, 자궁을 나왔더니 아직 피곤하다. 둘째 날, 사람들이 내게 말을 거는 모양새로 봐서는 내가 바보라고 생각하는 것 같다").

  출생 때부터 뇌가 잘 조직되어 있다고 해서 마음이 사전 배선되어 있다는 주장이 바로 증명되는 것은 아니다. 태어날 때 이미 신경 구조가 자리를 잡고 있다 해도 이론적으로는 그 역시 학습의 산물일 수 있다. 아기는 자궁 속에서도 학습할 수 있기 때문이다. 재미난 연구가 하나 있는데, 심리학자인 앤서니 드카스퍼와 멜라니 스펜스는 임산부들을 두 팀으로 나누어 각각 닥터 수스의 동화 『모자 속의 고양이』와 낸시 거니와 에릭 거니의 동화 『왕과 쥐와 치즈』 중 한 대목을 출산 직전 3개월간 매일 3분 정도 큰 소리로 읽도록 했다. 아기들이 태어난 지 하루나 이틀 뒤에 테스트를 했더니, 아기들은 자신이 태내에서 들었던 동화를 더 좋아했다.[1] 엄마가 아닌 다른 사람이 이야기를 읽어도 마찬가지였다. 자궁 속에 있던 아기들이 실제로 고양이 이야기를 알아들었다는 뜻이 아니다. 그 이야기의 특징적인 리듬에 익숙해진 것이다. 또다른 연구에 의하면 임신 6~9개월의 태아는 〈메리는 작은 양 한 마리 갖고 있지〉라는 동요의 멜로디를 알아들을 수 있었으며 그것과 다른 노래, 가령 영국 TV 드라마 주제곡 따위와 구별할 수 있었다고 한다[2](하지만 이런 실험을 댁에서 해보시라고 권하지는 않겠다. 임신중에 한 경험이 장기적으로 영향을 준다는 증거는 없을뿐더러, 그러한 의도적 노출이 한창 발달중인 아기의 청각 체계나 자연적인 수면 흐름에 방해가 될 수 있다고 주장하는 전문가들도 있기 때문이다[3]).

아기들이 자궁 속에서 학습할 수 있음을 증명한다 해도 마음의 사전 배선 문제가 완전히 풀리는 것은 아니다. 왜냐하면 마음이 일단 사전 배선된 다음에 재배선될 수도 있는 것이기 때문이다. 또한 『모자 속의 고양이』의 리듬을 외우는 것은 뇌를 반구로 나누고 두 피질 영역을 연결하는 일과는 완전히 다른 것이다. 특정 신경 구조의 내재성—경험에 의존하지 않는다는 의미에서—을 알아보는 가장 좋은 방법은 경험을 송두리째 제거하는 것이다. 과학자들은 수 세기 동안 이를 위한 교묘한 방법들을 개발해왔는데, 언제나 결과는 마찬가지였다. 뇌의 초기 구조는 경험에 그리 많이 의존하지 않는다는 것이다. 서판이 비어 있지 않다는 선천론자의 주장은 옳다. 하지만 심리학 교재들은 이 사실을 제대로 알려 주지 않는데, 뇌 발달과 경험의 상관관계에 대한 문제를 다룰 때 언제나 한 가지 실험만을 소개한다. 그나마 실험 결과의 반만 들려준다.

교재에서 즐겨 소개하는 것은 1960년대에 데이비드 후벨과 토스텐 비젤이라는 두 명의 하버드 뇌생리학자들이 수행했던 선구적 실험이다.[4] 대개 고양이(그리고 대부분의 영장류)의 왼쪽 눈과 오른쪽

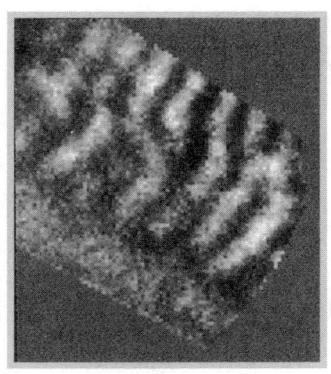

시각우세기둥

눈이 받아들인 시각 정보는 (중뇌를 거친 후) 시각피질 층 위에 수렴되어 번갈아가며 줄을 선 '기둥' 또는 널빤지 모양의 패턴을 이룬다. 이 길쭉한 뉴런 조각들은 전문용어로는 '시각우세기둥'이라고 불린다. 하나에 0.5밀리미터 정도 넓이인 이 뉴런 조각들은 왼쪽 눈의 기둥과 오른쪽 눈의 기둥이 하나씩 번갈아 잇대어 있다. 위의 그림에서는 어두운 줄이 왼쪽 눈, 밝은 줄이 오른쪽 눈에 해당한다.

후벨과 비젤은 한쪽 눈의 시각 경험이 없어지면 고양이에게 어떤 일이 일어나는지 알기 위해 눈가리개를 사용했다. 그 결과, 한쪽 눈에 가리개를 한 고양이에게서는, 번갈아 나타나던 뉴런 조각 형태가 사라졌다. 열려 있는 눈에 해당하는 뇌 조직은 확대된 반면 가려진 눈에 대응했던 조직은 축소되었다. 교과서는 실험을 여기까지만 소개한 채 초기 뇌 구조는 경험의 산물이라고 주장한다.

교재는 태어날 때부터 양쪽 눈의 시각 경험이 차단된 고양이들의 경우는 전혀 알려주지 않는다. 그런 고양이들의 줄무늬 시각우세기둥은 매우 정상적으로 형성되었다. 요컨대 시각우세기둥은 순전히 경험의 산물이 아니라, 두 단계로 발달한다. 즉 경험에 의존하지 않는 최초의 조직 단계와 경험에 의존하는 나중의 미세 조정 단계이다. 먼저 거칠게나마 초고가 작성된 뒤 교정이 진행되는 것이다.

후벨은 후이 이렇게 썼다. "선천-후천 논쟁의 핵심은 출생 후의 발달이 경험이 의존하느냐, 내재된 프로그램을 따라가느냐의 문제다. (……) 시각 경험이 없을 때 피질 세포가 반응하지 않는 것은 출생시에 갖고 있던 연결들이 퇴화했기 때문이지, 아예 형성되지 못한 것은 아니다."[5] 달리 말하자면, 자연은 경험에 앞서 신경 구조를 형성해둘 정도로 강력하지만, 또한 특수한 상황에 맞추어 그 구조를 적응시킬 정도로 유연하기도 하다. 여기서도 본능은 양육을 민감하게 다뤄나갈 방법을 제공해주고 있는 것이다.

최근 연구들도 이 결과를 지지하고 있다. 자연이 먼저 초고를 제시하면, 경험이 손질해간다. 뇌과학자 조나단 호턴과 데이비드 호킹은 영장류의 시각우세기둥은 자궁의 어둠 속에서 형성되기 시작한다는 사실을 밝혀냈다. 독일의 임케 괴데케와 토비아스 본회퍼는, 고양이가 양쪽 눈으로 동시에 볼 수 없도록 길렀다. 한쪽 눈이 볼 수 있을 때는 다른 쪽 눈은 봉합되어 볼 수 없는 과정이 반복되었다. 만약 시각피질을 교정하는 작업이 순전히 경험에 의존하는 것이라면, 이 고양이의 두 눈의 '방향성 지도'(선의 방향 정보를 처리하는 뇌 회로)는 서로 다를 것이다. 양쪽 눈이 경험한 정보가 서로 다르기 때문이다. 하지만 괴데케와 본회퍼는 두 뇌 지도의 구조가 같다는 결과를 얻었다.[6]

선천성을 공격하는 여러 실험 중 또 하나 중요한 것은 눈이 셋 달린 개구리 실험이다. 물론 자연에는 그런 괴물이 없지만, 1970년대 후반 마사 콘스탄틴 패튼이 실험실에서 배아 상태의 안구 원시세포를 정상적인 개구리에 이식함으로써 세눈박이 개구리를 탄생시켰다. 놀라운 것은 이 개구리가 정상적인 개구리는 갖고 있지 않는 시각우세기둥을 발달시켰다는 사실이다(아마 번갈아 생긴 기둥 형태는 두 눈이 얻는 정보 중 겹치는 것을 뇌가 다루기 위해 생겨날 것이다. 정상적인 개구리의 두 눈은 서로 다른 방향을 보고 있어서 이런 겹침 현상이 일어나지 않는다).[7]

대부분의 사람들은 세눈박이 개구리의 시각우세기둥이 시각 경험을 바탕으로 구축된 것이라고 이해할 것이다. 그런데 최근 호주 뇌과학자 사라 던롭과 린 비즐리는 주머니쥐의 일종인 굵은꼬리던아트(*Sminthopsis crassicaudata*)에게서도 똑같은 결과를 얻었다.[8] 흥미로운 것은, 출생시 가장 미숙한 포유류인 이 주머니쥐가 앞을 볼 수 있게 되기도 전에 이미 모든 신경 재조직화를 마치더라는 사실이다. 당시 이들의 눈은 두개골 아래 깊이 묻혀 있는데 말이다. 내부적으로 가동된 신경 활동(이에 대해서는 6장에서 설명할 것이다)이 중요한 역할을 했을 뿐, 시각 경험은 전혀 필요치 않았다.[9] 세눈박이 동물 실험은 외부 환경의 중요성을 증명했다기보다는 상충하는 입력 정보를 배선해내는, 오래된 내재적 기교가 존재한다는 것을 알려준다.

최근에 듀크 대학의 뇌과학자 래리 카츠와 저스틴 크롤리는 갓 태어난 흰족제비의 눈을 수술로 제거해 어떤 시각 경험도 불가능한 상태로 만들었다. 몇 달 뒤 시각우세기둥이 정상적으로 형성되었는지 확인해보았다. 최초이 형성되는 패턴은 경험과 무관하다는 후벨의 해석처럼, 망막을 제거한 것은 아무런 영향을 주지 않았다. 흰족제비가 아무것도 보지 못할 때에도 줄무늬 패턴은 정상적으로 형성되었다.[10]

시각 정보는 보통 망막에서 시상이라 불리는 구조를 거쳐 피질에 다다르는 전달 통로를 거친다. 피질의 초기 형성 단계에 경험이 미치는 영향을 연구하는 또다른 방법은 이 전달 통로를 막는 것이다.[11] 샌프란시스코 캘리포니아 대학에 있는 존 루벤스타인의 연구실에서는 실험용 쥐에 유전적 변이를 일으켜 시상에 있는 뉴런들이 원래의 목표점인 피질에 제대로 가 닿지 못하도록 하였다. 만약 시상에서 전달되는 신호가 피질 조직 구성에 중대한 역할을 한다면, 이 변이를 일으킨 쥐에서는 매우 비정상적인 피질 발달이 나타나야 한다. 그러나 시상이 손상된 이 돌연변이들은 태어난 직후 보통의 쥐와 전혀 구별이 어려울 정도로 정상적인 피질 구조를 보였다!(실험 대상 중 5분의 1가량은 피질과 피질 하부 경계가 흐트러지는 등의 이상을 보였지만, 그러한 이상 현상은 구조적인 것으로, 시상에서의 정보 입력이 없었던 것과는 무관해 보였다.) 이 연구들이 알려주는 것은, 뇌의 초기 조직 단계의 많은 부분은 경험이 입력되지 않아도 정상적으로 진행된다는 사실이다.

토마스 쉬도프를 중심으로 한 일군의 뇌생리학자들은 한 걸음 더 나아가, 시각뿐 아니라 모든 감각을 차단하여 학습을 막는 방법을 알아냈다.[12] 대부분의 학습은 뉴런들을 연결하는 '시냅스'를 통한 전기적 소통에 기반하고 있다. 그 소통 체계의 분자적 기초를 탐구하는 과정에서, 쉬도프의 연구진은 유전자 변이를 통해 신경 전달에 필수적인 특정 단백질이 부족한 쥐를 만듦으로써 모든 시냅스 전달을 막았다. 연구진은 정상적인 쥐와 돌연변이 쥐 사이에 커다란 차이가 있을 것으로 예측했으나, 변이는 아무런 영향을 주지 못했다(출생 후에 돌연변이 쥐는 바로 죽는다. 시냅스 전달이 막히면 비단 학습을 하지 못할 뿐 아니라 숨을 쉴 수도 없기 때문이다). 시상 손상 연구에서와 마찬가지로, 연구자들은 뇌 물질의 층별 분리에서 뉴런을 연결하는 시냅스의 성질까지 그 어떤 점에서도 정상 쥐의 뇌와 돌연변이 쥐의 뇌 사이의 차이를 찾아내지 못했다. 뇌는 선천적 변이 때문에 모든 형태의 학습이 불가능한 상태에서도 최초의 구조를 성공적으로 조립할 수 있었던 것이다.

이후에 이루어진 두 가지 다른 실험들은 쉬도프 연구진처럼 시냅스 전달을 방해하는 방식이 아닌 다른 방식을 써도 마찬가지 결과가 도출됨을 증명했다. 시냅스 활동을 막는 방법에는 여러 가지가 있지만, 어떤 방식을 쓰더라도 최초의 신경 조직 형성에는 아무 영향을 미치지 못했다.[13] 초기 단계 뇌의 기본 구조는 경험에 거의 의존하지 않는다.

무엇이든 될 수 있는 뇌

만약 초기 단계 뇌에 대한 연구가 이 정도뿐이라면, 왜 이토록 난리인가 하는 의문이 들 것이다. 선천론자의 주장을 믿지 않을 이유가 없지 않은가? 이제껏 소개한 초기 발달 과정 연구를 보자면 경험은 거의 아무런 영향도 끼치지 못했다. 하지만 여기, 정반대의 결론을 가리키는 것으로 보이는—첫눈에 그렇게 보인다—인상적인 여러 실험들 역시 존재한다. 이들은 어떤 종류의 경험은 뇌 구조를 완전히 바꿔놓을 수도 있다는 것을 보여준다. 이를 지지하는 연구자들은 뇌의 직조 상태는 아무것이나 만들 수 있는 찰흙 같은 것이라고 주장한다.

최초의 연구로 1980년대에 샌디에이고 캘리포니아 대학의 데니스 오리어리가 수행한 것이 있다. 그는 뇌의 한 부분에서 뉴런을 떼어내 다른 부분에 갖다 붙였다. 막 태어난 쥐를 대상으로 했던 오리어리의 연구진은 촉각을 해석하는 부분(체성감각피질)에서 뉴런을 떼어내 시각을 다루는 부분(알기 쉽게 명명된 바 시각피질)에 붙였다.[14]

이식된 세포가 발달 과정에서 살아남았다는 사실은 그리 놀랍지 않을지도 모른다. 주목할 만한 것은, 시각피질로 이식된 체성감각 세포들이 완전히 새로운 정체성을 띠면서 마치 애초부터 체성감각 뉴런이 아니라 시각 뉴런이었던 것처럼 행동하더라는 사실이다. 예를 들어, 그들은 척수로 연결되지 않고 시각 정보가 거쳐가는 피질 하부의 상소구에 연결되었다(이런 식으로 쉽게 설명하고는 있지만, 사실 크게 단순화한 것이다. 오리어리의 실험은 완전히 발달한 체성감각 뉴런을 갖고 수행한 것이 아니라 발달생물학자들이 체성감각 '예정 세포'라고 부르는 것으로, 통상적인 환경에서라면 체성감각 세포로 발달하리라 예상되는 원시 상태의 세포를 대상으로 한 것이었다).

물론 한 방향으로의 이식만 가능한 것도 아니다. 오리어리와 동료 연구자들은 시각 예정 뉴런을 떼어내 체성감각피질에 이식하는 정반대 실험도 가능함을 발견했다. 이식된 세포는 체성감각 세포처럼 행동하며 척수와 연결되었다. 다시 한번 원시 상태의 뉴런이 얼마나 유연한지 보여준 셈이다.

뇌 속의 폭풍 55

뇌과학자 올레 아이삭슨과 테렌스 데컨이 이후 수행한 실험은 어떤 경우에는 한 생물종의 뇌세포를 다른 종으로 이식하는 것도 가능함을 보여주었다. 가령 돼지 태아에서 성인 쥐로 세포를 이식한 경우 이식된 뉴런은 종종 정상적인 쥐의 뉴런인 것처럼 연결선을 만들기도 하였다.[15] 뉴런의 운명은 만들어지자마자 고정되는 것이 아니다.

다른 이들은 더 나아가 초기 상태의 뇌에서 많은 부분이 제거되어도 적응을 통해 기능이 유지되는지 알아보았다. 다 자란 원숭이의 경우, TE라 불리는 하측두피질의 일부가 물체 인식에 중요한 역할을 맡고 있다. 이 부분이 없으면 성인 원숭이는 물체 인식 능력을 전부가 아니라도 대부분 잃게 된다. 대조적으로 어린 원숭이의 뇌는 비교적 탄력적으로 적응한다. 과학자들은 막 태어난 원숭이의 TE 영역을 제거해보았다. 열 달 정도 지나자 원숭이의 뇌는 충분히 회복되었고, TE 영역이 없어도 정상적인 원숭이와 거의 같은 수준으로 사물을 인식할 수 있었다. 뇌의 멀쩡한 부분(보통은 바로 옆)으로 사물을 인식하는 기능을 옮김으로써 가능한 일이었다. 발달중인 신경체계가 놀랍도록 유연하다는 것을 보여주는 좋은 예이다.[16]

더한층 혁신적인 뇌 수술 실험도 있다. MIT 신경과학자 음리강카 수르와 학생들은 시각 정보가 청각피질로 입력되는 흰족제비를 탄생시켰다. 수술을 통해 상소구(망막을 통한 시각 정보가 가 닿게 되는 부분)와 내측무릎핵(MGN, 청각 정보를 받아들이는 시상 부위)의 입력 부분 약간을 제거함으로써, 수르의 연구진들은 나의 대학원 동료가 적절히 표현한 바대로 '눈 뼈대'를 '귀 뼈대'로 연결할 수 있었다.[17]

사실 '귀 뼈대'가 시각 정보에 반응하도록 하는 방법에는 여러 가지가 있을 수 있다. 수르는 배선이 새롭게 된 흰족제비를 통해서 청각피질이 시각 입력 정보에 반응함을 보여주었다. 태어날 때부터 귀먹은 동물에게는 본질적으로 이와 똑같은 일이 일어난다.[18] 역의 경우도 마찬가지다. 눈꺼풀이 봉합된 채 자란 고양이의 경우 뇌의 '시각' 부분이 청각 입력 신호에 반응하였다.[19]

동물에게 적용되는 것이라면 인간에게도 적용될 것이다. 과학적 호기심을 충족하기 위해 인간의 뇌 일부를 떼어내거나 재배선해보는 과학자는 없다. 하지만 감각 이상을 타고난 사람들의 뇌를 촬영해 본 결과는 동물 실험의 결과와 비슷했다. 일례로, 오리건의 심리학자 헬렌 네빌은 청각장애를 갖고 태어난 사람의 경우 원래 듣기에 할애되어야 할 뇌의 부분이 시각적 자극에 반응한다는 것을 알아냈다.[20] 시각장애가 있는 아기들의 '시각피질'이 청각 자극에 반응한다는 사실도 밝혀졌다.[21] 심지어 시각장애자들이 브라유 식 점자를 읽을 때 시각피질이 활성화된다는 결과도 나와 있다.[22]

초기 단계 인간의 뇌가 얼마나 탄력적인지 보여주는 또다른 예는 뇌 손상을 입은 아이들에 대한 연구이다. 출생시 심각한 뇌 손상을 입은 아기들이 때로 거의 정상적인 인지 능력을 갖추기도 한다.[23] 좌뇌 전체를 들어내는 수술을 받았던 아이들도 있다(목숨을 위협하는 심각한 발작을 막기 위한 유일한 방법으로, 드물지만 이런 대수술을 하는 때가 있다). 놀랍게도 이들은 거의 정상적으로 말을 배울 수 있었는데, 언어 능력을 담당하는 부위가 우뇌로 옮겨진 덕이다.[24] 한마디로 어린 인간의 뇌는 다른 동물의 뇌처럼 정상적으로 작동하는 동시에 구조를 스스로 재구성하는 능력을 발휘할 수 있다(항상 성공하는 것은 아니지만).

성인의 뇌는 유아의 뇌처럼 '유연'하지는 않지만, 그래도 역시 상당한 여지를 갖고 있다. 샌프란시스코 캘리포니아 대학의 신경과학자 마이클 메르제니치는 성인 원숭이도 뇌피질의 특정 부분이 원래 기능을 수행할 필요가 없게 되었을 때 역할을 조정한다는 것을 밝혀냈다. 메르제니치는 원숭이의 세번째 손가락을 절단했는데(발작이나 척수 손상 등의 예기치 않은 엄청난 결과를 불러올 수도 있는 위험한 실험이다), 그 결과 원래 절단된 손가락에 해당했던 피질 부분이 점차 (몇 달의 기간을 거쳐) 그 옆의 멀쩡한 손가락에 반응하도록 바뀌어가는 것을 볼 수 있었다.[25]

스스로 치료하라

재배선, 연결 변경, 재구성. 이 모든 예들은 '뇌와 마음이 어떻게 발달하는가'라는 우리의 원래 질문과 무슨 연관이 있을까? 샌디에이고 캘리포니아 대학의 인지과학자 엘리자베스 베이츠나 제프리 엘먼 같은 과학자들은 상당한 정도의 정신 구조는 타고난다는 '선천론자'의 이론에 조종을 울리는 예라고 생각한다. 베이츠는 '유연성'에 대한 연구 결과들을 통해 "대부분의 발달신경생물학자들은 피질 분화와 기능 전문화가 피질에 주어지는 입력 신호에 크게 의존한 결과라는 결론을 내리게 되었고 (……) 이는 뇌가 경험 이전에 이미 영역 분화를 완성한다는 기존의 통념에 대한 전면적인 도전"이라고 주장했다.[26] 또 신경과학자 스티븐 퀴츠와 테렌스 세즈

노브스키는 "선천론은 이제 더는 유효하지 않다"고 선언하기도 했다.[27]

그러나 논리적으로 따져볼 때, 뇌의 유연성이 내재적 구조가 존재한다는 이론의 반증이 될 수는 없다. '내재적'이란 수정이 불가능하다는 뜻이 아니다. 단지 경험에 앞서서 구조가 형성되어 있다는 뜻일 뿐이다. 뇌가 유연하다고 해서 배아가 최초로 뇌 구조를 형성할 때 경험이 필요하다고 주장할 수는 없다. 최초의 구조가 후에 경험에 맞추어 변화될 수도 있을 뿐이다. 물론 최초의 형성과 이후의 수정은 논리적으로 별개의 문제다. 어떤 체계가 형태를 바꿀 수 있느냐 하는 것은 그것이 최초에 어떻게 형태를 취하느냐와는 전혀 다른 얘기다

'내재적'이라는 용어와 '수정 불가능'이라는 용어는 종종 혼동되어 사용된다. 정보를 처리한다는 면에서 마음을 컴퓨터에 비유할 수 있는데, 초창기의 컴퓨터는 '배선이 고정적'이었으며 수정이 불가능한 회로 시스템에 의존했기 때문에 이런 혼동이 빚어졌는지도 모르겠다. 하지만 마음과 컴퓨터를 같게 볼 수는 없다. 기술자들은 생산지에서 최초로 프로그램되지만 이후 웹을 통해 언제든지 최신 버전으로 수정, 업데이트할 수 있는 '펌웨어'를 개발했다. 이런 진화는 최근 상당한 수준으로 진행되었다. 미리 프로그램되었다고 해서 다시 프로그램되지 말라는 법은 없는 것이다. 뇌는 초기 배선을 위한 내부적 단서들과 재배선을 위한 환경적 단서들을 잘 혼합하여 사용하고 있을 것이다.

뇌가 손상에서 회복될 수 있다는 말은 즐거운 소식으로 들린다. 하지만 신체가 손상에서 회복될 수 있다는 말은 별다른 감흥이 없

다. 어린아이조차 무릎이 좀 까졌다고 죽지 않는다는 것을 잘 알고 있다. 뼈가 부러지거나, 상처가 나거나, 종기가 생기거나, 화상을 입거나, 얻어맞거나, 뾰루지가 나거나, 심지어 마음이 다쳐도 회복할 수 있다. 물론 인간의 생명은 유한하고 육체는 영구적이지 않다. 고속으로 달리다 교통사고가 나면 죽을 수밖에 없다. 그렇지만 인간의 신체는 자기수선을 위한 도구를 수십 가지나 갖고 있다.

어릴 때 뇌 손상을 겪어도 언어를 다시 배울 수 있다는 것은 자기수선의 한 가지 예일 뿐이다. 넓게 봐서 뇌가 손상에서 회복될 수 있다는 사실은 놀랄 만한 것이 아니다. 사실 진짜 놀라야 할 부분은 뇌가 너무나도 '유연하지 않다'는 점이다. 신체의 대부분은 끊임없이 세포를 바꾸어가는 데 비해 성인의 뇌에 있는 뉴런의 수는 거의 변하지 않는다.[28] 간세포는 끊임없이 재생되지만, 뇌는 거의 대부분 (전부 그런 것은 아니지만) 태어날 때 지녔던 뉴런만을 그대로 가진 채 동작한다.[29] 수선할 때도 새로운 뉴런을 만들어내는 게 아니라 뉴런 간의 연결을 바꿀 뿐이다. 그런데도 뇌는 다른 신체 부위와 마찬가지로 상당한 수준의 자기수선을 해낼 수 있다(자기수선하는 방법 중 하나는 이미 갖고 있는 여분을 활용하는 것이다. 신장 한쪽이 손상되면 신체는 기능을 반대쪽으로 옮긴다. 뇌의 반구 하나가 없어지면 적어도 몇 가지 기능 정도는 반대쪽 반구의 미리 지정된 대리 영역으로 옮아간다[30]).

상처에서 회복하는 일은 모두가 일상적으로 겪는 것이지만, 이식 실험은 그렇지 않다. 실험실 밖에서는 체성감각피질에 있던 세포가 시각피질로 옮겨가는 일 따위는 있을 수 없다. 하지만 신체는 이런 상황에도 유능하게 대처하는 것 같다. 여기서도 뇌만 특별한 것은 아니다.[31] 원래 안구 세포가 될 세포를 떼어내 허파에 붙이면 허파 세포로 훌륭히 바뀌어갈 것이다. 안구 예정 세포가 허파 세포가 되는 법을 어디선가 배운 건 아니다.

이런 종류의 유연성은 신체가 자신을 조립해가는 과정의 당연한 결과일 뿐이다. 몸에 있는 대부분의 세포는 (성장한 적혈구 세포와 혈소판은 예외이다) 완전한 일련의 지침들을 안고 태어난다. 허파 세포가 되거나 안구 세포가 되려면 어떻게 행동해야 하는지에 대한 지침 말이다. 세포가 그중 어느 지침을 따를지 결정하는 데에는 주변 세포들의 영향이 부분적으로 작용한다. 영향을 받기 쉬운 어린 세포가 허파 세포들에 둘러싸이면 허파 세포처럼 행동하도록 유도될 수 있다. 이런 일이 뇌의 세포 이식 실험에서도 일어난다는 것이 나의 주장이다. 시각 뉴런으로 태어났더라도 시각 뉴런이 되기 위한 내재적 지침을 완전히 따르는 단계까지 가지 않은 뉴런이라면 방향을 바꾸어 체성감각 세포가 되는 단계를 따를 수 있다. 심지어 성장한 신경 줄기세포는 혈구 세포로 변할 수도 있는데, 이는 학습과는 아무 상관이 없다.[32] 뇌 발달에만 특별히 적용되는 원칙도 아니다. 발달의 법칙, 즉 유전자는 원래부터 이런 식으로 작동한다.

그렇다면 어째서 흰족제비의 망막은 청각 영역으로 방향을 바꾸었을까? 사람들은 수르의 유명한 실험이 재배선을 선보인 실험이라고 설명하지만, 사실 수르가 흰족제비의 신경을 글자 그대로 재배선한 것은 아니다. 수르가 망막 세포의 출력 '회선'(축색돌기)을 청각 시상의 뉴런에 글자 그대로 연결한 것은 아니었다는 말이다. 대신 그는 약간의 작업을 통해 축색돌기 스스로 알아서 길을 찾도록 했다. 실험이 실제 어떻게 이루어졌는지 살펴보면 이해하기 쉬울

뇌 속의 폭풍 61

것이다.

실제 실험은 다음과 같았다. 망막의 축색돌기는 보통 상소구에 자신의 회로를 연결하려고 한다. 수르의 연구진은 상소구를 제거하여 연결을 막았다. 수르와 연구진이 단지 이 조치만 취하고 말았다면 재배선이 이루어지지 않고 망막 축색돌기는 어디로도 갈 수 없는 상태로 버려졌을 것이다. 재배선 과정을 마무리하기 위해 수르는 청각 시상으로 입력되는 입력 신호를 제거해버렸다.[33] 이 마지막 단계가 결정적인 것이었음은 이후의 실험을 통해 증명되었다.[34] 이 단계를 거침으로써 청각 시상은 '나에게 연결하라'는 의미를 담은 신호를 내보내기 시작하는 것 같다. 바로 그때 망막 축색돌기는 파트너를 찾고 있으므로, 둘은 실험실이 맺어준 짝이 된 것이다.

6장에서 살펴보겠지만, 망막과 청각 시상을 묶어준 이런 식의 신호 체계는 뇌 전체에 광범히 퍼져 있다. 감각 입력 신호가 재배선 실험에서 중대한 역할을 한 것으로 보일 수도 있겠지만—선천론에 반대하는 사람들이 믿고자 하는 것이기도 하다—그렇지 않다는 해석도 가능하다. 재배선은 방황하던 망막 축색돌기의 탐지기와 기다리던 청각 뉴런이 내보낸 신호 분자가 빚어낸 상호작용에 전적으로 의존하여 생겨난 일인지도 모른다. 어둠 속에서 자란 흰족제비를 대상으로 재배선 실험을 하더라도 똑같은 결과가 나왔을 것이라고, 나는 생각한다.

본성과 양육 사이

그러면 이제 상황이 어찌 되는 것인가? 우리는 여전히 뇌가 얼마나

'유연'한지 알지 못한다. 열정이 가득한 과학자들이 흔히 그러듯 최근의 반(反)선천론자들은 자신의 실험 결과를 과대해석해왔다. 유연성(이것은 사실이다)을 주장하는 데 그치지 않고, 피질의 모든 부분은 어떤 다른 부분으로도 발전할 수 있다는 '동등 잠재력'까지 주장하고 있다(이것은 심한 과장이다). 일례로, 샌디에이고의 인지과학자 엘리자베스 베이츠는 다음과 같은, 언뜻 보기에는 꽤나 설득력 있는 주장을 펼치기도 했다. "아이삭슨과 데컨은 (1996년 연구에서) 태아 상태 돼지의 피질에서 일부를 떼어내 다 자란 쥐의 뇌에 이식했다. ('이종 간 이식체'라고 불리는) 이 '이즈자'들은 척추 쪽으로 축색돌기를 뻗어 내려 알맞은 위치에서 멈추는 등 적절한 연결을 이루어냈다. 그 쥐의 정신 상태에 대해서는 아는 바가 없지만, 최소한 돼지 비슷한 행동은 전혀 관찰되지 않았다."[35]

하지만 베이츠는 생물학자 에번 발라반이 진행했던 더욱 충격적인 실험에 대해서는 전혀 보고하지 않았다. 발라반은 메추라기의 중뇌 일부를 병아리의 배아에 이식했는데, 그 결과 '키메라'(사자의 머리, 염소의 몸통, 뱀의 다리를 가진 그리스 신화 속의 야수와 관련시켜 붙인 이름이다)가 탄생했다. 키메라는 걸음걸이는 닭과 같았지만 울음은 메추라기와 닮았다. 이식된 세포가 모두 다 새로운 환경에 적응하지는 않는다는 증거이다.[36] 발라반의 연구나 최근의 여타 연구들이 보여주듯, 이식 세포가 새로운 환경의 특성을 모두 받아들이지는 않는다. 특히 발달 후기 단계에 이식된 세포는 새로운 대상보다 예전 대상의 특성을 나타내는 경우가 많았다. 실험이 이루어진 시점이 늦을수록 더 그러했다.[37] 게다가 이식 실험은 기증자와 수여자 간의 유사성에 크게 의존할 수도 있다.[38] 한 감각기관의 조직을 다른 감각기관으로 옮기는 실험은 있었지만, 감각세포를 다른 곳, 가령 편도체(감정에 연관된 부분이다[39])나 운동 영역, 전두엽 피질(의사 결정을 내리는 능력에 핵심적인 역할을 하는 것으로 보이는 곳이다[40])로 옮겨 성공적으로 통합한 실험은 없다.

비슷하게 수르의 흰족제비 실험이 인상적이기는 하지만 문제가 없는 것도 아니다. '재배선된' 흰족제비들은 정상적인 흰족제비만큼 잘 볼 수 없었을뿐더러 이상하리만치 수평적인 선들을 선호하는 경향을 보였다. 이는 정상 상태에서는 없는 일이다. 게다가 청각피질 뉴런의 5분의 1 정도는 시각 입력 신호에 반응하지 않았고, 뇌 지도는 정상에 비해 상당히 무질서한 형태로 나타났다.[41] 그리고 청각피질에 시각 입력 신호를 먹일수 있다는 것은 실험이 증명한 바이나, 시각 신호가 뇌의 다른 부분 어디에나 연결될 수 있다는 증거는 없다. 시각 신호 처리와 청각 신호 처리의 초기 발달 단계가 상당히 비슷하기 때문에[42] 상대적으로 재배선이 쉽게 성공한 것인지도 모른다[43](스티븐 핀커는 이 경계를 넘어서면 유연성이 적용되지 않을 것이라고 주장했다. 감각기관이 아닌 기관 사이에 이식된 예가 없다는 것이다. 밴더빌트의 선구적인 신경해부학자 존 카스는 더 복잡한 행동을 주관하는 층의 피질에도 유연성이 있을 것으로 예상했지만, 아직 피질에 대해 충분히 밝혀진 바가 없으므로 뭐라 말할 수 없다고 덧붙였다).[44]

뇌 손상 회복의 경우도 사정이 확실치 않기는 마찬가지다. 뇌 손상에서 회복하는 능력은 아이가 어른보다 월등히 뛰어나지만 이 역시 부분적으로만 가능할 뿐이다. 어릴 때 뇌 손상을 입은 아이들이 놀라운 수준으로 회복하는 예가 종종 있는데 그들도 영원히 치료

불가능한 부분을 안고 있다. 한 예로 런던 아동건강연구소의 신경과학자 파라네 바르가 카뎀이 태어날 때 뇌의 양쪽 해마에 손상을 입은 한 여자아이에 대해 진행한 연구를 들 수 있다. 어른은 해마에 손상을 입으면 장기기억력에 문제를 일으킨다. HM이라 알려진 한 유명한 환자는 해마와 그 인접 부위를 들어낸 후 장기기억에 새로운 사실을 저장하는 것이 불가능해졌다.[45] 비슷한 손상을 입었던 그 아이는 상당한 수준의 학습 능력과 기억력을 발달시켜 단어를 외우는 등의 작업을 할 수 있었다. 그러나 공간 지각력이나 시간 지각력, 기타 특정 사건에 대한 기억력이 현저히 뒤떨어졌다.[46] 대뇌 마비(평형과 운동 능력에 영향을 미친다),[47] 자폐증(사회적 인지 능력과 의사소통에 영향을 미친다),[48] 난독증(독서장애)[49] 등의 장애는 (최소한 현재 의학 수준에서 보자면) 평생 지속되는 문제이다. 특히 장애가 트라우마가 아니라 유전자에 의해 발현된 경우에는 유연성의 한계도 더 많으리라는 것이 내 추측이다.

최종적인 결론이 어떻든 간에, 선천론자와 반선천론자가 각자 어떤 측면에서는 옳은 말을 하고 있음이 분명하다. 뇌의 상당 부분은 경험이 없어도 미리 조직된다는 면에서 선천론자가 옳고, 뇌의 구조는 경험에 매우 민감하게 반응한다는 점에서 반선천론자가 옳다. 자연은 실로 엄청나게 현명하여, 스스로 조직해낼 수 있을 정도로 환상적이면서도 또한 매일 수정과 조정을 거칠 수 있을 정도로 탄력적인 도구를 우리에게 부여한 것이다. 앞으로 살펴볼 것은, 이 두 가지 속성이 뇌의 발달과 유지를 관장하는 우아한 생물학적 과정에서 생겨난 자연스럽고 직접적 결과라는 점이다.

(4)
아리스토텔레스 가라사대

자연의 모든 것에는 불가사의가 깃들어 있다.　　—아리스토텔레스

많은 이들이 게놈—각 개인과 종을 독특하게 만들어주는 유전자의 집합체—을 청사진 같은 것으로 생각한다. 자라나는 유기체에 대한 작은 DNA 지도라는 것이다. 사실 썩 나쁜 비유는 아니다. DNA가 자라나는 배아에 대한 계획을 담고 있다는 표현은 일리가 있는 말이다. 하지만 앞서도 살펴보았듯, 많은 면에서 청사진 비유는 무리다. 게놈이 전체 그림에 하나하나 대응하는 것은 아니며, 게놈의 특정 부분이 뇌의 특정 부분에 대응하는 식의 관계도 성립하지 않는다. 게놈을 청사진처럼 묘사하는 몇몇 과학소설에서 의사들은 유전정보에서 이상한 부분을 찾아내어 곧바로 그것이 뇌에 어떤 영향을 미치는지 알아내며, 반대로 선천적 뇌장애를 살펴본 뒤 즉시 문제가 되는 특정 게놈을 찾아낸다. 하지만 우리 행성에서는 게놈이 그런 식으로 작동하지 않는다. 이 장의 목적은 게놈의 진정한 기능을

알아보는 것이다.

좀 이상하게 느껴지겠지만 유전자에 대해서는 아무것도 몰랐을 아리스토텔레스 얘기로 시작해보겠다. 병아리 배아 해부를 통해서 아리스토텔레스는 배아가 일련의 단계를 점차적으로 거쳐서 발달한다는 것을 발견했다. 그 과정을 우리는 '연속적 분화'라 부른다 (생물학자들은 간혹 후성설 *epigenesis*이라고 부르기도 하는데, '*epi*'는 '~의 위에'를 의미하고 '*genesis*'는 '발생'을 뜻한다. 하지만 이 용어는 너무나 다양한 의미를 포괄하게 되어버렸으므로, 이 책에서는 사용하지 않겠다).

「동물의 발생에 관하여」라는 논문에서 아리스토텔레스는 신체가 처음부터 완벽한 채로 탄생하는 것이 아니라 조금씩 서서히 만들어지는 것이라고 주장했다. "발달의 첫 단계에서는 몸의 상체 부분이 형태를 갖춰간다. 시간이 지나면 하체도 제 크기로 커진다. (……) 모든 부위는 먼저 형체부터 나타나며 나중에 색깔이 나타나고 부드러워지거나 딱딱해진다. 자연은 마치 예술 작품을 그리는 화가와 같이 동물의 선을 그려 넣은 후에 색깔을 입혀간다."

아리스토텔레스의 이론이 세세한 부분까지 모두 옳은 것은 아니지만(가령, 그는 자신이 '정액 찌꺼기'라고 이름 붙인 질료들 속에서 제일 먼저 뼈가 생성된다고 믿었다), 기본적인 가정은 정확했다. 즉 모든 배아는 질서 있는 발달 단계를 거친다. 먼저 기관들이 거친 형태로 자리를 잡고, 그 다음에 연속적으로 세부가 다듬어져간다.[1] 17세기 전성설자들의 잘못된 주장과는 반대로(그들은 배아가 이미 완벽한 형태를 갖추고 있다고 믿었다), 실제 배아는 나중에 자라서 될 성인의 모습과는 하나도 닮지 않았다. 이틀 된 배아는 아무리 보아

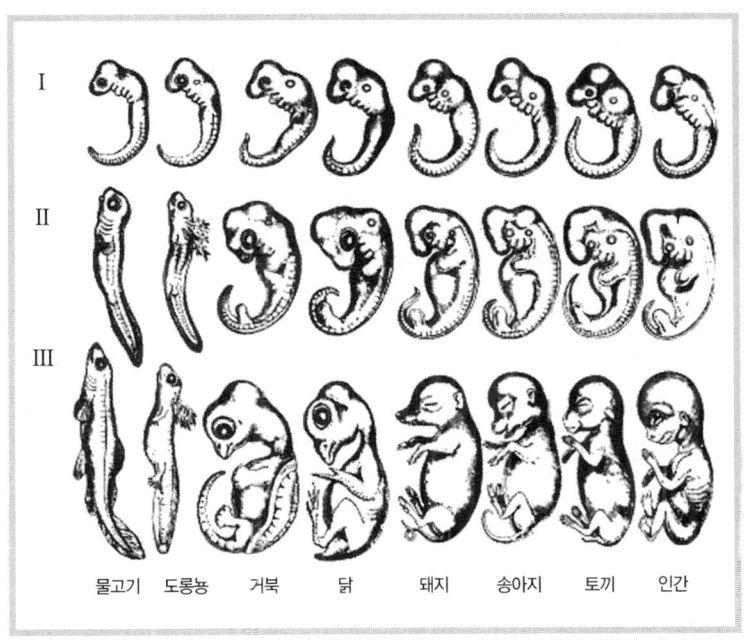

여덟 동물 종의 배아 발달 단계

도 오디 열매를 닮았다고밖에 볼 수 없고, 수정 후 4주가 지난 배아는 사람보다는 물고기를 더 닮았다고 자신 있게 말할 수 있다('개체 발생은 계통 발생을 반복한다'는 속설은, 그러나, 거짓말이다. 이 유명한 문구는 독일 생물학자 에른스트 헤켈이 창안한 것으로, 배아의 발달 단계가 생명체의 진화 발달 역사를 그대로 밟아간다는 주장이다. 끈질기게 사라지지 않고 있는 이 거짓 주장[2])이 정점에 달했던 것은 명망 높은 아동교육 전문가 스포크 박사가 아가미처럼 생긴 배아 인두의 아치 모양을 가리키며 "자신이 가르치는 모든 아이들은 육체적으로나 정신적으로나 인류의 모든 역사를 밟아온다"[3]고 주장했던 때이다. 인간의 배아가 다른 생명체를 닮았다면, 차라리 그 생명체의 성인 형태가 아니라 배아 형태를 닮았다고 말할 수 있다. 이 사실은 헤켈의 스승이지만 그리 자주 인용되지 않는 카를 에른스트 폰 바에르가 잘 정리해준 바 있다[4]).

아무튼 이제 우리는 배아가 연속된 단계를 거쳐 발달한다는 사실을 알고 있다. 수정 과정에서 정자와 난자가 결합되면 접합체라고 불리는 수정된 난자가 만들어진다. 이 접합체는 하나의 세포로 시작하여 곧 두 개의 세포로 나뉘며, 그 각각의 세포가 다시 나뉘고 또 나뉘어 결국 거의 똑같이 생긴 여덟 개의 세포들이 뭉친 공 모양이 된다. 세포가 뭉친 공은 결국 편평해지고, 세포층이 형성되기 시작하며, 곧 세포들은 각자 독특한 운명을 맞이하게 된다. 사지가 솟아나고, 기관들이 뭉쳐난다. 그리고 다음 장에서 살펴볼 테지만, 이 연속적 분화(또는 점진적 발생)의 원리는 비단 신체 발달에만 적용되는 것이 아니라 뇌 발달에도 똑같이 적용된다.

아리스토텔레스가 정리한 이론은 그의 연구 환경을 고려한다면 훌륭하다고 할 수 있지만, 사실 그 수준은 형편없다. 아리스토텔레스는 가장 중요한 몇몇 문제들에 대해 답을 할 수 없었다. 배아 발달이 한 단계에서 다음 단계로 넘어가는 동인은 무엇이며, 배아가 그 부모의 발자취를 밟아가는 동인은 또 무엇인가? 어째서 원숭이의 배아는 자라서 자몽이 되지 않고 원숭이가 되는가? 아리스토텔레스는 모종의 '추동력'이 존재하리라는 추측 외에는 답을 내놓지 못했다. 그의 설명은 자동차란 차축이 회전하면 앞으로 나간다고 말하는 것만큼이나 무의미하다. 휘발유나 차축을 회전시키는 기어의 크랭크 등에 대해서도 한마디로 거론하지 않는다. 여기, 이제 진정한 추동력인 유전자가 등장한다.

유전자 속에는 무엇이 있는가?

유전자는 무슨 일을 하는가, 그리고 어떻게 유전자가 신체와 뇌의 구성을 감독하는가에 대한 현대 과학적 개념은 150년 전의 특성 이론이라는 견해에서 비롯되었다. 후세의 과학자들은 이 아이디어를 손질하여 효소 이론, 단백질 주형 이론, 그리고 (가장 완성도 높은) 자율적 행위자 이론으로 점차 복잡하게 발전시켜나갔다.

이제 그 각각의 이론을 설명하며 유전자의 개념적 역사를 살펴보도록 하겠다. 현대 생물학의 역사로 떠나는 이 여행은 언뜻 주제에서 빗나가는 것으로 보일지도 모른다. 우리가 알고자 하는 것이 마음과 뇌의 발달이라면 왜 과학자들이 유전자가 하는 일을 밝혀낸 역사 따위에 관심을 가져야 하는가? 유전자가 특성에 영향을 주든 효소에 영향을 주든 무슨 상관이 있는가? 유전자가 주형으로 작용하든 자율적 행위자로 작용하든 무슨 차이가 있다는 말인가?

본성과 양육의 상관관계에 답하려면, 그리고 그 둘을 분리하는 것이 왜 어려운가를 알려면, 생물 구조가 만들어지는 실제 방식에 대한 진정한 이해가 바탕이 되어야 한다. 그래서 위의 문제들에 관심을 가져야 한다. 유전자의 진정한 속성을 알지 못하고서는 유전자를 진단하고 치료하는 것이 왜 그렇게 어려운지, 어떻게 게놈은 그렇게 적은 수의 유전자로 그토록 많은 일을 해내는지, 인지 체계의 발전 등을 이해할 수 없다.

먼저 상상할 수 있는 가장 간단한 이론인 특성 이론부터 알아보자. 이것은 각각의 유전자가 하나씩의 특성—가령 키, 눈 색깔, IQ 등—에 영향을 미친다는 아이디어이다. 유전자란 무엇인가에 대한 답으로 이것이면 충분하다고 믿는 생물학자는 이제 아무도 없지만, 하나의 유전자에 하나의 특성이라는 이 이론을 이 자리에서 설명할 필요는 있다. 이 이론의 흔적이 각종 신문기사('편두통 유전자 발견')나 책(『배고픈 유전자』[5]), 분자생물학계 이외의 학술논문에 끊임없이 등장하고 있기 때문이다.

분자적 수준에서의 유전을 DNA가 담당하고 있다는 사실 등 여러 유전자 관련 발견을 촉발시켰다고 할 수 있는 이 특성 이론은 1860년대에 오스트리아 수사인 그레고르 멘델로부터 시작되었다. 멘델은 아이가 부모를 닮는 유전 법칙에 대해 끈기 있게 연구했다. 평범한 완두콩(*Pisum sativum*)을 실험대상으로 삼은 멘델은 2만 8천 그루가 넘는 나무를 심었다. 키가 큰 것, 작은 것, 표면이 매끄러운 것, 쭈글쭈글한 것, 초록색, 노란색 등이 섞여 있었으며, 모두 합쳐 70가지의 순종 종자가 동원되었다.[6]

연구과정에서 멘델은 당시 한창 인기이던 "자손은 부모의 단순한 혼합체"라는 견해가 잘못됐다는 것을 초반에 알게 되었다. 순종 노란 완두와 순종 초록 완두를 교배하면 연두색 종이 나오는 것이 아니라, 언제나 노란색 완두만 나왔다. 다시 멘델이 잡종의 노란 완두끼리 교배시키면(즉, 순종 노란 완두와 순종 초록 완두 사이에서 태어난 두 개의 노란 완두를 말한다) 그보다 더 극적인 일이 벌어졌다. 생산된 완두의 4분의 1은 언제나 **초록** 완두였던 것이다. 어느 쪽 부모의 색깔도 닮지 않은 것이다. 쭈글쭈글한 잡종 완두에서 태어난 매끄

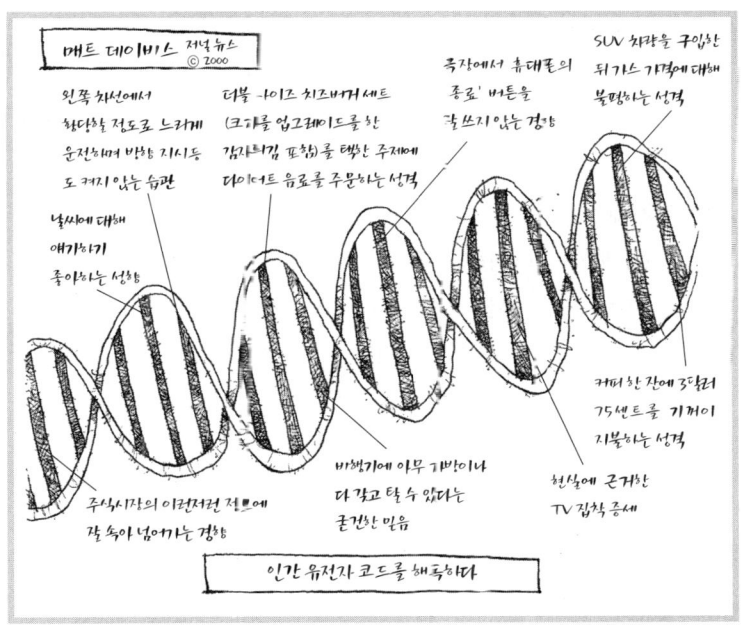

21세기식으로 업데이트된 특성 이론

러운 완두나, 키가 작은 잡종 완두에서 태어난 키가 큰 완두의 경우도 마찬가지였다. 이런 양상을 분석하여 멘델은 이제는 친숙한 법칙이 된 우열의 법칙(갈색 눈동자는 푸른 눈동자에 대해 우성이라는 등)을 유추해냈으며, 일반적으로 완두의 색깔은 아버지와 어머니에게 각각 하나씩 물려받는 두 개의 특성 통제 '인자'에 달려 있다는 결론을 내렸다. 특정 완두가 나타내는 색은 이 인자들의 관계에 달려 있다. 이 인자가 궁극에는 '유전자'로 불리게 되었다[7](존 체이스는 이런 만화를 그린 적이 있다. 수도원에서 멘델이 저녁 식사당번을 서는 날이었는데, 그가 음식을 갖고 나오자 한 수사가 침묵의 서약을 깨고 이렇게 말한다. "멘델 형제", 그는 지친 듯 말한다. "완두 요리에는 이제 신물이 납니다").

신기하게도 특성 이론은 멘델이 연구했던 단순한 특성들에 대해서 상당히 잘 들어맞았다. 하지만 유전자의 기능에 관한 완전한 이론이 되기에는 다음 세 가지 면에서 부족하다. 첫째, 우리는 특성이라는 것을 개인이 다양하게 갖고 있는 특질로 이해하는 경향이 있다. 나는 갈색 눈동자를, 당신은 초록색 눈동자를 갖고 있다는 식이다. 하지만 대부분의 유전자는 개인 간의 차이와는 아무 관련이 없다. 유전자 대부분은 모든 보통 사람들이 다 소유하고 있다. 유전자는 개인 간의 차이를 만들어내는 것 이상의 일을 하는데, 특성 이론은 왜 그런지 설명해주지 못한다. 둘째, 대부분의 특성은 하나 이상의 유전자의 영향을 받는다. 가령 피부색은 최소한 30개의 유전자의 영향을 받는다.[8] 마지막으로, 하나의 유전자가 여러 가지 서로 다른 특성들, 게다가 서로 별 관련도 없어 보이는 특성들에 영향을 미치는 것도 자주 있는 일이다. 예를 들어 샴 고양이의 두드러진 두 가지 특징―독특한 색깔 분포(몸통은 밝은 색이지만 꼬리 부분은 어둡다 등)와 사팔눈 모양―은 하나의 유전자의 영향이다.[9]

멘델의 아이디어는 그후 거의 35년간 잊혀졌지만,[10] 후에 효소 이론으로 발전하게 되었다. 효소 이론은 물리적 실체가 어떻게 유전에 영향을 미칠 수 있는가를 설명한 최초의 기계적 이론이었기 때문에 상당한 발전이라고 볼 수 있다. '유전자'라는 용어가 만들어지기 몇 년 전인 1902년, 영국의 사이먼 개로드라는 의사는 어떤 장애들이 멘델의 유전 계통표와 비슷한 형태를 따라서 가계에 전해진다는 사실을 알게 되었다. 그는 후에 이런 종류의 장애에 '선천적 신진대사 장애'라는 이름을 붙였다.[11] 멘델의 인자로 계산을 해보면 아이가 알비노 증후군(백색증, 피부, 머리카락, 눈동자가 흰색이 된다)이나 알캅톤뇨증(오줌이 검게 변하는 장애로 무섭긴 하지만 해는 없다)에 걸릴지 안 걸릴지를 상당히 정확하게 예측할 수 있었다.

이 덕분에, 유전자가 효소의 생산에 영향을 줌으로써[12] 힘을 행사한다는 아이디어가 탄생하게 되었다. 효소란 화학반응을 촉진하는 생물학적 촉매로, 효소 이론은 특정 효소가 부족할 때 물리적 (그리고 아마도 정신적) 장애가 생긴다고 주장했다. 알캅톤뇨증 환자의 소변이 검게 변한 것은 호모겐티신산 산화효소라는 효소가 부족하기 때문이며, 알비노 환자의 피부가 흰 것은 티로신을 피부 색소로 바꾸어 주는 과정에 필요한 효소가 부족하기 때문이다. 1940년대에는 효소 이론을 뒷받침하는 증거들이 속속 등장했다. 에드워드 비들과 조지 테이텀이라는 두 칼텍 생물학자가 극초단파를 쪼이는 방법으로 여러 종류의 돌연변이 박테리아를 만들어냈는데, 그 각각의 돌연변이 박테리아들에게서 특정한 효소가 부족한 것으로 밝혀졌던 것이다.

비들과 테이텀이 만든, 외우기 쉬운 슬로건 '하나의 유전자, 하나의 효소'가 상징하듯, 효소 이론은 정신적이든 물리적이든 모든 종류의 선천적 장애를 효소 부족으로 해석하려 했다. 실제로 몇몇은 그러하다. 일례로 페닐케톤뇨증(PKU)은 어떤 효소가 부족해서 나타나는 정신지체 증후군으로, 초기에 발견된다면 식단을 관리하고 보충영양제를 섭취하여 비교적 쉽게 치료할 수 있다.

하지만 효소 이론이 간과한 더 큰 진리가 있었다. 많은 수의 유전자는 (그리고 그에 따른 장애들은) 효소와는 아무 상관이 없으며, 그렇기 때문에 효소로 설명하는 틀에 맞지 않았다. 겸상 적혈구성 빈혈이나 근위축증(루게릭 병, 근위축성 측상 경화증), 근영양실조, 담낭 섬유종 등의 장애는 효소와 아무 상관이 없으나 유전자와는 밀접한 관계가 있다.

1950년대와 1960년대를 거치면서 과학자들은 유전자가 단순히 효소의 구성을 지시하는 것 이상의 일을 한다는 사실을 발견했다. 대부분의 효소는 단백질이라는 분자 집단에 속하는데, 유전자가 그 집단의 분자에도 중대한 역할을 한다는 사실이 밝혀진 것이다.

아미노산이라는 기본 분자가 20개가량 길게 이어져 섬유, 관, 물방울, 평면 모양 등의 3차원 구조로 복잡하게 뒤틀리고 접힌 것이 단백질이다. 아미노산 자체는 탄소, 수소, 산소, 질소 원자가 특정한 방식으로 결합된 것이다(인체는 대부분의 아미노산을 스스로 합성하지만 음식을 통해 섭취해야 하는 것이 아홉 가지 있으며 이를 '필수' 아미노산이라고 한다. 육류는 보통 이 필수 아미노산을 모두 포함하고 있으나, 채소나 과일류는 그렇지 않은 것이 더 많다. 가령 대부분의 곡류에는 라이신이 포함되어 있지 않다. 이 때문에 채식주의자들은 주의 깊게 균형을 맞추어 단백질 공급원을 '보충' 할 필요가 있다).

인체에는 문자 그대로 수백 수천 가지의 단백질이 있다.[13] 보통의 세포 하나는 수천 개의 다양한 단백질을 갖고 있고, 이들을 모두 합치면 인체 건조 중량(dry weight)의 절반이 넘는다.[14] 효소 외에도 굉장히 다양한 종류의 단백질이 있다. 예를 들어 케라틴(머리카락에 있는 대표적인 단백질이다)과 콜라겐(피부에 많은 단백질이다)은 인체 구조를 만드는 데 기여한다. 프롤락틴이나 인슐린 등의 단백질은 인체 기관들 사이의, 또는 기관 내부의 소통을 돕는 호르몬이다. 그 밖의 다른 단백질들은 운동물질이나 연락물질로도 일한다(예를 들어 헤모글로빈은 산소를 나른다). 또한 분자들이 세포 안팎으로 드나드는 것을 통제하기 위해 열렸다 닫혔다 하는 복잡한 세포의 문인 채널이 있고, 보초처럼 기다리다가 생화학 신호를 받아 신호 운반자를 직접 세포벽 속으로 들여보내지 않고 신호의 내용만 안으로 전달하는 수용기도 있다. 단백질은 우리 삶의 모든 면에 관련되어 있다.[15]

유전자가 효소뿐 아니라 모든 단백질과 관련되어 있다는 주장의 단백질 주형 개념은 1940년 처음으로 생겨났다. 그때까지 과학자들은 유전자를 그저 단백질의 한 종류라고 생각했다. 하지만 1944년, 오스왈드 애버리라는 잘 알려지지 않은 미국인 생물학자가 그렇지 않다는 것을 밝혀냈다. 그는 너무나 친숙한 박테리아인 폐렴쌍구균(*pneumoccus*)에 대해 연구하던 중 놀라운 발견을 해냈다. 폐렴쌍구균에는 두 종류가 있다. '매끄러운' S 계통은 치명적이지만, '거친' R 계통은 대체로 해가 없다. 이들의 이름은 현미경으로 들여다보았을 때의 모양을 따라 지은 것이다. 1920년대 말, 영국의 생물학자 프레데릭 그리피스는 열을 가해 죽인 S 계통 박테리아(그 자체로는 치명적이지 않다)가 평소 안전한 R 계통을 치명적인 공격자로 '변형'시킬 수 있음을 발견했다. 그리피스는 그 이유는 알아내지 못했다. 애버리는 S 계통 박테리아 속에 포함된 물질들을 하나씩 없애가는 소거법을 사용해 이 문제를 풀었다. 결국 마지막에 남은 것은 알 수 없는 끈적한 산이었는데, 이 물질은 1869년 스위스의 생화학자 프리드리히 미셔가 최초로 분리했던 것이었다.[16] 이 신비로운 끈적한 물질―DNA―은 그 자체만으로도 정상적인 R을 치명적인 R로 바꿀 수 있었다. 현대 용어를 빌리자면 R 박테리아에 치명적인 특성을 부여한 것은 S 계통 박테리아의 DNA에 섞여 있던 유전물질이었다.

결론은? 이제 과학자들은 유전의 물질적 근거를 멘델의 인자, 즉 유전자에서 찾을 수 있게 되었다. 하지만 유전자는 특별한 종류의 단백질로 만들어진 것이 아니라, DNA로 이루어져 있었다. 유전자에 대해 알아내기 위해 과학자들은 이 DNA라는 분자가 어떻게 활동하는지 알아야만 했다. 이 시점에서 연구자들이 DNA에 대해 아는 바는 거의 없었다. 1869년 미셔가 이 물질을 독자적으로 발견해 낸 이래(멘델이 완두에 대한 논문을 발표한 지 4년 만의 일이었다), 과학자들은 DNA가 탄소, 수소, 산소, 질소, 인으로 구성되어 있다는 사실만 알고 있었을 뿐이다. 15년이 흐른 1885년, 독일 생물학자 알브레히트 코셀은 DNA가 네 종류의 알칼리성〔산성에 반대되는 개념인〕분자로 이루어져 있다는 것을 밝혀냈다. 그는 이 네 종류의 '염기'에 각각 시토신, 티민, 구아닌, 아데닌이라는 이름을 붙여주었는데, 이것이 현재 뉴클레오티드라 불리는 것이다.[17] 그런데 DNA의 정확한 구성 비율이나 그 염기들이 서로 어떻게 연결되어 있는가 하는 점은 각 생물종마다 다른 것처럼 보였다. 가령, 황소의 흉선에서 구아닌의 비중은 인간의 흉선에서의 그것보다 높게 나왔다.[18] 1950년 생화학자 에르빈 샤르가프가 발표한 '법칙' 역시 설명이 어렵기는 마찬가지였다. 시토신의 양은 구아닌의 양과, 티민의 양은 아데닌의 양과 언제나 일치했던 것이다.[19]

애버리가 처음 염기를 발견하고 1952년 앨프리드 허시와 마사 체이스가 각각 재확인하기에 이르자,[20] 곧 DNA의 정확한 모양과 염기의 결합방식을 알아내기 위한 경쟁이 벌어졌다. 가장 유력한 후보는 화학결합 분야의 세계적 석학이며 이후 두 번이나 노벨상을 받게 되는 라이너스 폴링이었다. 생물학계의 예상에 어긋나지 않게, 과연 폴링이 가장 먼저 결과를 발표했다.[21] 하지만 곧 그의 이론의 결함이 드러났다. 그가 주장한 삼중나선은 이제는 SF에서나 발견할 수 있는 이론이다.[22] 폴링이 자신의 오류를 채 수정하기도 전에, 야망에 가득 찬 두 명의 신참들이 그를 앞질러버렸다. 이제 막 박사학위를 딴 25살의 미국인과 아직 학위를 따지도 못한 30대의 영국인 대학원생이었다.

그들이 바로 제임스 왓슨과 프랜시스 크릭이다. 이 유명한 팀이 1953년 2월에 (로절린드 프랭클린[23]과 모리스 윌킨스가 찍은 X선 사진의 결정적인 도움을 받아) 고안한 것은 이중나선 형태의 DNA 분자 모형이었다. 당인산염이 대를 이루고 뉴클레오티드 염기 한 쌍이 가로대 형태로 연결된 채 꼬여 있는 사다리 모양이다.[24] 나선이라는 것은 새로운 생각이 아니었다. 새로웠던 것은 염기들이 배열된 방식을 알아낸 점이다. 사다리의 가로대는 한 쌍의 '서로 다른' 염기들 즉 아데닌(A)과 티민(T) 또는 구아닌(G)과 시토신(C)으로 구성되었다. 아데닌의 양과 티민의 양이 비슷했던 것은 그들이 항상 짝을 이뤄 나타나기 때문이었다. 샤르가프의 법칙은 해결되었다. DNA의 구조 또한 완벽히 해독되었다.

왓슨과 크릭은 그들의 책에 다음과 같은 유명한 말을 남겼다. "우리가 고안한 특정 염기의 결합 방식은 유전물질의 복사 체계를 직접적으로 시사했기 때문에 그럴듯해 보였다."[25] 그들의 이론이 중

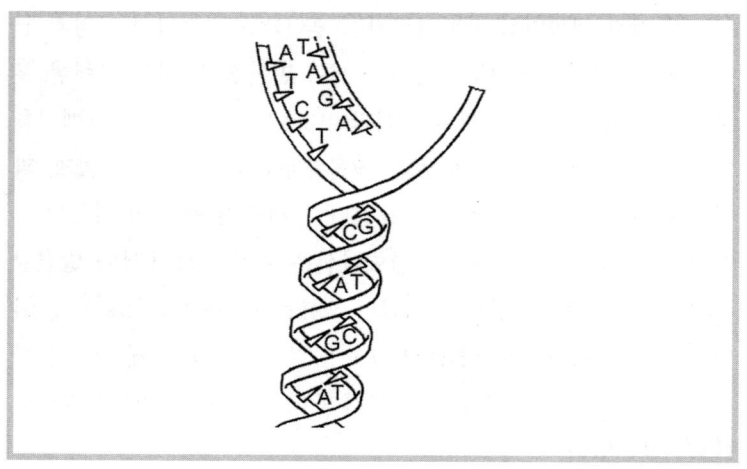
DNA의 복제 과정

요했던 것은 유전에 대한 멘델의 의문점들과 직접적인 관련이 있기 때문이다. 생명체가 부모를 닮으려면 멘델의 인자가 부모에게서 자손에게로 전달되어야 하며, 그렇다면 그 인자를 복사하는 방법이 있어야 했던 것이다. DNA는 해답을 제시했다. 정보는 뉴클레오티드 배열 속에 간직되어 있었던 것이다. DNA의 두 가닥이 갈라지면 각각을 주형으로 하여 새로운 가닥을 복사해낼 수 있다. 보라, 이것이 생물학적 복사기가 아닌가.

유전자가 단백질의 주형이라는 개념은 A, C, T, G라는 뉴클레오티드 염기가 무슨 역할을 하는지 연구하는 과정에서 생겨났다. 곧 조지 가모브라는 생리학자가 새로운 이론을 주창했다. 그는 단백질을 구성하는 아미노산들이 DNA 나선의 다리 사이 틈새에 어떤 식으로든 들어맞을 것이라고 주장했다.[26] 가모브의 이론에 따르면, 특정 DNA 배열이 어떤 단백질을 양산해내느냐 하는 것은 어떤 아미노산이 그 뉴클레오티드의 틈새에 잘 맞는가에 따른 문제였다. 가모브의 틈새 이론은 옳지 않다. 단백질이 DNA와 직접 접촉해 만들어지는 것은 아니다(게다가 뉴클레오티드 사이의 틈새가 이에 알맞은 형태도 아니다). 하지만 이른의 핵심적인 아이디어는 정확했다. 유전자가 영향력을 발휘하는 방법 중의 한 가지가 바로 단백질 생산을 위한 주형을 제공하는 것이기 때문이다.

1960년대를 거치며 밝혀진 바는, 세 단위, 또는 코돈이라고 불리는 3개의 뉴클레오티드 배열이 아미노산으로 해독된다는 것이다. 각 코돈은 서로 다른 아미노산을 지시한다. 예를 들어 T-C-G 코돈은 세린으로, G-T-T 코돈은 글루타민으로 해독되는 식이다. 각 코돈은 서로 다른 아미노산을 위한 주형으로 작용한다. 연속된 코돈을 해독하면 아미노산 사슬이 만들어지며, 그 사슬이 복잡한 3차원 분자의 모양을 취하면 바로 단백질이 된다(전문가라면 내가 이 과정을 여러모로 단순화해 설명하고 있음을 알 것이다. DNA는 아미노산으로 해독되기 전에 우선 DNA의 매개물인 RNA(리토핵산)로 복사, 또는 '전사' 되어야 한다. 게다가 코돈에는 64종류가 있지만 아미노산은 20종류밖에 없다. 따라서 둘, 셋 때로는 여섯 개의 코돈들이 하나의 아미노산을 만들어내는 주형 역할을 한다. 하지만 여기서는 이런 상세한 사항까지 설명하지 않겠다).

단백질 주형으로서의 유전자라는 개념은 부분적으로는 옳은 것이며, 많은 사람들이 유전자라고 할 때 떠올리는 개념이기도 하다. 유전자는 실제로 단백질 생성의 주형으로 기능하는데, 단백질 주형

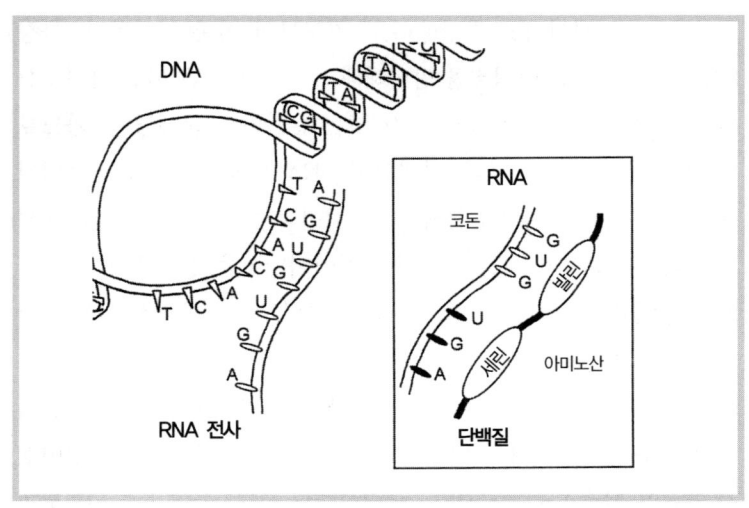

DNA에서 RNA로 그리고 단백질로

에 생긴 작은 '문제들' 때문에 여러 정신, 육체적 장애가 나타나기도 한다. 일례로 겸상 적혈구성 빈혈은 헤모글로빈을 만드는 데 사용되는 뉴클레오티드 861개짜리 유전자 중 단 하나가 잘못된 경우에 생기는 장애이다. 헤모글로빈은 적혈구가 산소를 나를 때 사용하는 단백질로서 네 부분으로 나뉜다.[27] 정상적인 헤모글로빈을 가진 적혈구는 가운데가 파인 원반처럼 생겼지만, 겸상(鎌像) 적혈구는 그 이름대로 산소와 결합하지 않은 상태일 때 반달 또는 낫 모양이다. 뉴클레오티드에서 아데닌이 티민으로 단 하나 잘못되어 있는 것 때문에 이런 직접적인 결과가 나타나는 것이다. 겸상 적혈구에는 튀어나온 부분과 쑥 들어간 부분이 있어서 산소가 없을 때에는 마치 레고 블록처럼 서로 결합하는데, 그 덩어리가 동맥을 막아 피의 흐름을 방해한다. 이 세포들은 대부분 스스로 죽어버리지간, 가끔은 덩어리가 살아남아 몸 속 장기에 손상을 주며 죽음에 이를 정도로 치명적일 때도 있다(여타의 장애와 마찬가지로 겸상 적혈구성 빈혈은 부모에게 잘못된 유전자 가닥을 물려받은 사람의 경우 더 심각하게 나타난다. 문제가 있는 유전자를 하나만 물려받았을 때에는 정상적인 다른 쪽이 그럭저럭 제 기능을 발휘하므로 증상이 그리 심하지 않다. 이 장애가 사라지지 않는 이유는 '돌연변이' 유전자가 한 가닥만 전해져도 말라리아에 면역이 되기 때문일지도 모른다).

그러나 유전자에서 비롯된 모든 장애의 원인이 단백질 주형 이상인 것은 아니다. 단백질 주형 이론조차 심각한 오류를 안고 있었다. 물론 단백질은 감탄할 만한 분자 기계이지만, 한 개체가 다른 개체와 다른 까닭은 단백질의 종류나 구성 때문이 아니라 그들의 배열 상태 때문이다. 그리고 놀랍게도 그 배열 상태 또한 유전자의 산물인 것이다. 단백질 주형 이론으로는 반만 해석할 수 있을 뿐이다. 하나의 유전자는 두 가지 역할을 한다. 첫째는 잘 알려진 대로 단백질의 주형으로 기능하는 것이고, 둘째는 그 주형이 사용될 시기에 대한 조절(규제) 정보를 제공하는 것이다.

유전자가 주형만이 아니라 단백질로 해독될 시기를 조절하는 지침도 제공한다는 이 결정적인 통찰은 1961년, 대장균이라는 박테리아의 먹이 습성을 연구하던 자크 모노와 프랑수아 자콥이 발견한 것이다.[28] 과학자들은 이 통찰에 힘입어 단백질 주형 이론을 손질하기 시작했으며, 그 결과 현재까지 옳다고 인정되고 있는 새로운 이론이 발전했다. 그것을 '자율적 행위자 이론'이라고 부르기로 하겠다.[29] 모노와 자콥은 대장균이 포도당(대장균이 가장 좋아하는 당분이다)을 영양분으로 삼다가도 금방 락토스(우유에 많은 당분이다)로 대상을 바꿀 수 있다는 것을 관찰하고 연구를 시작했다. 포도당이 풍부한 보통의 환경이라면 대장균은 락토스 소화에 필요한 효소들을 굳이 만들어내지 않는다. 그러나 포도당이 부족해지기 시작하면 박테리아는 단 몇 분 만에 식단을 바꾼다. 이 일을 해내기 위해서 박테리아는 락토스를 분해하여 갈락토스와 포도당으로 만드는 β-갈락토시다제와 같은 효소 수천 개를 생산해내야만 한다.

모노와 자콥은 락토스 효소를 생산하는 유전자가 간단한 논리 체계에 따라 필요할 때마다 작동한다는 사실을 알아냈다. 락토스 소화 효소 주형은 정확히 두 가지 사항이 필요충분조건을 만족할 경우에만 단백질 번역을 시작한다. 첫째, 박테리아 주위에 락토스가 있어야 하며, 둘째, 박테리아 주위에 포도당이 없어야 한다. 이 두 가지 조건의 병렬논리가 (락토스는 있고 포도당은 없다는) 만족되는 순간 신호가 울리는 것이다. 컴퓨터 프로그래밍 경험이 있는 독자는 곧바로 이해했을 것이다. 'X이고 Y가 아니다' (IF X AND NOT Y)라는 조건은 소프트웨어의 기본을 이루는 IF-THEN 구문의 하나이기 때문이다. 그렇게 보자면 자콥과 모노는 하나의 유전자가 컴퓨터 프로그램의 명령어처럼 기능한다는 사실을 알아낸 것이다.

결과적으로 다수의 유전자 모두에게 권력이 부여된 셈이다. 모든 유전자는 알아서 행동할 권리가 있는 독립된 개체이다. 자율적 행위자 이론이라는 이름도 여기서 나온 것이다. 유전자가 가지고 있는 IF-THEN 법칙에서 IF에 해당하는 조건이 충족되기만 하면, 유전자에서 주형을 해독하여 상응하는 단백질을 만들어내는 과정이 개시된다. 형식이 복잡한 문서를 기재해서 상부에 제출할 이유도,

허가를 기다릴 필요도 없다. 패트릭 베이트슨과 리처드 도킨스는 게놈 전체(특정 유기체가 가진 유전자의 총체)를 하나의 요리법에 비유한 적이 있는데, 각 개별 유전자를 특정 단백질에 대한 요리법으로 비유할 수도 있다. 그렇다면 유전자가 각각의 IF-THEN 규제를 가진다는 것은 각 요리법이 하나하나 각각 적용될 수 있다는 뜻이 된다.

IF – THEN

그러므로 게놈이 신체와 뇌의 형성에 기여하는 바를 이해하려면, 모든 유전자가 갖고 있는 두 부분—조절에 해당하는 IF와 단백질 주형에 해당하는 THEN—이 어떤 식으로 협력하여 개개 세포의 운명을 인도하는가를 알아보면 된다. 거의 모든 세포들은 하나하나가 완전한 형태의 게놈을 갖고 있다(그렇기 때문에 작게 잘라진 조각에서도 다시 당근이 자랄 수 있고, 하나의 세포에서 양을 복제할 수도 있는 것이다[30]). 그렇지만 대다수 세포들은 전문화된 업무를 맡고 있다. 몇몇은 순환계를 위해, 다른 몇몇은 소화기관이나 신경계를 위해 일한다. 업무 수행에 필요하다면 위치를 바꾸기도 하며 자살을 할 때도 있다. 신체와 뇌의 구조가 생겨나는 것은 바로 그 전문화 과정을 통해서, 즉 신체를 구성하는 수조 개의 세포들이 각기 내리는 결정의 전문화, 세포들이 살아가는 방식의 전문화, 세포들이 자라고 끼어들고 빠져나가고 나눠지고 분화하는 방식의 전문화를 통해서인 것이다(거꾸로 신체나 뇌가 잘못되는 것도 이 때문이다. 대부분의 선천적 기형은 이 기본적인 과정들이 어떤 식으로든 잘못된 데에서 비롯하기 때문이다).

하나의 세포가 독특한 개체가 되는 까닭은 그 세포가 가진 유전자의 종류에 달린 것이 아니라, 그 유전자들 중 어떤 것들이 가동되느냐에 달려 있다. 헤모글로빈 생성 지침은 적혈구 선구세포 속에서만 가동되며, 인간의 성장 호르몬 생성 지침은 뇌하수체에서만 가동된다. 뇌 속에서만 발현되는 유전자가 있는가 하면 신장에서만, 간에서만, 특정한 종류의 세포 속에서만, 세포 속에서도 특정한 장소에서만 발현되는 것도 있다. 그리고 어디에서 발현할 것인가 못지않게 언제 발현할 것인가에 까다로운 세포도 많다. 당분을 에너지로 바꾸는 데 사용되는 단백질을 만드는 '관리' 유전자들은 거의 모든 세포 속에 언제나 존재하고 있다.[31] 하지만 그들은 특정한 상황(예를 들어 세포분열 시기라거나 위염일 때)이나 배아 발달 단계에서의 특정한 시기(올챙이가 개구리로 변태하는 과정에서 다리가 생겨나고 꼬리가 들어가는 순간 등)에만 활동한다(또는 가장 활발하다).[32] 이처럼 특정한 시간과 장소에만 작동함으로써, 유전자는 서로 다른 여러 세포에서 다양한 방식으로 단백질 생성을 조절할 수 있다. 특정 시간이나 특정 세포와 연계된 IF 조건들이 있기 때문에, 각 세포는 그만의 독특한 방식으로 발달하는 것이다.

배아 발달의 추진력, 또는 원숭이의 배아에서 자몽이 아닌 원숭이를 탄생시키는 힘은 각 생물종이 갖고 있는 독특한 IF-THEN 법칙들과 세포를 발달시키고 전문화시키는 다양한 방식에서 나온다. 다시 유전자를 컴퓨터 프로그램 명령어에 비유해본다면—IF문은 언제 유전자가 발현될 것인지를 지시하고, THEN문은 그 유전자가 발현될 때 어떤 단백질이 만들어질 것인가를 지시한다—이것이 상당히 특별한 형태의 프로그램이라는 것을 알 수 있다. 하나의 중앙

처리장치의 통제를 받는 게 아니라 각 세포 속 유전자들이 독립적으로 움직이는 프로그램인 것이다.

자연은 전체 유전자 체계를 한데 묶어줄 특별한 무기 하나를 더 갖고 있다. 다른 유전자들의 발현을 통제하는 역할을 하는 조절 단백질이 바로 그것이다. 이를 통해서 유전자들은 무질서한 자유 개체로 남는 대신 다 함께 기탁힌 조화를 이룬다. 유전자는 고립된 상태로 행동하지 않는다. 대부분의 유전자는 한 유전자의 발현이 다른 유전자의 발현에 선행조건이 되는 정교한 네트워크 속에서 그 일부로 기능한다. 한 유전자의 THEN은 다른 유전자의 IF가 되어 발현을 불러올 수 있다. 그러므로 복잡한 네트워크의 맨 위에 있는 유전자는 수백 수천 개 유전자들의 다단계 발현을 간접적으로 일으킬 수 있다. 이런 방식으로 눈이나 사지의 발달이 진행되는 것이다.

스위스 생리학자 발터 게링의 말을 빌자면, 이들은 성장하는 개체에 어마어마한 영향력을 미친다는 면에서 '주 통제 유전자'라 할 수 있다. 가령 안구 발달에 중요한 역할을 하는 조절 단백질 *Pax6*의 예가 있다. 게링은 초파리의 더듬이 부분에서 인위적으로 이 유전자를 활성화시켜 그 자리에 또 하나의 눈을 만들어내었다. 단 하나의 조절 단백질의 IF가 충족되었을 뿐이지만 그 직간접적인 영향을 따라 약 2500개의 다른 유전자들이 발현된 것이다.

심지어 이 IF-THEN 법칙들 때문에 하나의 생명체가 환경에 따라 다른 방식으로 발달하기도 한다. 아프리카 산 뱀눈나비(*Bicyclus anyana*)는 계절에 따라 두 가지 다른 색이 된다. 우기에는 화려한 색을, 건기에는 그보다 칙칙한 갈색을 띠는 것이다. 그중 어느 쪽을 취할 것인가는 나비의 발달 과정 중 애벌레 단계 후반부가 되어서야 결정된다. 아마도 기후에 따라 서로 다른 사슬을 발현시키는 온도 감지 유전자 덕일 것이다. 유전적으로 동일한 나비라도 따뜻한 실험실 안에서 자라면 우기 형태를, 서늘한 기후에서 자라면 건기 형태를 취한다. 게놈으로서도 어떤 애벌레가 우기에 자랄지 건기에 자랄지 미리 아는 것은 불가능하다. 따라서 자연은 양쪽 형태를 모두 다룰 수 있는 IF-THEN 지침을 가진 게놈과, 환경에 맞추어 적합한 표현형을 선택하게 하는 작동 구조를 뱀눈나비에 부여하였다.[33]

계통이냐 지리냐

단순한 생물체에서는 많은 IF-THEN 발현 과정이 세포의 계통에 따라 진행된다. 예쁜꼬마선충(*Caenorhabditis elegans*)의 성장 패턴은 너무나 규칙적이어서, 생물학자들은 족보학자도 만족할 만큼 정확한 '운명 지도' 또는 '계보' 도표를 작성할 수 있다. 막 수정된 난자는 네 번 분화하는데, 매번 서로 다른 시조세포에서 분화가 일어나며, 그 각각의 세포는 정상적인 환경에서라면 특정한 운명을 지닌다. 예를 들어 'D'라고 알려진 한 시조세포는 근육 세포들을 낳고, 'AB' 시조세포는 보통 신경 세포와 근육 세포, 그리고 피부 아래에 있는 층인 '진피 세포'들을 낳는다. 그 첫 발생 과정이 오른쪽 첫번째 그림에 정리되어 있다. 손자의 손자의 손자의 손자세포가 다 태어났을 즈음에는 그림은 더욱 복잡해져 있지만, 두번째 그림에서 볼 수 있듯 여전히 가계도와 비슷한 형태다.

선충류의 세포 대부분은 마치 엄격한 일정표에 따라 독립적으로 운항하는 자동조종장치 같다. 우두머리가 없다 해도 문제가 없어

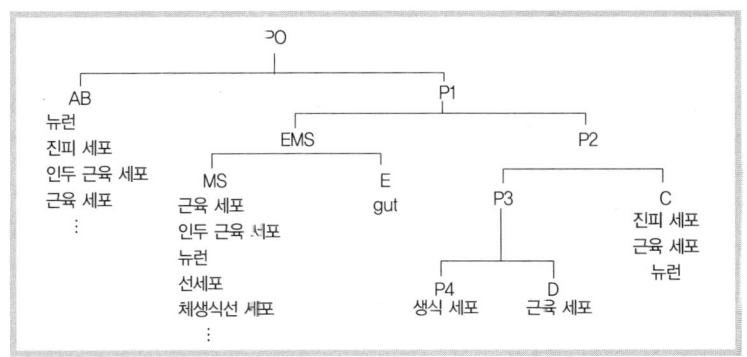

예쁜꼬마선충 발달 초기 배아의 운명

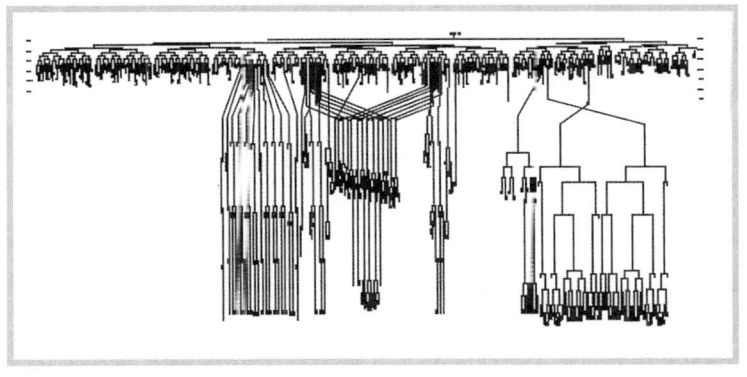

예쁜꼬마선충의 이후 발달

보인다. 포유류에서도 세포들은 자신의 계통에 따라 움직이지만, 동시에 자라나는 세포들은 자신의 현재 위치가 어디인지 말해주는 분자 이정표에 상당 부분 의존하고 있다. 인간의 심장이나 팔처럼 복잡한 삼차원 생체구조에서라면 신체는 최소한 세 가지 서로 다른 체계, 즉 좌표축들을 활용한다. 이들은 세포에게 위치를 알려주는 역할을 하며, 각기 서로 다른 유전자와 단백질에 의존하고 있다. 팔을 예로 들자면, 근위부-원위부 축은 어깨에서 시작하여 손가락까지 내려가는 축이다. 전척수-후척수 축은 엄지손가락에서 새끼손가락으로 나가며, 등쪽-배쪽 축은 손등에서 손바닥으로 가는 방향이다. 팔에 있는 모든 세포의 위치는 이 세 좌표축으로 정의될 수 있다. 어깨에서 얼마나 먼가, 손등에 가까운가 손바닥에 가까운가, 엄지손가락에서 새끼손가락으로 이어지는 좌표의 어느 지점에 위치하는가 등으로 설명된다.

한때는 포유류와 벌레의 이런 차이가 너무나 극명한 것으로 여겨져, 노벨상 수상자인 시드니 브레너가 세포 발달의 기본 계획에는 '유럽식'과 '미국식' 두 가지가 있다는 농담을 한 적도 있다.

유럽 식으로 발달하는 세포들은 자기 일만 할 뿐 주위 세포들과는 거의 얘기를 나누지 않는다. 세포에게 중요한 것은 선조뿐으로, 그들은 태어난 자리 근처를 벗어나지 않고 엄격한 법칙에 따라 발달을 수행한다. 주위가 어떻든 신경 쓰지 않으며, 죽는 것조차 계획에 따른다. 어쩌다 한 세포가 사고를 당해 죽어버리면 대체가 불가능하다. 미국식은 정확히 그 반대다. 선조는 중요하지 않으며, 대부분의 세포들은 자신의 선조가 누구였는지, 자신이 어디서 왔는지 알지 못한다. 중요한 것은 이웃 세포들과의 교류이다. 세포는 동료 세포들과 자주 정보를 교환하며 가끔은 주어진 목적을 달성하기 위해 적당한 다른 자리를 찾아 장소를 옮기기도 한다. 세포는 상당한 유연성을 갖고 있고 주어진 기능의 달성 여부를 놓고 다른 세포들과 경쟁을 벌인다. 사고로 예기치 않게 죽어버린다 해도 곧 대체 가능하다.[34]

하지만 실제로는 모든 동물들이 설령 비중은 다를지라도 두 가지 종류의 정보를 모두 이용하고 있다. 가령 대체로 계통에 많이 의지하는 자웅동체 벌레도 알 낳는 구멍(음문이라고 불리는)의 위치를 잡을 때는 위치 정보를 사용한다. 일반적으로 벌레의 음문은 정확히 22개의 세포로 이루어져 있는데, 보통의 환경에서 이들은 P6p라는 하나의 세포로부터 시계에 맞추듯 정확하게 생겨난다. 그런데 호기심 많은 실험자가 레이저로 P6p 세포를 손상시킨다 하더라도 음문은 제대로 자라난다. 발달생물학자 주디스 킴블이 밝혀낸 바에 의하면 음문으로 자라날 잠재력을 가진 피부 세포는 6개나 된다. 그 중 어떤 세포가 실제로 음문으로 자라날지는 청사진에 의해 미리 결정되어 있는 것이 아니라 '고정좌표 세포'라 불리는 한 세포가 분비하는 단백질 신호에 의해 정해진다.[35] 고정좌표 세포에 가장 가까운 세포가 일차로 음문 세포가 되며, 그 옆에 있는 두 개의 세포들이 이차 음문 세포가 된다. 만약 (레이저 광선을 쪼였다든지 하는 이유로) 고정좌표 세포가 파괴되면 음문은 자라지 않는다. 고정좌표 세포가 벌레의 머리 쪽으로 이동하면 음문도 원래의 자리가 아닌 바뀐 고정좌표 세포의 자리 근처에서 생겨난다. 그러므로 음문 생성 과정은 특정 장소에서만 가능한 절대적인 것이 아니라 기능적인 것이다. 고정좌표 세포가 내보낸 신호를 수용기가 받아냄으로써 시작되는 것이다.

포유류의 세포들은 계통과 환경 신호 모두에 의존하여 IF-THEN 결정을 내린다. 양쪽의 영향력을 재보려는 최초의 시도는 1950년대에 있었다. 배아학자 존 손더스 주니어는 닭의 배아에서 허벅지 예정 세포(정상적인 상황에서라면 허벅지로 변할 세포)를 떼어내 다른 병아리 배아의 날개 끝부분에 이식시켰다. 이식된 세포는 날개 끝부분의 공백을 메우지 못했지만, 그렇다고 허벅지로 발달하지도 않았다. 계통이나 주위환경 어느 쪽도 이기지 못한 셈이다. 대신 닭의 날개 끝에서 발톱이 자라났다.[36] 이식된 세포는 원 계보(다리에서 왔다는)의 기억을 (분자 표지의 형태로) 잊지 않은 채 새로운 환경(날개 끝이라는)으로부터 주어진 위치적 단서들과 결합시켰던 것이다. 그리하여 위치와 계통의 복잡한 계산 방식이 극적으로 표현되었다. 안구 예정 세포가 허파 세포로, 체성감각 예정 세포가 시각 세포로 바뀌는 것도 이런 계산법을 통해서이다. 정해진 세포의 운명이라는 공식 속에 위치라는 변수를 집어넣음으로써 성장하는 포유류는 자연히 상당한 유연성을 획득할 수 있다.

  배아를 한 단계에서 다음 단계로 넘어가도록 추동하는 것, 하나의 생물종을 여타 종과 다르게 만들어주는 것은 게놈이 포함하고 있는 수없이 많은 독자적인 법칙의 집합들이다. 그저 청사진이 아니다. 각각의 유전자는 단백질을 만드는 방법을 제시하는 임무와 언제 어디에서 그것이 만들어져야 할지 조절하는 조건을 제시하는 임무, 양쪽을 맡고 있다. 이런 IF-THEN 유전자들이 모두 모이면 세포는 복잡한 즉흥 오케스트라 연주의 한 부분을 맡을 준비가 된 것이다. 훌륭한 음악가들과 마찬가지로, 이들은 자신의 예술적 영감에 따르는 동시에 다른 오케스트라 단원의 연주에도 귀를 기울인다. 다음 장에서 보겠지만 이 과정의 모든 부분— '4대 세포 활동'에서 조절 신호들의 통합에 이르기까지—은 신체에 적용되는 그대로 뇌의 발달에도 적용된다.

이러한 체계로 얼마나 많은 일을 해낼 수 있을까? 단순한 생각만 하는 수많은 개미들이 힘을 합쳐 군락을 형성하는 것을 상상해보라. 드림웍스 스튜디오 바깥에서 실제 개미들이 할 줄 아는 일이라곤 몇 가지 화학물질의 자취를 따라다니는 것밖에 없다. 자신을 둘러싼 넓은 세상에 대해서는 너무나 무감각하다. 그런데도 그들의 협력 행위는 대단한 복잡성을 만들어낸다.

비슷한 식으로, 개개의 유전자가 특별히 영리한 것은 아니다. 이놈은 이 분자에 대해서만 신경 쓰고, 저놈은 저 분자에 대해서만 신경 쓴다. 인슐린 생산을 관장하는 조절 영역은 자신의 위치가 췌장이려니 하고는 곧잘 속아 넘어간다. 주위를 둘러보고는 자신이 페트리 접시 속에서 벌어진 장난의 희생자라는 사실을 알아차릴 만큼 똑똑하지 않다. 하지만 이러한 단순성은 어마어마한 복잡성을 만들어내는 데 방해가 되지 않는다. 몇 가지 종류의 단순한 개미들(일개미, 수개미 등등) 몇 마리만 가지고도 금세 개미 군락 하나를 만들어낼 수 있는 법인데, 하물며 연쇄적으로 발현할 가능성을 가졌으며 의지에 따라 그 과정을 진행시켜나갈 3만 개의 유전자로 못 할 일이 무엇이겠는가.

(5)
코페르니쿠스의 복수

> 언젠가 우리는 우주의 한가운데에 태양을 놓게 될 것이다. 온 우주의 조화
> 와 체계적인 연속적 사건들이 이 사실을 가리키고 있다. '두 눈을 똑바로
> 뜨고' 사실을 마주할 준비만 되어 있다면 알 수 있는 것이다.
>
> ─코페르니쿠스

인간의 뇌는 '최후의 개척지'[1] '생물학의 가장 큰 도전'[2] '우주에서 알려진 것 중 가장 정교한 구조'[3] 등의 이름으로 불려왔다. 우디 앨런은 '두번째로 좋아하는 신체기관'이라고 하기도 했다.

몇 가지 면에서 뇌는 신체의 여타 부위와는 다른 것처럼 보인다. 뇌 또한 신체 다른 기관처럼 혈액 흐름과 산소 공급에 의존하고 있지만, 오직 뇌만이 생각할 줄 안다. 뇌는 정신세계가 물리적으로 현상화된 것이고 언어, 수학, 감정 등의 기원이기 때문에, 다른 기관과는 뭔가 다를 것이라고 생각하기 쉽다. 코페르니쿠스의 말대로 우리가 우주의 중심에 있는 게 아니라 하더라도, 최소한 우리의 뇌에는 뭔가 엄청나게 특별한 것이 있을 것 같다. 의학자 리처드 레스탁은 이렇게 썼다. '뇌는 세상에 알려진 그 어떤 구조와도 다르기 때문에, 뇌의 기능을 이해하려면─이해란 것이 가능하다면─다른

신체 구조를 이해하는 데 썼던 방식들과는 철저히 다른 접근방식을 취해야 한다."[4]

뇌가 여타 신체 구조와 철저히 다르다는 관념은 오랜 전통을 갖고 있다. 정신과 육체의 완전한 분리를 믿었던 고대의 신념의 현대적 변형이라고 볼 수도 있다. 하지만 과거 150년의 연구를 통해 우리는 뇌 또한 신체 구조의 일부이며 뇌의 변화는 정신의 변화를 가져온다는 사실을 충분히 깨달았다. 뇌는 다른 기관과 다르게 기능하지만, 그 능력은 다른 기관들과 마찬가지로 그 물리적 특성에서 생겨난다. 발작이나 총상으로 인한 손상 때문에 뇌의 일부가 파괴되면 언어 능력에 제한이 생길 수 있다는 사실, 프로작이나 리탈린 같은 약제는 신경전달물질의 흐름을 바꿈으로써 기분에 영향을 미친다는 사실을 우리는 잘 알고 있다.[5] 뇌의 기본 구성물질—뉴런과 그들을 잇는 시냅스—은 그 구성에서 비롯되는 화학적, 전기적 특성을 가진 물질로 파악될 수 있다.[6] 나중에 살펴보겠지만, 뉴런의 성장을 지시하는 유전자의 IF와 THEN은 다른 세포의 성장을 지시할 때와 똑같은 방식으로 작동한다. 많은 면에서 뇌의 발달은 신체 발달의 한 특수한 경우일 뿐이다.

∞

윌리엄 셰익스피어는 "우리는 꿈으로 이루어진 존재들"이라고 말했고, 허먼 멜빌의 3대 종손(從孫)이자 '모비'라는 이름으로 알려진 팝스타는 "우리는 별들로 만들어졌다"고 노래했다. 하지만 우리의 모든 기관과 뇌는 원자로 만들어졌다. 우리는 주로 탄소, 수소, 산소, 인, 칼륨, 질소, 황, 칼슘 그리고 철로 구성되어 있다. 생화학자들은 이 요소들을 *C. HOPKiNS CaFe*라는 단어로 즐여 외우곤 한다. 이 원자들은 서로 결합하여 복잡한 분자를 만든다. 생명체 속에 가장 흔한 분자는 물을 제외하면 단백질과 지방이다(이두근에 비해서 뇌는 지방을 좀더 많이 갖고 있고―그 대부분은 미엘린이라는 형태로 존재하는데, 이는 뉴런 사이의 '배선'을 절연하는 물질이다―단백질은 좀 적게 갖고 있지만 그 차이는 근소하다.[7] 퀴지나트 상표의 퓨레라면 많이 섞든 적게 섞든 별 차이 없는 것과 마찬가지다).

원자에서 세포로 눈을 돌려보아도 일반적인 원칙은 그대로 적용된다. 뇌를 비롯한 모든 기관은 근본적으로 세포로 만들어져 있다. 뇌에 있는 특수한 신경 세포들―뉴런―은 첫눈에는 다른 종류의 세포들과 너무나 달라 보인다. 뉴런은 종종 (항상 그런 것은 아니지

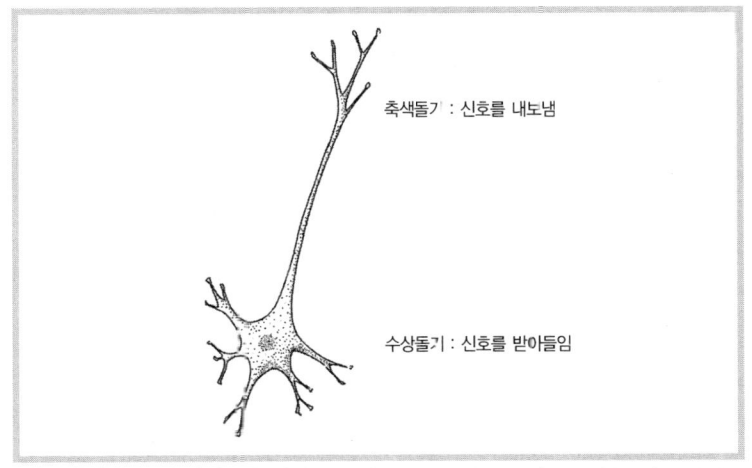

뉴런

만) 다른 세포보다 크고, 한쪽에는 기다란 축색돌기라는 발이 나와 있어 세포에서 멀리, 때로는 몸길이만큼 멀리까지 신호를 전달한다. 반대쪽에는 나무처럼 생긴 수상돌기가 있어 수천 개의 다른 신경세포들이 보내는 신호를 받을 수 있다. 뉴런은 전기적으로 활발하게 살아 있으며, 대전된 원자들을 아주 짧게 방출하여 축색돌기를 거쳐 멀리까지 내보낸다. 더 특기할 만한 것은 이들이 매우 똑똑하다는 사실이다. 사람만큼 똑똑하지는 않지만 방대한 양의 정보를 규합할 수 있을 정도는 된다.[8] 그리고 어찌나 빠른지, 한 무리의 뉴런이 함께 작업하면 하나의 단어나 익숙한 물체를 5분의 1초 만에 인식할 수 있다.[9]

이런 특성들이 있지만 뉴런은 그저 하나의 세포일 뿐이다. 유례없이 독특한 개체라기보다는 신체 곳곳에 작용하는 일반적인 세포 차원에서 조금 전문화된 부분이라고 이해하는 것이 옳다. 뉴런이 겉모양새나 계산속도와 원거리 통신을 다루는 능력이 조금 특이하다고는 해도, 넓게 보자면 뉴런이 하는 일은 다른 세포와 다를 바가 없다.

뉴런의 세포체는 피부 세포나 간세포가 갖고 있는 것과 똑같은 종류의 세포 내 소기관들(세포소기관이라 불리는)을 갖고 있다. 즉 에너지를 생산해내는 미토콘드리아, 단백질 생산 공장인 소포체, 외부의 침입을 막는 세포막, DNA를 보관하는 핵 등이다. 사실 모든 뉴런은 처음에 상피 세포로 태어나며, 몇 가지 화학적 신호가 없었다면 그저 바깥에서 영원히 피부 세포로 살 수도 있었을 것이다.

뉴런의 놀라운 전문 기술들도 대부분 보통 세포가 조금만 변하면 가능한 것이다.[10] 가령 뉴런은 다른 세포들보다 미토콘드리아를 좀

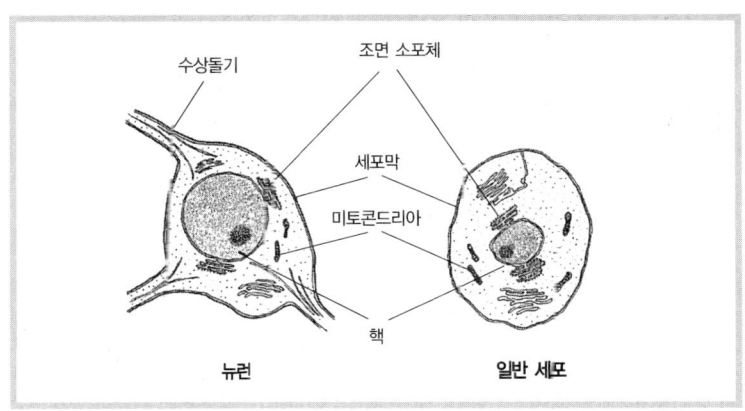

뉴런은 다른 세포와 얼마나 닮았나

더 많이 가지고 있어서 에너지를 많이 소모해도 끄떡없다. 가늘고 긴 축색돌기 또한 완전히 새로운 것은 아니다. 축색돌기의 구조를 이루는 섬유성 세포골격 단백질이나, 통로처럼 생겨 물질 전달에 사용되는 미세소관은 사실상 거의 모든 세포에서 발견되는 것이다.[11] 뇌의 특징적인 세포인 뉴런은 특별하다. 하지만 인체의 210여 가지 다른 세포들도 마찬가지다.[12]

뇌의 형성

뇌가 형성되는 과정은 다른 기관이 형성되는 과정과 아주 유사하다. 거시적인 관점에서 보자면 뇌는 아리스토텔레스가 묘사한 바로 그 연속적 분화 과정을 거쳐 형성된다. 뇌는 아무것도 없었던 자리에서 어느날 갑자기 생겨나는 게 아니라 몇 단계를 거쳐 만들어진다. 우선 분화되지 않은 단순한 세포들이 나타나는데, 이들은 곧 통통해지고 처음에 펼쳐졌던 것이 통 모양으로 말린다. 그 통 모양에서 불룩한 가지들이 솟아 나오고, 또 거기에서 다른 가지이 솟아 나와, 각각은 점점 세분화된다. 가지 하나는 일련의 구획으로 분화되어 당신의 후뇌가 된다. 후뇌는 진화의 관점에서 가장 오래된 기관으로 호흡, 균형, 경계 등의 활동에서 신경을 통제한다. 두번째 가지는 중뇌로 발달한다. 중뇌는 시각과 청각 반사 능력을 조정하며, 안구 운동 등의 기능을 통제한다. 또다른 가지의 겉면은 의사 결정과 추론에 핵심적인 전뇌의 선구체를 이룬다. 각 구역은 시간이 갈수록 정교해지며, 다른 기관이나 마찬가지로 접혔다가 뒤집어지고, 구부러졌다가 펴지고, 오므라들거나 주름이 잡히고, 길어지면서 늘어나기도 한다.

미시적 차원에서 뇌 형성은 다른 기관과 똑같은 세포 차원의 과정을 거친다. 세포분열, 분화, 이동, 계획적 세포사(死) 등이 그것이다. 예를 들어, 뇌에 있든 척수에 있든 상관없이 뉴런의 삶은 세포분열에서 시작되며, 세포분열의 양에 따라 뇌 크기가 결정된다. 인간의 뇌가 침팬지의 뇌보다 세 배 이상 큰 것은 인간이 더 많은 경험을 하기 때문이 아니라 더 많은 신경 세포 분열을 하기 때문이다.

일단 뇌세포가 태어나면, 다음은 궁극적인 종착지로 옮겨가고 전문화할 차례다. 만약 뇌세포가 이동하지 못하거나 잘못된 장소로 이동해버리면 대뇌 마비나 칼맨 증후군(불임과 후각 상실을 일으키는 병이다), 뇌회결손증('부드러운'이란 뜻의 그리스어 '*lissos*'와 '뇌'라는 뜻의 '*encephalos*'가 합쳐진 단어로 뇌가 뇌회를 정상적으로 발달시키지 못하는 이상을 말한다) 등의 선천적 질병이 초래된다.[13]

세포 분화를 거치면 뉴런은 무엇이든 될 수 있다. 생체 리듬을 유지하는 생체시계가 될 수도 있고, 빛을 받아들여 전기화학적 자극으로 바꾸는 광수용기가 될 수도 있으며, 인간의 행동을 결정하고 선택을 기록하는 의사결정자가 될 수도 있다. 망막에는 (망막은 직접적으로, 그리고 자연스럽게 자극을 주기 쉬워 자주 사례 연구의 대상이 된다) 최소한 50가지의 서로 다른 뉴런들이 있으며, 이들은 움직임을 가려내거나, 색깔을 구별하고, 낮은 조도에서 물체를 탐지하며, 밝기와 명암을 측정하는 등 서로 다른 전문 임무를 수행한다.[14] 뇌 전체로 따지자면 십만 가지 뉴런이 있으며 서로 다른 정신 활동을 수행한다[15] (이 역시 오류가 있을 수 있다. 가령 몇몇 선천적 근영양 실조는 운동성 뉴런—근육 세포를 움직이게 하는 뉴런—이 자신의 운명을 받아들이지 않으려 하는 오류를 일으킨 데서 비롯되기도 한다).

계획적 세포사—세포의 교묘한 자살 행위—는 뉴런의 수를 조절하는 데 도움을 준다. 신체 다른 부위에서 들어오는 입력 자극을 뇌의 감각 영역과 대응시키는 등의 뇌 발달은 두 단계로 진행되는 것으로 보인다. 우선 특정 뇌 지역에 실제 필요한 것보다 더 많은 세포들을 만들어낸다. 그러고 나서 일종의 다윈 식 적자생존 전략에 따라 전체 체계에 성공적으로 동화하지 못한 세포들을 잘라내 버린다.[16] 발달의 모든 측면이 그렇겠지만 이 세포사 과정 역시 매우 세심하게 조정되어야 한다. 너무 많이 잘라내면 일을 할 세포가 부족해지고, 너무 적게 버리면 불필요한 잉여 세포들이 거치적거리게 된다. 이 과정은 마취제나 알코올 등 약물에 대단히 민감하다.[17] 임산부가 음식과 약물을 주의해야 하는 이유 중의 하나이다. 뇌 속에서 세포의 선택은 신체 다른 부위에서 세포가 직면하는 상황과 크게 다르지 않다.

 분열, 이동, 분화, 계획적 세포사—나는 이들을 '4대 세포 활동'이라 부르고 싶다—라는 각 세포 단위의 과정은 무척 복잡하다. 예를 들어 신경 세포 이동은 크게 네 단계로 나뉜다. 첫번째, 어떤 세포 체계가 특정 뉴런에 '파란불'을 보여주어야 한다. 두번째, 그 뉴런은 어디로 갈 것인지 알아내야 한다. 세번째, 뉴런이 '운동물질'을 장착해야 한다. 마지막으로 언제 멈출지 알아야 한다. 개개의 뉴런 또는 뉴런 집단은 그들만의 지침을 갖고 있다. 가령, 조개껍데기처럼 생긴 대뇌피질에 있는 많은 뉴런들은 껍질의 안쪽 면에서 생겨나 (장대처럼 생긴 일련의 '방사 신경 교세포'들을 따라서) 바깥쪽으로 기어 올라오는데, 늦게 태어난 세포일수록 더 멀리까지 나온다.[18] 다른 장소에서 '태어난' 세포들은 껍질 표면을 따라 움직인다.[19] 벌레 같은 단순한 생명체에서조차 이 이동의 법칙은 너무나 복잡다단해서, 마치 존 매든의 풋볼 각본에서 영감을 얻은 것 같이 보일 정도이다. "세포 1은 오른쪽으로, 세포 2는 왼쪽으로, 그리고 세포 3은 패스를 받아야 하니까 멀리 나가!"[20]

 이 모든 복잡성은 상당 부분 유전자의 발현에서 비롯되는 것이다. 사실, 유전자 발현이 없으면 세포 이동도, 분화도, 분열, 계획적 소멸도 있을 수 없다. 우리가 아는 세포 차원의 생명이란 전혀 존재할 수가 없다.[21] 존 루벤스타인이나 크리스토퍼 월시 같은 신경과학자들은 1990년대 중반부터 4대 세포 활동이 뇌를 조각하는 과정에 어떤 특정 '유전 암호'가 영향을 미치는지 연구하기 시작했다. 연구자들은 적당한 유전적 스위치들을 켰다 껐다 하는 방법을 통해 세포분열을 촉진시켜 비정상적으로 큰 뇌를 가진 쥐를 길러내거

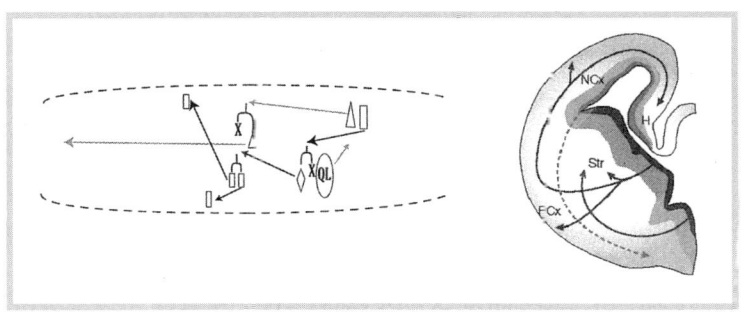

벌레(왼쪽)와 쥐(오른쪽)의 신경계 발달 과정에서의 이동 경로

나,[22] 정상 상태에서는 자극성 신경전달물질을 만들어냈을 뉴런의 분화를 교란시켜 억제성 신경전달물질을 만들어내도록 유도하거나(이는 민주당원인 세포들에게 보수당을 찍도록 만드는 것과 비슷한 일이다),[23] 피질에 머물러 있었을 뉴런을 꼬여 내어 피질 하부 영역인 '선조체'로 파고 들어가도록 만드는 등의 일을 할 수 있었다.[24]

물론 이런 실험의 목적은 발전된 생물공학 기술을 자랑하려는 것이 아니라, 뇌 발달 과정의 길잡이가 되는 유전자의 정확한 역할을 알아내려는 것이다. 21세기 초부터 시작된 수백 가지 실험의 한결같은 결론은 바로 이것이다. 유전자는 정확하고도 강력한 힘으로 신경의 발달을 지시한다. 뉴런의 형태와 구조를 이루는 데 필요한 세포 화합물과 효소의 생산을 통제하거나, 세포의 움직임을 돕는 운동물질의 위치와 활동을 통제하거나, 필요한 경우 세포의 죽음을 지시하는 명령을 내리는 등의 방법을 통해서 유전자는 세포 일생의 중요한 과정을 거의 다 조정한다.

이 유전자들을 감독하는 조절 방식은 이정표와 경계표로 이루어진 꽤 복잡한 체계인데, 주로 고도로 전문화된 신호 단백질들로 구성되어 있다. (역시 유전자의 산물 중 하나인) 이 단백질들은 종종 발신지에서 멀어질수록 약해지는 라디오 파 같은 모습을 보인다. 신체의 근원지에서 멀어질수록 점차 약해지기 때문에 이들 단백질이 내는 신호를 그래디언트라고 부른다.

예를 들어보자. 'FGF8'이라는 단백질 그래디언트는 쥐류에서 수염 자극에 반응하는 피질 뉴런인 '원통 영역' 발달의 신호 물질이다. 정상적인 환경에서 FGF8은 뇌의 뒤쪽보다는 앞쪽에 몰려 있다. 이 그래디언트를 인위적으로 바꾸면 쥐의 원통 영역의 위치가 완전히 바뀌어버린다. 발달 초기에 FGF8 신호의 농도가 증가하면 원통 영역은 정상적일 때보다 훨씬 앞쪽에서 자란다. FGF8 신호의 농도가 줄어들면, 보통보다 훨씬 뒤쪽으로 자리잡는다.

가장 놀라운 결과는 2001년 발달신경학자 엘리자베스 그로브와 토모미 후쿠치 시모고리의 실험에서 나왔다. 이들은 정상적인 위치의 반대편에 또 하나의 FGF8 덩어리를 심어 마치 골짜기 양쪽에서 똑같은 신호를 보내는 두 군데 라디오 방송국처럼 두 개의 단백질 농도가 나타나도록 했다. 결과는? 두 단백질이 각기 FGF8 그래디언트를 나타내었기 때문에, 거울 상으로 마주보는 두 개의 원통 영역이 생겨났다.[25]

계속해서 라디오 방송에 비유하자면, 신호 역할을 하는 수십 개의 유전자들은 서로 다른 주파수에서 방송을 하면서 신경 발달의 서로 다른 측면에 영향을 준다. 가령 FGF8는[26] 라는 유전자를 통제하는 작용도 하고 있다. 성장중인 쥐에서 Emx2 유전자를 못쓰게 만들면 해마와 전두피질 간의 상대적 균형이 깨어져, 해마는 한쪽

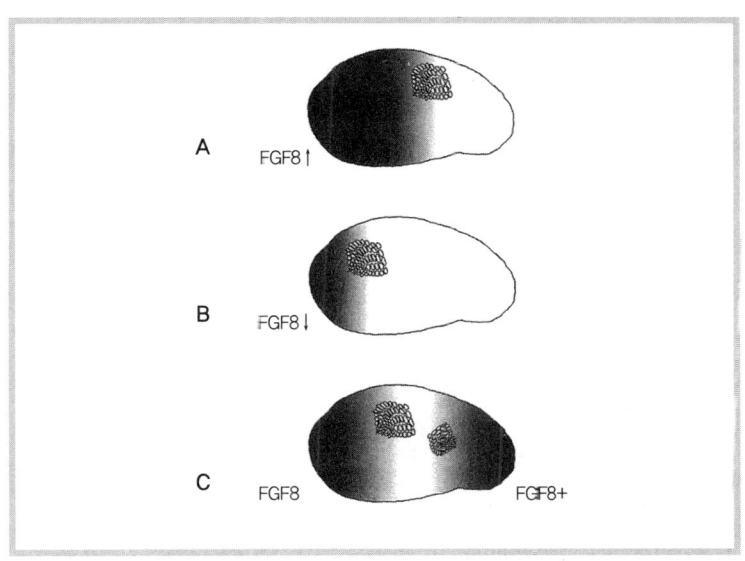

그래디언트는 신경의 발달 과정을 지시한다.

으로 밀려나고 그 자리에 더 많은 전두물질이 들어갈 공간이 생긴다. 단 하나의 유전자에 일어난 변화만으로도 뇌의 섬세한 전문화에 얼마나 심각한 손상을 입을 수 있는가를 보여주는 예인 셈이다.[27]

사실 신기한 점은, 배아 발달의 전체 설계도에서 특수하게 뇌에만 배정된 부분은 거의 없다는 점이다. 뇌의 발달에는 수천 개의 유전자가 관여하지만 그중 대다수는 여타 신체 부위의 발달에도 똑같이 관여하는 (혹은 비슷한 형태의 대응물이 존재하는) 유전자들이다. '운동물질'의 예를 들어보자. 뉴런의 이동을 돕는 운동물질은 액틴이라는 단백질에 의존하는데, 액틴은 수축하면서 세포의 뒤쪽을 밀어 앞쪽으로 나아가도록 한다. 이런 식으로 사지의 발달 과정에서 액틴이 손가락 세포를 손 쪽으로 밀어주고 발가락 세포를 발 쪽으로 밀어준다.[28]

보다 일반적으로, 물질대사, 세포사, 단백질 합성 등의 활동을 지도하는 500개가량의 '관리 유전자'들은 다른 곳에서 하는 것과 본질적으로 똑같은 일을 뇌에서도 하고 있다.[29] 가령 'Ced3'과 'Ced4'는 배아의 손가락 사이 막이나 간에서와 마찬가지로 뇌에서도 세포사를 일으키며, 인슐린은 신체 다른 부위에서와 마찬가지로 뇌에서도 포도당 대사의 특정 역할을 맡는다.[30] 이처럼 신체의 다른 부위에서 활동하는 원형이 있는 단백질 '가계'에 속한 물질은 수십 가지가 넘는다.[31]

뇌에만 독특하게 작용하는 유전자를 찾기는 쉽지 않다.[32] 그리고 7장에서 살펴보겠지만, 뇌에만 독특한 유전자들 또한 기존의 단백질을 더 정밀한 방식으로 재조립하여 변형시킨 것에 불과하다.

멘델의 정신

유전자가 뇌의 발달에 영향을 끼친다면, 마음이나 행동의 발달에도 영향을 미칠 것인가? 동물 세계에만 국한해보자면 대답은 분명히 '그렇다'이다.

1990년대 후반 이래 발달신경학자들은 여러 기술들 중에서도, 특정 유전자를 단절('녹아웃Knock out' 기법)시키거나 바꾸는 새로운 기술을 사용함으로써[33] 대단한 발전을 가져왔다. 이전의 연구들이 단지 유전자가 중요하다는 사실만을 보여줄 수 있었다면(예를 들어

혈통이 특정 성질에 영향을 미친다거나, 인간 쌍둥이 연구에서처럼 연관이 높은 동물들이 그렇지 않은 동물들보다 서로 비슷하다는 등의 연구 말이다), 새로운 연구들은 특정 성질을 특정 유전자에 곧바로 연결시킨, 매우 초점이 분명한 것들이었다.

예쁜꼬마선충과 초파리(*Drosophila melangaster*)의 먹이 탐색 습관을 살펴본 연구들을 예로 들어보자. 예쁜꼬마선충은 모노와 자콥이 유전자 조절을 발견해내는 데 도움을 주었던 바로 그 박테리아 '대장균'을 먹이로 삼는다. 어떤 꼬마선충들은 떼를 지어 먹이를 찾는 반면, 다른 놈들은 홀로 다닌다. 이 습성의 차이는 *npr1*이라는 유전자의 단백질 주형 부분에 있는 아미노산 하나가 다른 것이 원인이었다. 특정 부분에 발린이라는 아미노산이 있는 벌레는 '사회적'이고, 대신 페닐알라닌이라는 아미노산이 있는 벌레는 단독 행동을 선호했다. 파리에는 (먹이 탐색 *foraging*의 이름을 딴) *for*라는 유전자가 있어서 이곳저곳으로 먹이를 따라 옮겨 다니는 '유랑자' 파리와 하나의 먹이에만 집중하는 경향이 있는 '고착자' 파리를 구분한다[34] (고착자 파리가 그런 것은 게을러서가 아니다. 먹이가 떨어지면 그들도 유랑자 파리 못지않은 속도로 다른 곳으로 이동한다).

그렇지만, 연관을 보인다는 것과 특정 유전자가 행동의 변화를 실제로 초래한다는 것은 서로 다른 문제다. 물론 후자의 경우가 더 인상적이다. 최근 10년간 발달신경학자들은 이 부분을 정확히 구명하기 위해 글자 그대로 수십 가지 방법들을 생각해냈다. 토론토 대학의 말라 소콜로브스키는 사회성 있는 벌레들이 갖고 있는 발린 유전자를 단독으로 행동하는 경향이 있는 선충의 게놈에 삽입함으로써 이 벌레를 사회성 있는 벌레로 바꾸는 데 성공했다. 에모리 대학의 래리 영과 톰 인젤은 유전자 하나의 IF 조건 조절 영역을 변형함으로써 포유류의 사회적 행동에 큰 영향을 미칠 수 있다는 것을 증명했다. 영과 인젤은 다양한 들쥐들 간의 사회성 차이가 그들이 갖고 있는 바소프레신 수용기의 양과 밀접한 연관이 있다는 사실을 알아낸 후, 사회성 높은 프레리 들쥐의 바소프레신 유전자의 IF 조절 부분을 다른 쥐의 게놈에 복사해 넣었다. 그러자 정상보다 훨씬 사회성이 높은 돌연변이 쥐가 탄생했다.[35]

데니스 머피가 이끈 미 국립건강연구소(NIH)의 연구팀은 세로토닌 운반 단백질을 생산하는 유전자를 손상시킴으로써 보다 신경질적이고 겁 많은 쥐를 만들어냈다.[36] 세로토닌 수용기를 생산하는 유전자를 손상시켜도 똑같이 신경질적이고 겁 많은 쥐가 만들어진다는 사실을 다섯 군데 연구소가 밝혀내기도 했다.[37] 유타 대학의 조이 그리어와 마리오 카페치는 'Hoxb8'라는 유전자를 손상시켰을 때, 스스로 구애행동을 끊임없이 반복하여 결국 대머리가 될 때까지 머리 부분의 털을 잡아 뜯는 쥐가 탄생한다는 것을 보여주었다.[38]

이 지나칠 정도로 구애행동을 반복하는 쥐는 빙산의 일각일 뿐이다. 소위 말하는 유전자 녹아웃 기법을 써서 생겨난 몇 가지 다른 예만 들더라도, 양육 본능이 없는 쥐,[39] 활동 과다 쥐,[40] 스트레스에 민감한 반응을 보이는 과민감성 쥐,[41] 스트레스를 받으면 알코올 소비가 급격히 증가하는 쥐 등이 있다.[42]

번식 연구가 유전자의 중요성을 보여주었다면, 연관성 연구는 유전 암호의 특정 조각과 특정 행동의 변화를 연결해 보여주었다. 최근 연구에서는 한 걸음 더 나아가 게놈을 교묘히 변형하면 행동 또한 직접적으로 변형된다는 사실을 보여준다.

∞

물론, 유전자가 인간의 마음에 미치는 영향을 연구하기 위해서 인간의 게놈을 변형하는 것은 윤리적으로 허용되지 않는다. 하지만 동물에서처럼 인간의 마음의 발달에도 유전자가 관여하리라는 가정은 적어도 세 가지의 강력한 증거가 있다.

첫번째 증거는 정신적, 행동적 장애에서 찾을 수 있다. 많은 (어쩌면 대부분의) 정신장애는 특정 유전자의 손상과 직접적으로 연결되지는 않을 것이다(그 이유는 부록에서 이야기하려 한다). 하지만 실제로 연결지어 설명할 수 있는 장애도 많이 있다. 그리고 게놈에 일어난 자연적인 변종이 인간의 정신을 변형한다는 사실에 대해서는 의심의 여지가 없다. 미 국립건강연구소의 웹사이트를 보면 단독 유전자의 변형이 원인이 되어 일어나는 장애가 글자 그대로 수천 가지나 나열되어 있다. 이들 중 다수는 직접적인 뇌 손상과 관련이 있는데, 페닐케톤뇨증뿐만 아니라 여러 형태의 대뇌 마비, 헌팅턴 병(포크싱어 우디 거스리가 걸려 사망했던 병으로 신경발생학적 질병이다), 엔젤만 증후군('행복한 광대' 증후군으로 알려진 것으로, 행복한 기분이 지속되는 것과 더불어 심각한 정신지체나 비정상적인 안면 표정 등이 동반되는 질병이다), 특수한 형태의 알츠하이머 병이나 파킨슨 병, 그리고 7장에서 살펴볼 드물게 나타나는 언어 능력 장애나 발화 능력 장애 등이 있다[43]('단독 유전자 장애'에서 문제가 되는 유전자는 혼자서 뉴런의 행동을 모두 관리하여 특정 행동을 야기하는 것이 아니다. 복잡한 유전자 연결고리들 중에서 한 군데가 부러진 고리라고 상상하는 편이 옳다. 난독증, 자폐증, 정신분열증 등 복잡한 질병의 경우 여러 유전자 사이의 쉽게 판별하기 어려운 미묘한 상호작용에 의해 증상이 나타나기도 한다. 환경적 요소도 물론 포함된다. 하지만 이런 질병의 발병에 유전자가 중요한 역할을 한다는 증거는 충분하다[44]).

한편 게놈의 변형은 정상적인 개체들 사이의 차이로 나타날 수도 있다. 사람들의 차이점을 특정 유전자와 연관지어 설명하는 보고들이 적으나마 꾸준히 늘어나고 있다. 2003년에 수행된 한 연구는 사람들의 사건 기억력을 특정한 신경 성장 단백질의 변형과 관계지었다. 어떤 위치에 발린이라는 아미노산이 존재하는 사람들의 사건 기억력이 발린 대신 메티오닌이 존재하는 사람들의 기억력보다 월등히 좋았던 것이다.[45] 또다른 연구는 (나중에 상세히 다시 설명할 연구이다) 세로토닌이나 도파민 등 신경전달물질의 대사 과정에 관련된 한 효소를 암호화한 특정 유전자를 갖고 있는 사람들이 특수한 환경에서 폭력성을 드러낼 위험이 더 높다는 것을 밝혀냈다.[46] 그리고 (앞서 언급했던 쥐 실험을 연상시키는) 또다른 연구는 세로토닌을 운반하는 단백질 생산 유전자와 신경증 간의 연관을 보여주었다.[47]

그러나 이러한 자료들은 이제 막 수집되기 시작한 단계이다. 나는 유전자와 인간 정신의 연관에 대한 가장 강력한 증거는 동물 연구에서 드러난다고 본다. 이 장의 앞부분에서 우리는 뇌의 유전자 대부분이 신체 다른 부분에서 발현되는 유전자와 연관되어 있다는 것을 살펴보았다. 완전히 새로운 유전자는 거의 없다. 추론을 이어가자면, 인간의 뇌에서 발현되는 유전자의 대부분은 쥐의 뇌에서도

마찬가지로 발현된다(또는 쥐의 뇌에서 발현되는 유전자들과 긴밀한 관련이 있다)고 말할 수 있다.[48]

만약 인간의 게놈이 전적으로 독자적인 것이라 다른 동물의 게놈과는 전혀 다르다면, 아마도 유전자가 정신에 미치는 영향에 대해서 알아볼 만한 수단도 별로 없을 것이다. 그러나 암거위를 이루는 물질과 수거위를 이루는 물질은 깜짝 놀랄 만큼 닮았다. 쥐의 게놈에 포함된 거의 모든 유전자들은[49]—또 초파리의 게놈에 있는 많은 유전자들도[50]—인간 게놈 속에 비슷한 대응 부분이 있다. 7장에서 살펴보겠지만, 인간의 뇌는 아무것도 없는 무에서 진화한 것이 아니다. 뇌의 형성에 참여한 많은 유전자와 단백질은 인간의 조상이 다른 포유류에서 떨어져 나오기 전부터 존재했던 것들이다. 몇몇은 심지어 박테리아 시절까지 거슬러 올라갈 수도 있다. 즉 과학자들이 어떤 동물, 가령 쥐나 파리의 유전자 기능을 연구할 때 그 유전자가 인간의 경우에도 상당히 비슷한 역할을 수행하리라는 가정을 충분히 할 수 있다. 가령 *Pax6*은 파리의 안구 형성만 지시하는 것이 아니다. 사람이나 쥐의 안구 형성에서도 핵심적인 역할을 맡는다.[51] 앞서 보았듯 세로토닌은 쥐의 불안감을 증폭시키는데, 사람의 경우도 마찬가지다. *Fmr1* 유전자가 없는 동물은 다양한 뇌 기능 장애를 보이는데, 사람에도 그에 대응하는 일이 생기면 X 결함 증후군이라고 알려진 일종의 정신지체 장애가 나타난다.[52] 동물에 하듯 사람에게 실험을 할 수는 없지만, 동물과 인간의 전체적인 밑그림이 똑같을 것이라고 추론할 수는 있다.[53] 육체와 마찬가지로 마음도 유전자의 영향을 상당히 받고 있다.

'정신 유전자'의 특별한 점은 무엇인가?

마음은 상당한 정도로 유전자의 영향을 받지만, 유전자에 의해 완벽히 고정되는 것은 아니다. 엄격한 고정 배선과 유연한 사전 배선의 차이를 떠올려보라. 그리고 유전자와 마음의 관계는 과학자들이 바라는 만큼 그렇게 간단하지도 않다. 육체를 형성하는 유전자가 청사진이 아니듯, 마음을 형성하는 유전자도 마찬가지다. 유전자와 정신 특성 간의 관계는 유전자와 육체 특성 간의 관계만큼이나 복잡하다. 4장에 등장했던 매트 데이비스의 만화에서는 개개의 유전자(사실은 개개의 DNA 뉴클레오티드)가 어떤 성질들을 대표했다. 가령 '주식시장의 이런저런 정보에 잘 속아 넘어가는 경향'이나 '날씨에 대해 얘기하기 좋아하는 성향' 같은 것 말이다. 현실의 유전자는 진짜 그런 특성에 영향을 미칠 수도 있지만—어떻게 그런지는 잠시 뒤에 설명하겠다—유전자가 그런 특성들에 대한 유일한 원인일 수는 없다. 단 하나의 유전자가 복잡한 행동 전체에 대한 유일한 원인이라고 가정할 수는 없다.

사실, 나는 '정신 유전자'라는 용어를 일종의 농담으로 쓰고 있다. 우리가 세상을 인지하고 생각하는 정신세계에 영향을 미치는 유전자는 많이 있지만, 그 '정신 유전자'란 다른 유전자와 하등 다를 바가 없다. 고도로 복잡한 생물학적 구조의 일부를 이루기 위해 자기 조절 지침들을 갖고 있는 유전자일 뿐이다. 마음을 형성하는 유전자는 (아니, 적어도 마음의 가시적인 대리물인 뇌를 만드는 유전자는) 다른 유전자들과 똑같은 일을 수행한다. 그리고 이미 살펴본 바대로 (거의 모든 세포에 존재하는 관리 유전자 등) 대부분의 유전자는 뇌에서나 신체에서나 동일하다. 생물학의 도구라는 관점에서 보자면 뇌에서 발현되는 유전자와 다른 곳에서 발현되는 유전자 사이에는 거의 아무런 차이도 없다. 유전자는 유전자일 뿐이다.

또한 홀로 존재하는 유전자란 있을 수 없다. 뇌든 심장이든 신장이든 복잡한 생물학적 구조는 모두 많은 유전자들의 협동과 상호작용의 결과이지, 단 하나의 유전자가 만들어낸 것이 아니다. 특정 행동에 '대응하는' 하나의 유전자라는 개념이 우스울 수밖에 없는 것은, 하나의 행동을 만들어내기 위한 신경회로가 단 하나의 유전자로 설명될 수 없을 정도로 복잡하기 때문이다. 심장의 좌심실을 만드는 데 단 하나의 유전자로는 충분치 않은 것처럼, 언어에 대한 하나의 유전자나 날씨 얘기를 좋아하는 성격에 대한 하나의 유전자 같은 것은 불가능하다. 단 하나의 뇌세포나 단 하나의 심장세포조차 많은 단백질이 상호작용한 결과물이고 따라서 많은 유전자들의 결과물이다.

또한 반사작용을 제외한 모든 행동은 수많은 신경회로의 합작품이다. 포유류에서든 조류에서든, 모든 활동은 인지 체계, 경계 체계, 동기화 체계 등 수많은 체계들이 복합적으로 힘을 합친 결과이다. 비둘기가 지렛대를 쪼아 먹이를 먹는 행동을 하느냐도 비둘기가 배가 고픈지 아닌지, 피곤한지 아닌지, 주위에 다른 흥미로운 것이 있는지 없는지 등 수많은 조건에 달려 있다.

게다가, 하나의 체계에 국한하더라도 유전자들이 직접 '즉각적'으로 참여하는 경우는 드물다. 이것은 유전자의 속도가 느린 것도 한 원인이다. 몇 초나 분 단위의 속도로 일하는 유전자는 장기기억 강화 같은 '즉각적이지 않은' 활동(이런 활동은 잠을 자면서도 할 수 있다[54])에서는 활발하고 중요한 역할을 맡는 것으로 보이지만, 즉각적이고 재빠른 의사 결정의 경우 몇백 분의 일 초 단위의 작업이 가능한 뉴런에 통제를 맡겨버린다. 동물의 활동에 유전자가 기여하는 바는 미리 신경회로를 구축하고 조정해두는 것뿐, 매순간 신경 체계를 운용하는 것은 아니다. 유전자는 신경 구조를 건설할 뿐, 행동을 건설하지는 않는다.

하나의 유전자가 행동 전체의 원인이 되는 예와 가장 가깝다고 볼 수 있는 것은 군소해삼(*Aplysia*)이 갖고 있는 *ELH* 유전자의 경우이다. *ELH*가 만들어내는 단백질을 해삼에게 주입하면 자웅동체인 해삼은 갑자기 복잡한 단계로 구성된 자연적인 배란 행동을 시작하여, 5~10파운드 무게의 생명체가 수백만 개의 알을 토해내기 시작한다. 해삼은 알을 낳기 위해 머리를 흔들어가며 계속적으로 배란 행위를 수행한다. 결국 알들을 하나의 덩어리로 모으고, 마지막에는 머리를 이용하여 알 덩어리를 바위처럼 단단하게 굳힌다. 쉽게 짐작되다시피, *ELH*는 '배란 호르몬(egg-laying hormone)'의 약자이다. 하지만 이 일련의 행동을 끌어낸 것은 하나의 호르몬이 아니라 '다단백질'이라 불리는 특별한 종류의 단백질이다. 이 단백질은 적절한 환경이 갖추어지면 여러 개의 부속물로 나뉜다. 결론적으로 271개의 아미노산으로 구성된 *ELH*의 단백질 화합물은 하나의 단백질로 활동하는 것이 아니라 여러 개의 단백질로 나뉘어 활동한다. 거기에는 복부 뉴런에 작용하여 배란 활동 자체를 촉진하는 36개의 아미노산으로 구성된 호르몬도 있고, 알을 낳고 모으고 굳히는 과정에 관련된 여러 뉴런을 자극하거나 제어하는 다양한 신경전달물질들도 있다. 하나의 유전자가 배란 행위라는 거대한 전체 활동을 이끌어내는 것이다.[55] 그렇지만 이처럼 하나의 유전자가 꽤 방대한 영향을 미치는 경우에도 유전자가 혼자서 활동하는 것은 아니다. *ELH*는 기존에 존재하는 많은 신경회로들을 불러들여 함께 활동하게 한다.

하나의 유전자가 한 가지 행위를 중재하는 데 결정적인 역할을 하는 또다른 예로 초파리의 유전자 *fru*가 있다. 이 유전자는 그때마다 '즉각적인' 행동에 영향을 미치지는 않고, 발달 과정에서 서로 다른 식으로 뇌회로를 배선한다. 2장에서 얘기했던 수컷 초파리의 복잡한 구애의식을 떠올려보자. 우선 날개를 떨고, 문지르고, 핥은 뒤, 복부를 구부려 넣고, 드디어 결합한다. 하나의 유전자가 상황에 따라 서로 다른 단백질들로 번역되는 세심한 '선택적 접합절단' 체계를 통해서 *fru* 유전자는 날개 진동부터 교접까지 구애의식의 매 단계에 참여하는 것으로 보인다.[56] 이 유전자의 여러 부분에 변이를 일으키면, 수컷에게 구애하는 '게이' 파리에서 아예 성생활을 하지 않는 거세 파리에 이르기까지 다양한 돌연변이가 탄생한다. 그러나 *fru* 유전자도 전체 행동 과정을 독자적으로 구성하는 것은 아니다. '주 통제 유전자' *Pax6*처럼 *fru*의 단백질 생성물들은 다른 사건을 연쇄적으로 일으키는 역할을 하며, 혼자 활동하지 않는다.[57]

복잡한 특성을 유발하는 단 하나의 유전자는 있을 수 없겠지만, 이미 존재하는 장치들을 (좋은 쪽으로든 나쁜 쪽으로든) 세심하게 개조하여 막대한 영향을 끼치는 유전자는 얼마든지 있을 수 있다. 가령, 인젤과 영의 실험에서 사회성이 뛰어난 쥐를 만들기 위해 변형된 유전자의 단백질 산물이었던 바소프레신은, 그 자체로 사회성 있는 행동의 온전한 원인은 아니다. 그저 사회성 있는 행동의 기저에 놓여 있는 신경회로들(이 신경은 또다른 유전자들의 산물이며 환경의 영향도 받는다는 것은 두말할 필요가 없다)이 활약할 가능성을 높여주는 역할을 할 뿐이다. 그러나 그 영향력은 부정할 수 없다. 날씨에 대해 이야기하기 좋아하는 성향(또는 주식시장에서 한탕을 꿈꾸는 성향)을 직접 지시하는 회로를 타고난다는 것은 믿기 어려운 개념일지라도, 더 추상적인 특성, 가령 사회적 안정감에 대한 욕구 등을 증가시키거나 감소시키는 유전자가 있을지도 모른다는 것은 충분히 상상해볼 만한 일이다. 이렇게 (가령 특정 신경전달물질의 합성이나 통행을 제어하는 방식을 통해) 더욱 추상적인 특성에 영향을 미침으로써, 하나의 유전자는 특정 성질에 대해 비록 간접적이나마 중대한 영향을 끼칠 수 있다. 만약 이란성 쌍둥이보다 일란성 쌍둥이가 날씨 얘기나 주식하는 것을 좋아하는 습성을 더 많이 공유하는 것으로 나타났다면(유전력 연구 결과가 놀랍도록 일관적이라는 사실을 떠올려보면 그럴 법한 가정인데), 그것은 날씨 말하기 유전자나 주식하기 유전자가 따로 존재해서가 아닐 것이다. 그러한 성향이 우리의 여러 필요, 욕구, 흥미, 재능에 영향을 미치는 수많은 유전자들의 상호작용에 의존하고 있으며, 일란성 쌍둥이는 그 모든 유전자들을 똑같이 공유하고 있기 때문에 그러하다고 말할 수 있는 것이다.[58]

자동차에 비유해보는 것도 괜찮겠다. 자동차가 유전자에 의해 조립되는 것이라고 한다면, 다양한 종류의 원재료(고무, 섬유, 철강) 합성을 지시하는 유전자들이 있을 테고, 부속품의 조립을 감독하는 유전자, 조립중인 자동차 내에서의 위치를 지정해주는 유전자 등이 있을 것이다. 각 유전자에 돌연변이가 일어나면 문제가 생긴다. 고무 생산법에 오류가 발생하면 고무로 된 부품들이 기대보다 더 빨리 닳아버리는 등의 문제가 생길 수 있고, 점화장치의 연결에 문제가 있으면 자동차가 아예 출고조차 될 수 없는 '배아 치사적 돌연변이'가 생길 수 있다. '조종 유전자'나 '추진 유전자' 같은 것은 있을 수가 없지만, 조종이나 추진 시스템에 직간접으로 영향을 미치는 유전자들은 수천 가지가 있을 것이다. 조종은, 조향축이나 핸들의 지시를 축에 전달하는 랙-피니언 톱니의 구조에 관련된 유전자의 직접적인 영향을 받을 수도 있겠지만, 타이어 고무를 합성하는 유전자의 간접적인 영향을 받을 수도 있다. 뇌가 이보다 간단할 것이라고 기대해서는 안 된다. 언어를 담당하는 신경회로를 만드는 하나의 유전자, 의사 결정 유전자, 인지 능력 유전자 등은 있을 수 없다. 또한 체계를 손상시키는 데 단 하나의 방법만 있는 것도 아니다 (사실 뇌는 정교한 공학적 과정의 산물이라기보다 무작위적이고 앞을 내다볼 수 없는 자연선택 과정의 결과물에 가깝기 때문에 더욱 이해하기 어려운 것일지 모른다).

   추측건대, 정신장애가 발생했을 때 간단히 수선할 수 있기를 기대하는 사람에게는 이 이야기가 나쁜 소식으로 들릴 것이다. 머지않아 선천적 장애의 모든 것을 뚝딱 알아낼 수 있으리라 기대하는 사람이 있다면, 전기적 문제가 생긴 자동차의 경우 완벽한 조립도를 공장에서 쉽게 구할 수 있는데도 얼마나 진단이 어려운가 잠시 생각해보시길 바란다. 신문에서 비만 유전자나 알코올 중독 유전자, 언어 유전자가 발견되었다는 기사를 볼 때에는 그 발견된 유전자라는 것이 수많은 유전자들 중 하나일 뿐이라는 점을 늘 명심하라.

   예를 들어 비만에 관여하는 유전자는 수백 가지가 있을 수 있다.

신진대사나 배고픔에 영향을 미치는 유전자에서 더 추상적인 것, 가령 기분을 좌우하는 신경회로를 조절하는 유전자까지 다양할 것이다. 자폐증이나 기타 언어장애는 주 통제 유전자가 엇나간 결과일 수도 있지만 유전자의 긴 연결고리 중 어느 하나가 잘못되어 생겼을지도 모르는 일이다. 우리는 모든 선천적 언어장애가 하나의 유전적 돌연변이에서 비롯되었으리라고 믿어서는 안 되며, 만약 한 가지 언어장애의 분자적 기반을 발견했다고 해서 즉각 모든 종류의 언어장애를 이해할 수 있으리라고 기대해서도 안 된다. 수많은 언어장애들은 각기 다른 유전자 고리가 끊어진 데서 비롯되었으리라고 생각해야 한다. 생물학자들이 '표현형'이라고 부르는 주어진 증상과 그 기저에 있는 유전자('유전형') 사이의 관계는 언제나 상상할 수 없을 정도로 복잡하기 때문에 장애를 이해하는 것은 결코 쉬운 일이 아니다(완벽한 계획도를 놓고 일할 수 있는 것이 아니기 때문에 더욱 어렵다).

하지만 우리는 이 나쁜 소식 — 유전자와 완성품 사이의 관계가 복잡하다는 것과 장애의 원인을 이해하는 일이 쉽지 않다는 것 — 때문에 자연이 아무런 할말이 없을 것이라고 착각해서는 안 된다. 단지 복잡하다고 해서 유전자와 뇌(또는 마음)의 관계는 별 게 없다고 볼 수는 없다. '선천적' 정신 구조 개념의 비판자들은 이제까지 언어에, 그리고 언어에만 연관이 있는 단 하나의 명백한 유전자 증거가 발견되지 않았기 때문에 선천적 언어 '본능'이 있으리라는 개념도 파기해야 한다고 주장한다. 나아가 정신과 뇌가 일련의 전문화된 모듈로 만들어져 있다 — 말하자면 마음이 스위스 제 주머니칼과 같다 — 는 개념조차 비판하는 사람도 있다. 나는 2장에서 인간은 (다양한 종류의 학습기제를 포함하여) 다수의 전문화된 기제를 타고난다는 가설을 지지했는데, 1998년 영국의 심리학자 아네트 카밀로프 스미스는 이런 견해에 대해 "이제까지 대뇌피질의 특정 영역에서만 발현되는 것으로 확인된 유전자가 없기 때문에" 생물학적으로 지지하기 어렵다고 비판한 바 있다.[59]

그러나 이런 유일 표지 유전자 논쟁은 논지에서 벗어나는 것이다. 카밀로프 스미스가 위와 같은 주장을 한 지 5년이 지난 지금도 특정 피질 영역에서만 독특하게 발현되는 유전자는 거의 발견되지 않은 것이 사실이다(2000년에 발표된 한 연구에 따르면 16일 된 쥐 배아 신피질의 앞쪽과 뒤쪽에서 발현되는 1만 개의 유전자 조각을 점검해 보았지만 앞이나 뒤 중 한쪽에서만 발현되는 유전자는 하나도 없었다고 한다).[60] 그러나 그것은 어머니 자연의 힘을 너무나 과소평가하는 것이다. 보다 최근의 증거에 따르면 유전자는 특정 피질 영역의 운명을 결정하는 데 실제로 영향을 미친다. 단지 유일한 표지 단백질들에만 의존하는 게 아니라 그보다 미묘한 방법을 사용할 뿐이다.

유전자가 특정 피질 영역의 운명을 결정하는 데 영향을 미치는 다른 방식은, 근원지에서 멀어질수록 농도가 감소하는 신호용 분자인 그래디언트를 활용하는 것이다. 가령 모든 척추동물에는 피질 형성 유전자 *Emx2*의 그래디언트가 있다. 이 그래디언트는 감각 영역과 운동 영역의 경계를 짓는 데 중요한 역할을 한다. *Emx2*의 단백질 생성물은 특정 피질 영역에만 국한하여 존재하지 않으며 피질 뒤쪽의 근원지에서 멀어질수록 농도가 감소하는 식으로 널리 퍼져 있다. 따라서 특정 영역에서만 발현된다고 볼 수는 없다. 그러나 이 그래디언트는 영역마다 다른 정도로 발현하는 것이며, 이 정도로도 발달과정에 큰 영향을 미치기에는 충분하다. 이 유전자를 제거하면 피질 영역 간의 경계가 급격히 달라지게 되며 아마도 모든 영역이 완전히 다른 방식으로 전문화될 것이다.

피질 각 영역마다 하나씩의 유일 표지 분자가 없다 해도 영역이 서로 다르게 발전할 수 있는 방법은 또 있다. 복수의 표지 분자들이 협력함으로써 특정 영역이 규정될 수 있는 것이다. 체스판을 예로 들어보자. 하나의 사각형은 두 가지 정보의 결합으로 규정된다. 첫번째 행, 두번째 행 등 행 정보와 첫번째 열, 두번째 열 등 열 정보가 그것이다. 백색 킹은 e1에서 시작하고, 흑색 킹은 e8에서 시작하는 식이다. 우리의 신체에도 체스와 비슷한 법칙이 있다는 사실은 오래 전부터 잘 알려져 왔는데,[61] 최근 연구를 보자면 뇌 역시 마찬가지이다.[62] 일례로, 훈련중인 뇌세포 하나가 V1(시각 정보 처리에 중요한 뇌의 영역) 영역으로 가느냐 마느냐 하는 것은 하나의 특별한 'V1 표지'에 달려 있는 것이 아니라, 여러 표지들의 협동 작업에 달려 있다. 게놈은 복잡한 마음을 위한 복잡한 신경 체계를 전문화해내는 데 적합한 방식을 갖고 있는 것이다.

농도의 기울기를 조절함으로써 이루어지는 연합과 구획이라는 두 가지 '묘안'은 전혀 새롭지 않다. 이들의 뇌에서의 중요성이 최근에야 발견되고 있을 뿐, 진화의 관점에서 보자면 두 가지 지표는 모두 역사가 오랜 것이다. 가령 그래디언트는 성장중인 초파리 유충의 구획에 결정적인 역할을 하고 있으며, 연합 방식의 지표들은 파리의 안구 발달에 중요한 역할을 한다.[63] 둘 다 뇌나 신체의 각 부분이 서로 다른 기능을 담당하도록 유전적으로 유도하는 좋은 방법들이다. 자연은 생물체를 만드는 일을 무척이나 오래 해왔기 때문에 최고의 방법을 알아낼 수 있었고, 또한 한번 발견한 좋은 방법은 잃지 않고 지켜왔다. 대체로 신체에 좋은 것은 뇌에도 좋은 법이다.

우주에서 인간의 자리

출생 당시 인간의 뇌는 거의 체계가 없는 상태라는 주장을 믿는 사람도 있다. 인간의 정신이 게놈과 상관없이 자유롭다는 것은 정말 믿고 싶은 주장이다. 그러나 이러한 믿음은 분자생물학을 연구하는 과학자들이 지난 10년간 밝혀낸 사실과는 완전히 어긋나는 것이다. 자연은 우연이나 변화구쌍한 시행착오에 맡겨두는 대신, 육체가 성장할 때 발전했던 방식을 그러모아 뇌 성장에 적용했다. 세포분열에서 분화까지, 신체 발달에 사용되었던 모든 과정은 뇌 발달에도 그대로 쓰인다. 유전자는 신체의 다른 부분에서 했던 일을 뇌에서도 그대로 하고 있다. 그들은 세포 속에서 단백질 생성을 지시함으로써 세포의 운명을 지시한다. 마음의 물리적 기반인 뇌의 발달에 단 한 가지 진정으로 특별한 점이 있다면 그것은 뉴런들 사이를 연결하는 '배선' 방식이다. 다음 장에서도 살펴보겠지만, 이 점에서도 유전자는 결정적인 역할을 담당한다.

　뇌의 조립 방식이 다른 신체의 조립 방식과 같다—수천 개의 독자적인, 그러나 상호작용하는 (자연선택으로 다듬어진) 유전자들의 활동에 기반하고 있다—는 개념은 우리의 정신이 물질세계와는 무언가 다른, 특별한 것이리라는 오래된 믿음에 정면으로 위배된다. 그러나 그 믿음은 인간의 편견, 그것도 가장 강한 편견이다. 아주 오랜 시간 동안 인간은 자신이 우주의 중심이라고 믿어왔으나, 코페르니쿠스는 우리 행성이 우주의 중심에 있지 않다는 것을 알려주었다. 윌리엄 하비는 우리의 심장이 펌프 기계와 비슷하다는 것을 알려주었다. 존 돌턴을 비롯한 19세기 화학자들은 우리 몸이 다른 모든 물질들마냥 원자로 이루어져 있다는 사실을 알려주었다. 왓슨과 크릭은 탄소, 수소, 산소, 질소, 황과 연결된 물질이 어떻게 유전자가 되는지 우리에게 보여주었다. 1990년대, 뇌의 시대에 인지신경학자들은 우리 마음이 우리 뇌 활동의 산물임을 보여주었다. 21세기 초반의 연구들은 뇌를 만드는 방식이 신체 다른 부위를 만드는 방식의 한 특수한 경우일 뿐임을 보여주고 있다. 인간 정신의 초기 구조는, 신체의 초기 구조가 그렇듯이 유전자의 산물이다.

인간의 뇌는 다른 생물종의 뇌보다 복잡할 테지만 그렇다 해도 인간 뇌의 발달이 다른 동물 뇌의 발달 과정과 완전히, 아니 상당한 정도로 다를 것이라고 볼 까닭은 없다. 7장에서 보겠지만, 인간 뇌의 구성성분 중 대부분은 다른 동물의 뇌에서도 찾아볼 수 있는 것이며, 발달하는 방식도 비슷하다. 발달생물학의 도구상자를 열고 보았을 때 뇌는 그저 분자를 정렬하는 또다른 방식일 뿐이다. 우리 마음이 우리 뇌의 산물이라는 사실을 받아들인다면, 우리 마음이 만들어지는 기본 과정이 다른 생명체의 뇌나 정신 체계가 만들어지는 과정과 같은 종류일 것이라는 사실도 받아들여야 한다.

인간이 평범한 방식으로 만들어진 분자들의 조합이라는 사실을 인간성의 특별함에 대한 냉정한 포기라고 여기는 사람도 있겠지만, 나는 살아 있는 모든 것이 한데 묶여 있다는 오래된 개념이 현대에 살아난 것이라고 생각한다. 성 프란시스코는 "모든 생명체가 자신과 똑같은 근원을 갖고 있다는 사실을 알았기 때문에 크든 작든 그들 모두를 형제자매로 불렀다"고 한다.[64] 고대인들이 초자연적인 이유를 댔다면 우리는 물리적 이유를 댈 수 있다. 분자생물학과 신경과학의 발돋에 힘입어 이제 우리는 이 행성에서 함께 살고 있는 모든 생명체들과 우리 자신이 물리적이고 정신적인 유산들을 얼마나 많이 공유하고 있는지, 더 잘 이해할 수 있게 되었다.

(6)
사전 배선 대 재배선

> 가장 중요한 것들을 깨닫고 나면 그 다음은 쉽게 배울 수 있다.
>
> ―얼 위버

내가 어릴 때 라디오 셔크라는 곳에서는 DIY 전자조립 키트를 팔았다. 전자조립 레고 같은 것이다. 키트에는 트랜지스터, 레지스터, 축전기, 다이오드, 스위치, 다이얼, 스피커, 전지 연결기 등 50~100가지 정도의 각종 부품이 커다란 배전판 속에 들어 있었다. 각 부품에는 두세 개의 스프링이 납땜으로 붙어 있다. 부품을 사용하려면 붙어 있는 스프링을 꺾어 그 속에 전선을 끼우고 다시 스프링을 눌러 전선이 빠지지 않도록 하면 된다. 적절한 방식으로 전선을 연결하면 원하는 것은 뭐든지 만들 수 있다. 라디오, 손전등, 사이렌, 심지어 (제일 큰 키트가 있다면 말이지만) 간단한 컴퓨터까지 만들 수 있었다. 똑같은 기본 부품을 가지고도 다양한 종류의 회로를 만들어낼 수 있다. 중요한 것은 어떤 식으로 엮느냐 하는 것이었다.

    뇌에도 마찬가지 원리가 적용된다. 서로 연결되지 않은 뉴런들은 전선이 없는 전자조립 키트다. 아무 쓸모가 없는 것이다. 그리고 역시 전자조립 키트가 그렇듯이, 전선이 마구잡이로 연결되어 있어도 소용없기는 마찬가지다. 조립 키트에서든 뇌에서든 부품은 하나하나가 다 중요하지만 그 사이가 연결되지 않으면 소용이 없다. 사실 뉴런들 사이의 배선이야말로 뇌에서 가장 특별한 점이다. 바로 그 배선 덕분에 뇌가 계산하고 분석하고 추론하고 인지할 수 있기 때문이다. 지능이 있는 존재가 된다는 것은 세상에서 정보를 끌어모아 현명하게 사용한다는 것을 의미한다. 그러기 위해서 생명체의 신경 체계는 감각이 받아들인 정보를 상부의 명령 센터로 보내 선택할 수 있도록 해야 하고, 다시 그 선택을 특정한 지시사항으로 번역하여 근육에 전달해야 한다. 당신의 뇌 속에 있는 수백만 개의 뉴런들 사이에는 수조 개의 연결선이 있고, 뇌의 기능은 주로 그 연결선들이 어떻게 구축되느냐에 따라 정해진다. 연결이 바뀌면, 마음도 바뀐다. 연구실에서 비정상적인 뇌 배선을 갖게 된 돌연변이 파리와 쥐들은 운동 통제 능력에서(한 돌연변이 쥐는 술에 취한 듯한 걸음걸이로 인해 '비틀거리는 쥐 *reeler*'라는 이름을 얻기도 했다) 시각에 이르기까지 광범위한 분야에서 이상 증후를 보였다. 인간에 있어서도 뇌 배선에 이상이 생기면 정신분열증부터 자폐증에 이르는 다양한 장애가 나타난다.[1]

정신에 대한 뇌 배선의 중요성은 1960년대에 신경과학자 로저 스페리와 마이클 가자니가가 '분할 뇌' 환자들의 정신 작용을 연구했던 사례에서 가장 극적으로 드러났다. 간질을 앓았던 이 환자들은 치료의 일환으로 좌반구와 우반구를 가로지르는 2억 개가량의 연결선—뇌량이라고 부른다—을 수술로 끊어내게 되었다. 그들은 말하기, 읽기 등 사람이나 물건을 알아보는 일상 활동에서 지극히 정상적인 듯 보였지만 사실 그들의 마음은 극적으로 바뀌어 있었다. 그들은 오른쪽 시야(언어 능력을 더 많이 담당하는 좌반구와 연결되어 있다)에서 본 물체의 이름은 문제없이 댈 수 있었으나, 똑같은 물체라 하더라도 왼쪽 시야(언어 능력의 비중이 더 낮은 우반구와 연결되어 있다)에서 본 것은 말하지 못했다. 정상적인 사람의 뇌에서 두 반구는 서로 소통한다. 뇌의 우반구가 숟가락을 보면 메시지는 뇌량을 타고 좌반구로 전해지고, 음성 능력을 담당하는 좌반구가 숟가락이라는 이름을 대게 된다. 분할 뇌 환자는 뇌량 연결선이 없어서 우반구는 좌반구로 메시지를 전달할 수 없고, 자신이 본 것을 말로 표현할 수 없게 된다. 비언어적인 방식으로 점검해보면 우뇌가 아무 문제없이 숟가락을 인지하고 있다는 사실을 알 수 있는데도 말이다.[2] 스페리의 말을 빌리자면, 분할 뇌 환자들은 마치 "별도의 의식 영역, 감각, 인지, 사고, 기억 체계를 가진 듯했다".[3]

거시적 차원의 법칙은 미시적 차원에도 적용된다. 어떤 개별적 신경회로도 적절히 배선되지 않으면 제대로 작동하지 못한다. 쥐는 척수의 정중선에 있는 특정 뉴런들이 적절히 배선되어 있을 때에만 왼발-오른발-왼발-오른발을 번갈아가며 제대로 걸을 수 있다.[4] 수컷 벌레는 감각 '옷선' 뉴런이 날개를 움직이는 운동 뉴런에 적절히 배선되어 있을 때에만 제대로 암컷을 찾아 날아갈 수 있다.[5] 모든 생명체는 배선에 의존하고 있다.

그렇다면 도대체 무엇이 뇌에게 회로를 제대로 맞추는 법을 알려줄까? 라디오 섀크 키트에는 방법을 알려주는 배선도가 딸려 있었지만, 인간의 뇌에는 지침서가 없다. 뉴런을 만들기 위한 청사진이란 것이 없다면, 뉴런을 연결하는 방법에 대한 청사진도 없는 것이 당연하다. 뉴런이 302개밖에 없고 그들 사이의 연결선도 7600개에 못 미치는 예쁜꼬마선충에서조차[6] 뇌가 배선되는 과정은 점진적인 것이며, 생물학의 다른 모든 측면이 그러하듯 도해에 입각한 것이 아니라 알고리즘을 따라가는 것이다. 또한 자율적으로 움직이는 행위자들의 활동에 의해 진행되는 것이며, 이 경우에는 뉴런에서 뻗어 나온 축색돌기(출력단자)와 수상돌기(입력단자)가 바로 그 자율적 행위자들이다.

신경의 항해자들

어떻게 뇌의 축색돌기와 수상돌기는 자신이 갈 곳을 아는 걸까? 그들도 '척추를 향해서 똑바로 가, 파란불에는 건너지 말고' 같은 모종의 지시를 받는 것일까? 아니면 '이 방향으로 12밀리미터를 간 다음 왼쪽으로 꺾어' 같은 절대 수치로 된 지침에 따르는 것일까? 사실 그것을 결정하는 일은 모든 축색돌기의 끄트머리에 붙어 있는 '성장뿔'이라는 특별한, 꿈틀거리는, 흡사 인간의 손처럼 보이는 돌출부가 맡고 있다고 할 수 있다.

성장뿔과 그들이 매달고 다니는 축색돌기 부위는 앞뒤로 흐느적거리면서 장애물을 피해 움직이는 작은 동물 같다. 그리고 성장뿔은 목적지를 찾아갈 때 '손가락'이라 할 수 있는 사상족이라는 작은 감지기를 펼쳤다 오므렸다 한다. 성장불은 한번 발사되면 그 방향의 궤적을 따라 막무가내로 나아갈 수밖에 없는 물체가 아니라, 목표물을 찾아가는 길에서 마주친 새로운 정보를 계속 수집해가면서

끊임없이 협상하고 적응하며 나아간다.[7]

성장뿔이 비정상적인 심각한 장애 상황에도 잘 대처한다는 사실은 수많은 연구 결과가 보여주는 바이다. 초창기 실험 중 한 가지로, 배아학자 에머슨 히버드는 도롱뇽의 후뇌에서 세포 조직 약간을 떼어내어 방향을 반대로 한 뒤 다시 이식했다. 보통 척수를 향해 가게 마련인 모트너 세포의 뉴런 축색돌기는 곧 반대 방향으로 (전뇌를 향해서) 나아가기 시작했지만, 어째서인지 실수를 깨닫고는 신속히 경로를 바꾸어 완전히 새로운 길을 개척하면서 정상적인 목적지를 향해 가기 시작했다.[8] 최근 실험으로 케임브리지 대학의 윌리엄 해리스는 원시 안구를 비정상적인 자리에 이식하여 시신경이 정상적인 지점보다 앞이나 뒤에 놓인 상태에서 뇌를 향해 가도록 시험해보았다.[9] 이 상황에서 성장뿔은 운에 자신의 운명을 맡기지 않았다. 성장뿔은 자신이 찾는 것이 무엇인지 정확히 '알았고', 장애

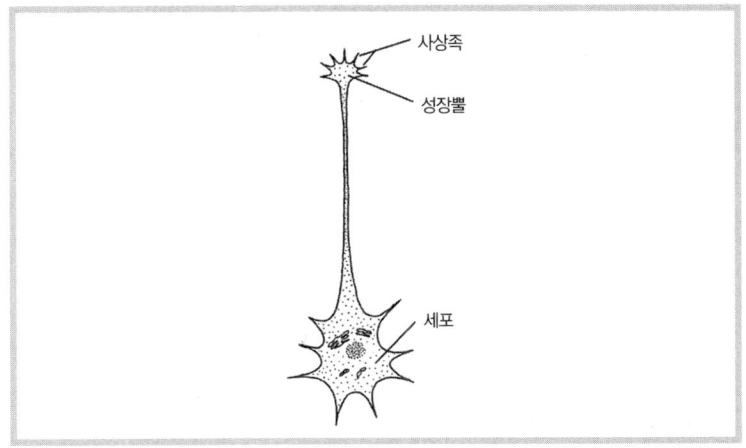

성장뿔

물들이 길을 가로막더라도 새로운 계획을 만들어 극복했다(놀랍게도 성장뿔은 이 과정에서 다른 도움이 거의 필요 없다. 잘 알려진 또다른 실험에서 해리스는 건강한 성장뿔은 원래 연결되어 있던 신경 세포에서 잘라냈다. 성장뿔은 목이 잘렸는데도 이리저리 돌았고, 천천히 원래 가던 길을 따라 목표물로 나아갔다[10]).

자신의 목적지를 찾기 위해서 성장뿔은 모든 가능한 방법을 동원한다. 그들이 활용하는 것 중에는 가까운 거리의 세밀한 조정을 위해 필요한 단거리 신호도 있고, 수밀리미터―축색돌기가 느끼기로는 수마일에 해당하는―밖까지 표지를 내보내는 신호탑 같은 장거리 신호도 있다.[11]

단거리 신호 중 몇몇은 세포 부착 분자라 불리는 것들인데, 이들은 특수한 접착제처럼 행동하며 자신과 짝이 맞는 (가끔은 자신과 똑같은) 접착제를 지닌 성장뿔에만 작용한다. CAD1(세포 부착 Cell ADhesion 접착제 번호 1의 약자라고 생각하자)을 가진 성장뿔은 CAD1을 가진 신호만 따라가고, CAD2를 가진 성장뿔은 CAD2의 신호만을 따라갈 것이다(여러 CAD의 조합에 의한 신호도 가능하다. 가령 CAD1, CAD3, CAD5를 함께 가진 성장뿔에만 신호를 줄 수도 있다).[12] CAD는 훌륭한 신호이다. 단 옆에 가까이 있을 때만 그렇다. 만약 축색돌기가 최종 목적지와는 너무 먼 곳에 있는 처지라면 CAD가 소용이 없다. CAD는 고속도로에서 운전자를 안전하게 이끄는 노란 차선과 비슷하다. 그 신호를 무시해서는 안 되지만, 이것은 우선 운전자가 알맞은 고속도로를 주행할 때에나 해당된다.

'장거리' 분자 신호들은 성장뿔이 그 알맞은 장소―알맞은 고속도로―를 찾도록 도와준다. 예를 들어, 앞 장에서 잠깐 언급했던

'라디오 신호'는 먼 곳까지 전파될 수 있어서 멀리 있는 성장뿔에게도 지표가 되어준다. 물론 그 성장뿔이 적절한 신호에 주파수를 맞추고 있을 때 가능할 것이다. 성장뿔이 어떤 신호 방송을 선택할 것인가, 그리고 성장뿔이 특정 신호에 이끌리는가 거부감을 느끼는가의 문제는 성장뿔 표면에 있는 수용기의 기능에 달려 있다.

한 가지 예로 성장중인 초파리의 복부 신경삭(곤충에게는 척수에 해당한다)에서 뻗어 나온 축색돌기를 생각해보자. 단거리 '고속도로 표지'들은 자라나는 축색돌기의 무리가 한데 뭉쳐 섬유다발이라는 덩어리를 이루게 돕는다. 하지만 이것은 축색돌기가 제멋대로 길에서 벗어나는 걸 막아줄 뿐이다. 알맞은 도로를 탔는지 아닌지는 말해주지 못한다. 도로를 선택하는 일은 'Robo' 군에 속하는 *Robo*, *Robo2*, *Robo3*이라는 일군의 수용기의 몫이다(폴 버호벤 감독의 암울한 걸작 SF영화 〈로보캅〉과는 아무 상관이 없다).[13] 축색돌기가 어떤 도로를 타는가 하는 것은 성장뿔에 어떤 *Robo* 수용기가 발현되는가에 달려 있다(이 자체는 유전자 발현의 한 형태인데, 각 수용기란 결국 단백질 주형의 THEN에 해당하는 산물이기 때문이다). 안쪽 도로를 탈 운명의 축색돌기는 성장뿔에 *Robo*를 갖고 있지만 *Robo2*와 *Robo3*는 갖고 있지 않다. 중간 도로를 탈 축색돌기는 *Robo*와 *Robo3*를 가지지만 *Robo2*가 없다. 바깥쪽 도로를 타야 할 축색돌기는 세 가지를 다 가진다. 연구자가 특정 성장뿔의 *Robo* 종류를 조작한 경우라도 결과는 마찬가지였다. 보통 때라면 안쪽 도로를 탈 운명의 성장뿔이지간 세 가지 *Robo*가 다 있는 것처럼 속인다면 바깥 도로를 택할 것이다.[14] 인간에게도 역시 *Robo*가 있으며, *Robo*가 아기의 신경계 구축에 비슷한 역할을 하고 있으리라 짐작된다.

여러 연구를 통해서 다양한 종류의 뉴런을 위한 다양한 신호가 있다는 사실이 밝혀졌다. 샌디에이고 솔크 연구소의 새뮤얼 파프와 그 동료들이 수행했던 배아 상태 쥐의 신경계에 대한 절묘한 실험을 예로 들어보자. 연구자들은 축근육(평형 잡기에 중요한 역할을 하는 중선 근육), 늑간 근육(늑골 사이에 있는 근육들), 교감신경 뉴런(주로 갑작스런 자극에 반응하여 급속히 에너지를 동원하는 일에 참가하는 뉴런들) 등 여러 장소로 축색돌기를 뻗는 흉관(가슴) 운동 뉴런들 중 일부의 유전적 표지 신호를 바꿔보았다. 그랬더니 모든 흉관 뉴런들이 원래 목표물을 잊어버리고 전부 축근육으로만 뻗어갔다[15](갑자기 붐비게 되어 목적지인 축근육에 끼어들지 못한 탓에 하는 수 없이 다른 목표물을 찾아 나선 소수의 예외가 있기는 했다).

축색돌기가 세포의 '출력' 회선이라면 수상돌기는 '입력' 회선이다. 그리고 시냅스는 두 종류의 돌기가 만나는 장소이다. 수상돌기에 대해서는 많이 연구된 바가 없는데, 한때 수상돌기를 번쩍이는 갑옷으로 무장한 축색돌기가 쳐들어올 때까지 수동적으로 기다리는 존재로 여겼기 때문이다. 하지만 스탠퍼드 대학의 신경과학자 리컨 루오는 수상돌기 또한 축색돌기처럼 시냅스 연결 과정에 적극적인 역할을 한다는 사실을 밝혀냈다.[16] 예를 들어, 성장중인 초파리의 후각 체계에는 'adPNs'와 'lPNs'라는 두 가지 주요한 흥분성 뉴런이 있다. 이 뉴런은 자신의 수상돌기를 주변에 뻗어서 특정 후각 뉴런에서 오는 입력 신호를 받게 한다. 루오와 동료들은 두 개의 유전자 *acj6*와 *drifter*가 이 선택 과정을 관장하고 있음을 밝혀냈다. 보통의 환경에서 adPNS는 *acj6*를 발현시키고(즉 활동을 시작하게 하고), lPNs는 *drifter*를 발현시킨다. 이들이 발현되는 모양을 바꿈으로써 (가령 아예 발현되지 않게 하거나, 서로의 발현 장소를 바꾸거나) 루오의 연구진은 수상돌기 연결의 형태를 바꿀 수 있었다. 파프의 연구진이 축색돌기의 목적지를 바꾸었던 것과 마찬가지 결과이다.

 심리학적 관점에서 보자면, 이 모든 내용들은 결국 마음의 배선이 얼마나 강력한 체계를 갖고 있는지 보여주는 것이다. 자연은 축색돌기과 수상돌기에게 눈에 보이는 아무 곳에나 가서 연결하라는 막연한 지시를 내려 정신 발달의 모든 짐을 경험에 지우는 대신, 뇌의 회선인 그들 스스로 길을 찾을 수 있도록 정교한 도구를 선사했다. 뇌는 경험하는 대신에, 유전자와 단백질이라는 복잡한 도구를 활용하여 뇌와 마음이 생겨나기에 충분한, 정교한 출발점을 창조해 내는 것이다.

 흰개미가 정교하게 성을 짓는 것은 축성 강습 교육을 받아서가 아니다. 자연이 뇌와 게놈을 진화시켜 흰개미의 신경계에 필요한 세부 사항들을 충족시켰기 때문이다. 그리고, 누구나 짐작할 수 있겠지만, 인간의 정교함은 흰개미보다 한수 위이다. 축색돌기가 목적지를 정확히 찾아가려면 적절한 신호를 감지하는 능력을 갖추어야 한다. 신호가 분명할수록 더 정확해진다. 최소한 여섯 종류의 분자 계열들이 이러한 축색돌기를 유도하는 역할을 맡고 있다. 그리고 8장에서 살펴보겠지만, 인간 게놈 프로젝트의 가장 큰 성과 중 하나는 이런 신호들이 척추동물(양서류, 어류, 파충류, 조류 그리고 포유류), 특히 인간의 진화 과정에 얼마나 널리 퍼져 있는지 알게 되었다는 점이다. 인간의 마음이 다른 동물의 마음보다 더 복잡하다면, 그 까닭 중 하나는 우리가 그들보다 다양한 방식으로 유전자를 사용하여 정교한 뇌 배선을 하고 있기 때문이다.

축색돌기가 운명을 결정한다?

축색돌기의 인도는 종종 레이저 수준의 정확도를 보여주지만, 그렇다고 모든 것이 미리 정해진 것은 아니다. 순환계 속 수백만 개의 미세 동맥, 정맥, 모세혈관의 정확한 위치가 미리 정해져 있지 않은 것과 마찬가지다. 완성된 신경망이 정교한 것은 청사진이나 배선도가 정교하게 그려져 있었기 때문이 아니라, 성장뿔의 방향을 안내하는 신호와 수용기라는 기초적 유전 도구가 정밀하기 때문이다. 신경계나 순환계에 대해서 게놈이 갖고 있는 지침이란 밑그림이라기보다는 방법론에 가깝고, 청사진이라기보다는 요리법에 가깝다는 것을 우리는 안다. 게놈은 모든 단계의 행동을 미리 규정 짓기보다는 훨씬 유연한 전략을 택했다. 게놈은 특정 형태의 조직이 실제로 얼마나 많이 필요하게 될까 미리 딱 정해두지 않고, 오히려 그 조직이 필요할 때마다 생성할 수 있도록 만드는 방법 자체를 제공한 것이다.

우리 몸은 뼈를 다 덮기에 충분한 양의 피부를 생성한다. 만약 유전적 돌연변이가 있어 추가분이 생긴다 해도, 가령 여섯번째 손가락이 생긴다 해도, 신체는 그 손가락에 혈관과 뉴런이 잘 장착되도록 기본적인 재료를 준다. 게놈이 미리 모든 세부 사항을 정해둘 필요는 없다. 대신 필요할 때 바로 사용할 수 있는 일반적인 기술들을 선사하여 높은 유연성을 주었다.[17]

여러 실험들은 이 유연성을 잘 드러내 보이고 있다. 앞 장에서 보았던 '원통 영역'을 떠올려보자. 일반적으로 쥐의 수염 하나하나는 각각 뇌의 피질에 상응하는 부분을 가지는데, 그것을 원통 영역이라 한다. 게놈이 수염과 원통 영역을 따로따로 지정하는 것은 아니다. 대신 뇌는 수염에서 전해지는 신경 자극에 반응하여 원통 영역을 구축하는 것으로 보인다. 유전적 조작을 통해 쥐에 수염이 추가되도록 하면, 추가로 원통 영역이 생겨난다.[18] 감각계에 상당한 변화가 생기더라도 뇌 조립 체계는 잘 적응한다[19] (3장에서 얘기했던 세눈 개구리는 더 극적인 예다. 실험 조건에서 생겨난 시각우세기둥은 자연에서는 아예 있지도 않는 것이기 때문이다. 신경 성장 도구의 어떤 면 때문에 개구리는 새로운 감각기관에 적응할 수 있었던 것이다).

게놈은 뇌세포의 개수가 얼마나 될지 미리 알 필요가 없다. 피질 형성에 관여하는 많은 신호들은 절대좌표에 따라 움직이는 것('등쪽으로 세포 열두 개를 지나가서 최초로 왼쪽으로 틀어')이 아니라, 상대적인 좌표에 따라 움직인다('*Emx* 단백질의 농도가 3분의 2가 되는 지점에 도착하면 멈춰서 청각기관을 만들어'). 요리법은 절반의 양에나 두 배의 양에나 다 적용할 수 있는 것처럼, 포유류의 뇌를 만드는 기본 지침 역시 큰 뇌를 만들 때나 작은 뇌를 만들 때나 똑같이 적용해도 문제가 없다. 햄스터를 만들 때나 인간을 만들 때나 다를 바가 없다.

데이비스에 있는 컬리포니아 대학의 신경과학자 레아 크루비저가 최근에 보여준 바와 같이, 이 지침은 파리에게도 적용될 수 있다. 크루비저의 연구진은 성장중인 짧은꼬리주머니쥐(*Monodelphis domestica*)의 원시 피질층에서 절반을 덜어냈다. 그 결과 배아는 정상적인 피질이 정상적으로 (시각피질이 청각피질 뒤에, 청각피질이 체성감각피질 뒤에) 생성되었으나 크기가 보통의 절반밖에 되지 않는 뇌를 키워냈다.[20])

똑같은 방식을 주파수만 달리해 적용하자면, 신경 조직은 특정 동물종이 환경 조건에 적응하는 세월을 통해서 세밀한 조정을 거칠 수가 있다.[21] 먹이 위치를 많이 기억하는 새나 짝을 찾아 너른 영역을 배회하는 수컷 들쥐는 공간 기억과 관련된 해마 부분이 크다. 냄새가 그리 중요하지 않은 수중에서 많은 시간을 보내는 고래나 수달 등 특정 육식동물의 후각 부분은 줄어들어 있다.[22] 절대적 신호가 아닌 상대적 신호에 따라 발달함으로써, 진화는 우리에게 더없이 유연하면서도 충분히 강력한 자기 조립 지침서를 마련해준 것이다. 유연성은 디자인의 본질적인 요소이다.

마음의 재배선

자, 이제 진짜 문제가 있다. 모든 유전적 과정은 모종의 신호로 촉발된다. 세포 입장에서 보자면, 그 신호가 어디에서 오는가는 중요치 않다. '시냅스 조정을 시작하라' 는 신호는, 내부에서 올 수도 있지만 외부에서 올 수도 있다. 내부 지침에 따라 시냅스를 조정할 때 사용된 유전자가 외부 지침을 수행할 때 또다시 사용될 수도 있다.[23]

이 사소한 사실이 가져오는 결과는 실로 대단하다. 이 사실이야말로 지적인 생명체가 지구에 살게 된 하나의—어쩌면 유일한—비결이라고 말해도 과장이 아닐 정도이다. 동물이 학습할 수 있는 까닭은 외부의 경험에 기대어 자신의 신경계를 수정할 수 있기 때문이다. 또한 그것이 가능한 것은 경험 그 자체가 유전자의 발현에 영향을 미치기 때문이다.

유전자의 역할은 신생아의 뇌와 신체를 만들어내는 데 국한되지 않는다. 유전자는 끊임없이 변화하는 세상에서 한 생명체가 유연하게 대처하며 살아갈 수 있도록 해준다. 유전자는 탄생의 순간만이 아니라 인생 전체에 중요한 역할을 수행한다. 그들이 삶에 영향을 미치는 주요한 방법 중의 하나가 바로 학습을 돕는 것이다.

예를 들어보자. 갓 태어난 고양이나 쥐, 또는 원숭이가 아주 잠시라도 빛에 노출되면 곧 유전자의 연쇄 발현이 시작된다.[24] 빛은 여러 광수용기들을 활성화시킨다. 그들이 신호를 내보내고, 신호가 전해질 경로를 마련하며, 신경 성장 요소들 그리고 '조기 발현 유전자' 또는 '초기 반응 유전자'라 불리는 일련의 유전자들의 발현을 촉발한다. 이번에는 이 '초기 반응 유전자들'이 더 많은 다른 유전자의 발현을 일으킨다. 시크리드 물고기에 대한 연구는 사회적 지위의 변화(복종적인 위치에서 주도적인 위치로)가 최소한 59가지 이상의 유전자의 발현과 연결되어 있음을 보여주었다.[25] 자신이 응원하는 팀이 경기에서 이기면 테스토스테론이 마구 밀려드는 현상과도 비슷한 것이다.

신경 활동은 수용기나 축색돌기 유도 분자의 분포에서 유전자의 발현에 이르기까지 거의 모든 것을 조정할 수 있다.[26] 반대로 유전자의 발현은 세포 이동에서 축색돌기나 수상돌기가 가지를 뻗는 경향에 이르기까지 모든 것을 감독한다.[27] 가령, '아끼다가 똥 된다'는 오래된 속담을 증명하기라도 하듯, 페트리 접시 속의 뉴런들은 반복적으로 전기적 자극을 받을 때 더 융성하며 더 많이 분열하는 경향이 있다.[28] 살아 있는 생명체에서도 마찬가지며 장난감이 가득한 환경에서 자라난 쥐의 뇌는 단조롭고 평범한 우리에서 자란 쥐의 뇌에 비해 피질 조직이 더 두껍고, 수상돌기도 더 복잡하게 가지를 뻗어 있고, 뉴런당 시냅스의 개수도 더 많다.[29] 쥐를 단 세 시간만 자극이 많은 환경에 두더라도 최소한 유전자의 발현이 60개 이상 증가하는데 그 결과 DNA 복제가 증가하고, 시냅스의 성장이 촉진되며 세포의 소멸이 줄어든다.[30] 이는 운동을 하면 새로운 혈관이 생겨나듯[31] 학습을 하면 뇌에서 새로운 시냅스를 생성하는 분자 활동이 증대되는 것과 관련이 있는지도 모른다.[32] 쥐든 인간이든 학습이란, 경험이 유전자의 발현을 조정함으로써 뇌를 조정하는 과정인 것이다.

그러나 모든 유전자와 뇌 연결이 경험의 조정 대상은 아니다. 경험을 유전자 발현으로 수용하는 방식은 동물마다 다르며, 그러므로 학습 방식도 서로 다르다. 유전자가 우리에게 모든 것을 학습하게 하지는 않는다. 다만 우리의 학습은 무엇이든지 모종의 유전적 기제를 통해서 가능하다는 것뿐이다. 어떤 생물이 노래나 문장을 배울 수 있는가 없는가 하는 것은 그 생물의 게놈에 포함된 IF와 THEN에 달려 있는 문제이다.

마음의 칠판

어떤 동물에서든, 정신세계의 어떤 측면에서든, 학습 능력이 기억 능력에서 시작된다는 사실은 변함이 없다. 생명체는 신경계를 영구적으로 재배선할 수 있을 때에만 경험에서 배웠다고 할 수 있다. 기억이 없으면 학습도 없다. 기억에 대한 생물학적 연구는 대부분 소위 '시냅스 강화'라는 측면에 초점을 맞추어 진행되어왔다. 하나의 뉴런과 다른 뉴런을 이어주는 연결고리인 시냅스의 강도는 다양하다고 알려져 있다. 뉴런이 가깝게 묶여 있다면 이들은 강하게 연결되어 있는 것이다. 한 단순한 생명체가 특정한 소리를 알아듣는 뉴런, 가령 '벨소리 뉴런'을 갖고 있다고 가정해보자. 먹는 행위에 관련된 여러 세포의 활동을 촉진하는 '먹는 뉴런'도 있다고 하자. 그 생명체가 벨소리를 들을 때마다 벨소리 뉴런이 활동하기 시작하고, 음식을 먹기 시작하면 먹는 뉴런이 활동하게 된다. 만약 그 동물에게 밥을 주기 전에 항상 벨을 울린다면, 오랜 시간이 흐른 뒤에는 벨소리 뉴런과 먹는 뉴런 사이의 연결 시냅스가 강화되어 나중에 그 동물은 벨소리를 듣기만 해도 무언가 먹고 싶어질 개연성이 클 것이라 생각할 수 있다. 사실 파블로프가 20세기 초에 개를 대상으로 수행한 유명한 실험은 정확히 이 부분을 짚은 것이다.

그리고 자연은 자신의 발견을 설명해주는 과정을 갖고 있다. 그것이 LTP, '장기 시냅스 강화'이다. 특정한 종류의 학습은 뉴런 사이의 시냅스 연결이 '강화' 됨으로써 이루어진다는 아이디어이다.[33] 시냅스 강화 과정은 길고 복잡한 것으로, 100개가 넘는 분자들이 연관되어 있고 최소한 15단계가 존재한다.[34] 하지만 기본적으로 대략 5단계로 나누어 생각할 수 있다.[35]

먼저, 무언가 흥미로운 일이 벌어졌다는 것을 뇌가 알아채고 몇몇 뉴런이 '활동을 시작'하여 시냅스의 '발신' 부분에서 신경전달물질이 분비된다. 다음, 발신 부분에서 분비된 신경전달물질이 그 시냅스의 수신 부분에 있는 적절한 수용기에 가서 결합한다. 그러면 이 수용기들은 대전된 원자를 들여보낸다. 일단 세포 속으로 들어가면 대전된 원자들은 생화학적인 연쇄 작용을 촉발하여 일련의 초기 반응 유전자들을 발현시킨다. 이 초기 반응 유전자들은 다음 단계의 유전자 발현을 촉진하며, 이렇게 되어 (여전히 정확히 알 수 없는) 어떤 방법을 통해 시냅스가 물리적으로 강화된다. 아마도 경험이 입력되기에 앞서 내부적으로 초기 시냅스가 형성될 때 사용되었던 유전자와 단백질, 가령 세포 부착 분자 등이 그대로 다시 사용될 가능성이 높다.

기억 형성 과정의 각 단계에 유전적 성분이 관여한다.[36] 가령 신경전달물질에 반응하는 수용기는 단백질로서, 이들을 방해하면 기억이 방해된다. 특정 수용기가 부족하도록 유전자를 조작한 쥐는 특정 종류의 학습에 문제를 보였으며,[37] CaM 키나아제 II(에너지 전달과 신호에 사용되는 칼슘 활성화 효소)처럼 기억 형성 과정에 중요한 다른 단백질들이 부족하게 만든 돌연변이도 마찬가지 결과를 보였다.[38] 사실 단백질 형성의 전 과정이 장기기억 형성에 핵심적이므로 그 과정을 방해하면 특정 사건에 대한 기억상실이 유발된다.[39] 새가 새로운 노래를 배울 수 없게 되기도 한다.[40]

조작을 잘하면 기억력이 어느 정도 향상될 수도 있다. 1999년의 한 연구에 따르면 NMDA 수용기—두 가지 사건이 동시에 벌어졌을 때 알아채는 데 도움을 주는 것으로 보이는 특별한 '동시 사건' 수용기이다—를 추가로 갖게 된 돌연변이 쥐는 보통 쥐보다 기억력이 좋았다.[41] 언제나처럼 신문은 약간 과장을 섞어 '똑똑한 쥐 탄생하다'라고 제목을 뽑았다. 사실 결과는 항구적인 것이 아니다. 그 쥐가 진짜로 더 똑똑하다는 증거도 없다. 추가 NMDA 수용기를 가진 쥐는 몇몇 단기기억 측정에서 뛰어났으며, 물체를 인지하는 시험에서 높은 점수를 받았을 뿐이다. 그 능력은 단 며칠만 지속되었으며, 일 주일 후 다시 테스트했을 때에는 사라져버렸다. 이것은 추가 수용기가 몇몇 즉각적인 과정을 도와주었을 뿐 영구기억으로 강화해주지는 못한다는 것을 뜻한다.[42] 또한 조심할 것이 있다. 만약 결과가 아주 좋았다 하더라도, 나는 독자께 집에서 NMDA 수용기 주사를 맞아보라고 권하지 않겠다. 자연이 우리에게 많은 양을 선사하지 않은 데에는 다 나름의 이유가 있었으리라고 보는 것이 현명하다. 실제로 이후 연구들에 의해, 돌연변이들은 염증으로 인한 통증에도 훨씬 민감하다는 사실이 밝혀졌다.[43] 무조건 아무것이나 오래 기억하길 바라는 사람은 아마 없을 것이다.

어떤 분자들은 연구대상이 된 거의 모든 생명체에서 똑같은 역할을 맡는 것 같다. 우리가 아는 바로는, 병아리가 엄마의 모습을 기억하거나 새가 새로운 노래를 배우는 과정에 사용되는 정보 저장 기제가 동일하다. 가령 초기 반응 유전자들과 NMDA 수용기는 병아리의 각인 과정, 싫어하는 것에 대해서 멀미를 일으키는 쥐의 반응, 제비의 노래 학습 능력 등에 기여하는 것 같다.[44] 심리학자 랜디 갈리스텔이 말했듯 "정보는 정보다. (……) 현대의 컴퓨터 공학 및 의사소통에서 중요한 원칙은 종류가 다르더라도 정보들은 서로 동등하며 저장하거나 전달할 때 교체 가능하다는 것이다. 어떤 기제가 한 종류의 정보를 저장하거나 전달하기에 알맞다면 다른 정보의 저장이나 전달에도 마찬가지다".[45] 기억을 칠판에 비유한다면, 대부분의 정신 과정은 같은 종류의 분필을 사용하는 것과 같다.

우리는 분필의 구성물이 무엇인지 어느 정도 알고 있지만, 여전히 알아내야 할 것이 많다. 기억이 인출되는 기계에 대해서는 거의 아는 바가 없고, 뇌가 기억을 저장하기 위해 사용하는 '암호들'에 대해서는 더욱 아는 바가 없다. 마치 분필이 칠판에 글을 쓰는 방식에 대해서는 이해하고 있으되 그 글의 내용이 무엇이며 어떻게 읽는지 전혀 모르는 것과 같다. 앞에서 설명했던 시냅스 강화 과정은 기억과 학습에 관한 여러 신경 과정들 중에서도 제일 깊이 알려진 편이지만, 그래도 여전히 풀지 못한 난제가 수두룩하다.[46] 시냅스 강화 과정이 정말로 장기기억력에 중요한 역할을 하는지, 아니면 단기기억을 장기기억으로 통합하는 중간 과정에 잠깐 기여하는 데 지나지 않는지도 분명치 않다. 또한 LTP에 연관된 유전자들이 기억에 필요조건이라는 증거는 여럿 존재하지만, 그들만으로 충분조건인지는 증명되지 않았다. 특히 영구기억의 형성에는 다른 유전자들도 개입했을 가능성이 높다. 몇몇 연구자들은 영구기억은 시냅스 변화만이 아니라 DNA 자체의 변화와 같은 다른 기제들에도 의존하고 있을 것이라고 주장한다.[47]

분필의 종류는 한 가지라 해도, 칠판은 하나가 아니다. 기억을 담당하는 신경물질은 뇌의 특정 위치에만 몰려 있지 않고 여러 곳에 퍼져 있으며, 서로 다른 회로들은 서로 다른 종류의 기억을 지원한다. 기억 장치는 (공간 기억에 기여하는) 해마에서도 발견되지만 대뇌피질[48]이나 편도체,[49] 여타 여러 시각 및 운동 영역[50]에서도 발견된다.

일반적인 생화학적 과정—수용기가 신경전달물질과 결합하는 것에서 초기 반응 유전자들이 시냅스의 형성에 영향을 미치는 활동에 이르기까지—은 각 기억 장치에서 동일하게 일어나지만, 각 기억 체계는 서로 다른 기능을 수행한다. 예를 들어 해마의 기억 장치는 공간 위치와 관련이 있는 반면 편도체의 기억은 감정과 관련된다. 쥐의 해마의 일부를 선택적으로 손상시키면 쥐의 공간 기억이 선택

적으로 손상된다.[51] 편도체가 손상되면 감정 기억이 손상된다.[52]

   기억 체계의 장애는 손상된 것이 어떤 것이냐에 따라 상이한 결과를 보인다. 노벨상 수상자 에릭 캔들은 뇌의 두 부분에서 (앞서 언급했던 에너지 전달/신호 효소인) CaM 키나아제 II를 선택적으로 손상시킴으로써 두 가지 돌연변이 쥐를 만들어냈다. 하나는 공간 기억이 손상된 '해마 돌연변이'였고 다른 하나는 감정 기억이 손상된 '편도체 돌연변이'였다[53] ('어떤 어떤 돌연변이'라는 말은 유전적 조작을 통해 뇌의 특정 부위에 장애가 오도록 만든 실험동물, 여기서는 쥐를 가리키는 실험실 용어이다. 해마 돌연변이는 통상적으로 해마에서 발현되는 특정 유전자에 장애가 있도록 유전적으로 조작한 동물을, 편도체 돌연변이는 편도체에 장애가 있도록 조작된 동물을 말한다).

   이 돌연변이 쥐들에게 충격을 주기 전에 항상 위협적인 소리를 먼저 들려준 경우, 해마-돌연변이 쥐는 위협적인 소리(또는 새로운 환경 등)를 익히는 데는 아무 문제가 없었으나, 출구가 항상 같은 원형 미로에서 빠져 나오는 법은 40일을 연습하고도 익히지 못했다. 편도체 돌연변이 쥐는 원형 미로는 쉽게 빠져 나왔지만 충격을 경고하는 소리를 두려워하지 않았다. 각각의 기억 체계는 동일한 분자기제를 사용하는 듯하지만, 각각의 인지 체계는 각자 다른 장소에 자신의 기억을 보관한다. 분필은 같지만, 칠판은 여러 개이다.

기억을 넘어

기억에 대한 연구들은 전문화된 학습기제를 이해하는 데 어느 정도—일부분이기는 하지만—도움을 준다. 아마도 각 전문화된 학습

기제들은 자신만의 전문적 기억 저장소를 갖는 듯하다. 하지만 우선 어떤 정보를 저장할지를 결정하는 일 자체가 또하나의 학습이다. 우리가 다음으로 알아볼 것은 어떻게 갓 태어난 병아리가 목과 어깨를 가진 대상을 선호해야 하는지를 '아는가', 또는 어떻게 갓 태어난 북미멋쟁이새가 천체의 회전을 살피는 법을 '아는가' 밝혀내는 일이다.

생명체가 무엇을 살펴야 할지 스스로 아는 데 도움을 주는 신경 기질에 대해 알려진 바는 거의 없지만, 흥미로운 단서가 몇 가지 있다. 우리는 엄마를 찾아 나선 병아리가 최소한 두 가지 신경계를 사용한다는 사실을 알고 있다. 하나는 유력한 엄마 후보자에게서 오는 자극을 향해 가는 것이고, 다른 하나는 본 것을 기억 장치에 저장해서 가능성 있는 것을 취하는 것이다. 첫번째 체계에 따라 병아리는 상자 위의 어른 닭(또는 박제된 오리라도)을 보살펴줄 어른으로 선택한다. 하지만 주위에 아무도 없을 때는 두번째 체계에 따라 상자로 만족한다.[54] 앞으로 몇십 년 내에 과학자들은 이런 선택 체계가 어떤 식으로 작동하는지, 이 과정에서 유전자는 어떤 기여를 하는지 알아낼 수 있을 것이다.

적절한 정보의 선택은 첫번째 단계에 불과하다. 먹이 취향 체계는 그저 먹이들을 확인하고 분류하기만 하는 게 아니라, 어떤 식으로든 그 정보를 인지 체계에 제공하여 동물의 식단 취향을 통제한다. 북미멋쟁이새의 천체 체계가 성립하려면 이들이 천체에 대해 학습한 사실이 항해 방향을 설정하는 체계에 전달되어야 한다. 늪참새는 노래 학습 체계로 배울 만한 적당한 노래를 구별해야 하고, 어떤 식으로든 그 노래를 음표와 악절로 분해해야 하며, 그 다음에야 정보에 따라 자신의 노래를 만들 수 있다.

노래 학습 체계는 특히 흥미로운데, 그 추상적 구조가 인간의 언어 체계와 비슷하기 때문이다. 새가 노래를 배우려면 여러 독립적인 모듈들이 필요하다. 어느 것이 자기 종족의 노래인지 탐지하는 체계, 노래를 음표와 악절로 골라내는 체계, 노래의 요소들을 기억에 저장하는 체계, 저장된 단위들을 음성적 행동으로 불러내는 체계 등이 그것이다. 새의 전뇌 앞부분에는 'LMAN'이라는 노래를 배우는 데 기여하는 듯한—하지만 부르는 것과는 상관이 없다—부분이 있다. 어린 금화조의 뇌에서 그 부분을 제거하면 새의 노래는 영원히 미성숙한 상태에 머문다. 그렇지만 다 자란 새에서 제거하면 그들이 이미 익힌 노래를 부르는 데에는 아무 영향이 없다.[55] 또 하나 중요한 것이 조류의 언어에 해당하는 영역에서 'RA'라는 운동 영역으로 이어지는 통로(즉 일련의 신경회로들)이다. 이 통로는 암기된 노래를 성도(聲道)의 움직임으로 풀어낼 때 필요하다. 통로가 손상되면 암기된 것이든 새로운 것이든 노래를 부르는 능력이 급격히 떨어진다.[56] 여타 학습 체계들과 마찬가지로 여기서도 유전자가 중대한 역할을 맡는다. 가령 새의 초기 반응 유전자들은 다른 종족의 노래를 들을 때보다 자기 종족의 노래를 들을 때 더 많이 발현되기 시작한다.[57]

비록 세부 사항에 대해서는 더 많은 연구가 필요하지만, 개요는 대체로 명확하다. 새의 학습 과정은 여러 하부 임무로 쪼개지며, 그 각각은 서로 다른 신경회로의 지원을 받는다. 학습 그 자체는 경험을 활용하여 여러 단위 체계와 그 사이의 연결을 조정하는 과정이며, 언제나 유전자의 중재를 받는다. 인간도 대체로 비슷하리라고 봐도 무리는 아니다. 인간에도 각기 다르게 전문화된 신경 체계들이 존재하고, 각각은 언어 학습 과제의 서로 다른 부분에 참여하며, 유전자의 중재를 받아가며 경험에 의해서 조정되기도 할 것이다.

이 과정의 유전적 특성에 대한 이해는 아직 추론 수준이다. 새를 대상으로 한 연구라면 기술적 한계 때문에(새들의 게놈을 조작하는 것은 아직 쉬운 일이 아니다), 인간을 대상으로 한 연구라면 윤리적 문제들 때문에(브로카 영역의 시냅스 강화를 파괴해 그 효과를 연구하는 미친 과학자는 없을 것이다) 그렇다. 하지만 과학자들이 속속들이 잘 알고 있는 생명체가 하나 있다. 바로 초라한 예쁜꼬마선충이다. 이 선충에 대해서 연구된 사실들은 이제까지 설명해온 전반적인 그림에 잘 들어맞는다. 선충에서도 학습은 단 하나의 전능한 기제를 통해 일어나지 않는다. 선충은 다양한 임무를 수행하기 위해 다양한 학습기제를 사용한다. 과학자들도 선충을 대상으로 해서는 다양한 학습기제의 유전적 기반을 이해하는 데 상당한 성과를 거두었다. 지금쯤이면 독자 여러분도 대강 추측할 수 있겠지만, 여러 학습 체계들은 기억을 담당하는 분자기제를 부분적으로나마 공유하고 있다.[58] 그러나 각각의 학습기제는 또한 자신만의 유전자에도 의존하고 있다.[59]

예를 들어보자. 토론토 대학의 신경생물학자 글렌 모리슨과 데렉 반 데어 쿠이는 연관 학습에 장애를 보이는 두 돌연변이를 발견하고 '*lrn1*'과 '*lrn2*'라고 이름지었다. 선충들은 보통 다이아세틸(맥주에 버터캔디 같은 향기를 주는 물질이다)이라는 화합물의 냄새에 이끌린다. 그러나 정상적인 선충이라면 다이아세틸에 그들이 싫어하는 아세트산 용액을 섞어두었을 때 피하는 법도 익힌다. *lrn* 돌연변이는 이 학습을 하지 못했다. 그렇지만 다른 종류의 학습(습관화라고 불리는 학습)에는 문제가 없었다. 처음 다이아세틸에 노출되면 그들은 열심히 그 자취를 찾아들었다. 하지만 (아세트산이 없는 경우라도) 15분이 지나면, 그렇게 찾아봤자 실제 버터캔디가 있는 건 아니라는 사실을 알아채고 다이아세틸 향을 무시하기 시작한다. *lrn1*과 *lrn2* 돌연변이 역시 정상적으로 탈습관화할 수 있었던 것이다. 벌레의 습관화 시험을 마친 후, 실험자는 다이아세틸을 치워버리고, 60초 동안 최신식 야채 탈수기에 벌레들을 집어넣어 정신을 딴데로 돌렸다. 세척 과정이 끝나자 돌연변이들은 다시금 다이아세틸에 관심을 보이기 시작했고, 습관화 전에 그러했듯 맹렬히 자취를 찾아다녔다. 이는 세척 과정의 여파가 클수록 오래 지속되었다.[60]

연관화와 습관화는 학습의 가장 기초적인 과정이다. 하지만 선충에 대한 연구가 보여주듯 이 두 가지는 동일하지 않다. 사실 서로 다른 유전자에 의존하고 있다. 컬럼비아 대학의 신경과학자 올리버 호버트가 2003년 발표한 논문에 따르면, 선충의 학습에 관여하는 유전자가 최소한 17개 이상 존재한다.[61] 기억과 학습 과정의 거의 모든 측면에 유전자가 필수요소이리라고 가정해도 과장은 아니다. 유전자가 없으면, 학습 그 자체도 존재하지 않는다.

시간이 흐르면 과학자들은 학습 연관 유전자를 이해함으로써 학습장애의 원인에 대한 단서도 잡을 수 있을 것이다. 가령, 신경섬유종이라는 심각한 장애는 수용기에서 유전자 발현으로 이어지는 과정을 중재하는 효소 하나가 지나치게 많이 생성되기 때문이라고 알려져 있다. 아마 그때문에 시냅스 강화가 방해를 받을 것이다.[62]

학습에 연관된 유전자를 연구하다보면 나이가 들어 특정 종류의 학습 능력이 떨어지는 까닭도 알아낼 수 있을지 모른다. '늙은 개는 재주를 가르칠 수 없다'는 속담에는 일말의 진실이 담겨 있다. 나이든 개는 훈련시키기 더 어렵고(물론 불가능한 것은 아니지만),[63] 어른은 아이보다 새로운 언어[64]나 악기[65]를 배우기 힘들다. 실험실에서도 비슷한 결과가 관찰되었다. 스탠퍼드 대학의 생물학자 에릭 크누젠에 따르면, 올빼미는 어릴수록 시각에 기준한 청각 재조정에 능숙했다.[66] 주로 밤에 먹이를 사냥하는 올빼미는 정확한 청각에 의존하며, 이 청각은 시각 정보에 따라 미세하게 조정된다. 크누젠이 어린 올빼미에게 분광 안경을 씌우자, 올빼미들은 곧 시각과 청각의 관계를 재조정하여 갑자기 이상하게 뒤틀린 시각 세계에 적응했다. 반면 어른 올빼미들은 이 재조정 능력에 한계를 보였다.

나이 드는 것이 꼭 나쁜 것만은 아니다. 당신은 지금 이 책을 읽고 있는 순간에도 뇌를 재배선해가며 무언가 배우고 있다. 지난 수년간의 연구 결과에 따르면 어른 동물의 뇌는 한때 통념적으로 인식되던 것보다는 훨씬 '유연'하다. 3장에서 보았던 원숭이 연구가 그 예이다. 이 실험에서 손가락을 하나 절단하자, 원래 절단된 손가락에 배정되어 있던 피질 부위는 점차 멀쩡한 옆 손가락에 반응하게 되었다.[67] 좌우간 학습 능력이 시간에 따라 변한다는 것은 사실이다. 어떤 능력은 더 급격히 쇠퇴하기도 한다. 이것은 진화론적 관점에서 보아도 납득할 만한 일이다. 동물은 살아가는 동안 끊임없이 주위 환경에서 새로운 것을 배워야 하나, 일단 육체가 더 자라지 않게 되면 매일매일 손-눈의 관계 등을 재조정할 필요는 없다. 학습에도 대가가 따르게 마련이므로—모든 재조정 행위에는 에너지가 소모되므로 잘 작동하고 있는 체계에 흠을 낼 가능성도 있는 것이다—어떤 시점이 지난 다음에는 학습을 차단하는 것이 괜찮은 선택일지도 모른다.

이 '결정적' 시기 또는 '민감한' 시기는 어떠한 분자적 근거를 갖고 있는지, 또 학습 능력이 사라질 때에는 뇌가 어떻게 변화하는지에 대해서 현재 많은 연구가 진행중이다. 시각우세기둥, 즉 시각피질에 교차하는 띠를 가진 포유류 중 일부는 성장 초기 단계에서는 이 영역을 재조정할 수 있으나 성장한 후에는 그러지 못한다.[68] 오랜 기간 한 눈을 가리고 지낸 어린 원숭이의 뇌는 가리지 않은 눈에 도움이 되는 방향으로 재배선된다. 하지만 다 자란 원숭이는 재배선하지 못한다. 결정적인 시기가 지나면, 프로테오글리칸이라는 끈적끈적한 당단백질 혼성체들이 몇몇 중요한 뉴런의 수상돌기와 세포체 주변으로 몰려 단단하게 둘러싼다. 프로테오글리칸은 꿈틀꿈틀거리며 시각우세기둥을 재조정해야 할 축색돌기의 행동을 제약한다. 꿈틀거림이 없으면, 학습도 없다. 쥐를 대상으로 한 2002년의 연구에서 이탈리아의 신경과학자 토마소 피조루소와 그 동료들이 'chABC'라는 항프로테오글리칸 효소를 사용해 과다한 프로테오글리칸을 녹였더니 결정적 시기가 되물려졌다.[69] ChABC 처리를 받자 다 자란 쥐라도 시각우세기둥을 재조정할 수 있었다. 우리가 chABC 처리를 받는다고 금방 쉽게 다른 언어를 습득하게 되진 않겠지만, 항프로테오글리칸이 보여준 기능은 머지 않은 미래에 중대한 의학적 의미를 갖게 될 것이다. 역시 쥐를 대상으로 했던 2002년

의 또다른 실험은 chABC가 척수 손상 후 기능 회복에도 도움을 준다는 사실을 밝혀냈다.[70]

독학자

뇌의 기제들 대부분이 이중의 의무를 수행한다는 것은 특기할 만한 사실이다. 경험에 근거해 뇌를 재배선하는 데 사용되는 기제들은 사실 바깥세상과의 접촉이 전혀 없는 상태에서도 사용된다. 내부적으로 생성된 경험에도 반응하기 때문이다. 일례로 원숭이는 캄캄한 자궁 속에서부터 시각우세기둥을 형성하기 시작하여 입체시각의 첫 발을 내딛는다. 이 과정에 경험과 무관한 방식으로 작용하는 내부의 분자 신호도 관여하겠지만 그들 스스로 내부에서 만들어낸 '경험'도 사용될 것이다.

과학자들이 알아낸 바에 의하면 시각이나 청각, 체성감각 등 모든 감각 체계에서, 그리고 거북이에서 쥐에 이르기까지 모든 생명체에서,[71] 척추동물의 배아 상태의 뇌는 감각이 외부 세계와 연결되기 전부터 자발적인 신경 활동을 시작하며,[72] 이 자발적 활동을 통해 자신의 배선을 다듬어간다.[73] 과학자들은 망막에서 약 1분에 한 번꼴로 초당 100마이크로미터의 속도로 가로질러가는[74] '전파' — '순환-AMP'라는 신호 분자가 조정하는 것이 분명한 전기적 활동—를 발견했는데,[75] 이와 비슷한 파동을 태아기 달팽이관, 척수, 해마, 피질에서도 발견하였다.[76]

이 전파들은 뇌가 외부 세계를 학습할 때 사용하는 몇몇 기제를 그대로 활용—가령 동시 사건을 탐지하는 NMDA 수용기가 일으키는 발현 과정 등—한다.[77] 마치 늦은 밤 텔레비전에 나오는 색상 조정 화면처럼, 전파는 체계를 조정하기에 적당하다고 알려진 신호를 내보내는 것이다. 영화 및 텔레비전 기술자협회가 만든 색상 조정 화면을 기준으로 당신은 텔레비전 화면의 가장 오른쪽 색깔 띠는 파란색으로, 그 옆의 띠는 빨간색으로 보이도록 맞출 수 있다. 순환-AMP가 내보내는 전파의 경우, 당신의 뇌는 한 장소에 모인 뉴런들이 한 곳에서 오는 지각 입력 신호에 연결되도록 재배선한다. 섬광 불빛,[78] 인위적인 전기 자극,[79] 순환-AMP 수치를 바꾸는 화학 물질[80] 등 다양한 방법을 동원한 연구는 하나같이 전파가 손상되면 뇌 배선도 손상된다는 결과를 보여주었다.

그래서 결론적으로

이제까지 살펴보았듯, 뉴런 입장에서는 신호가 내부에서 오든 외부에서 오든 아무 차이가 없다. 정보는 정보일 뿐이다. 진화를 거친 우리의 배아는 어느 쪽이든 다 사용할 수 있다. 전기적 활동이나 화학적 활동은 언제나 동일한 과정을 통해 최초의 성장을 가능하게 하는 과정들을 중재한다. 내부에서 자발적으로 형성되었든, 외부의 경험을 통해 유도되었든, 전기적 활동은 늘 유전자와 협동하여 뉴런의 운명을 결정하고 뉴런과 뉴런 사이를 연결한다.

학습이란 유전자를 뛰어넘는 것이 아니고(만으 그렇다면 양육은 유전자를 침묵시키며 승리를 거머쥐겠지만 말이다), 오래된 발달 기술들을 현재의 쓸모에 맞도록 유연하게 적용해가며 유전자의 용도를 재정립하는 것이다. 그러므로 유전자는 '내적인' 발달 과정에서

만큼이나 학습에서도 중요한 역할을 한다. 뇌의 배선이라는 것이 발생학의 특수한 경우라면, 학습은 뇌 배선의 특수한 경우라 할 수 있고, 생물학의 여타 분야들과 마찬가지로 유전자의 산물이다.

필립 로스가 1969년에 발표한 유명한 소설 『포트노이 씨의 불만』의 결말 부분을 보면, 자기 인생을 처음부터 끝까지 일일이 밟아온 포트노이의 기나긴 이야기를 다 들은 정신분석학자가 마침내 이렇게 말한다. "자, 이제 진짜로 시작하려는 거죠. 그렇죠?" 이제까지 세 장에서 우리는 최초 순간에 뇌가 어떻게 스스로 조직하는지 살펴보았다. 하지만 유전자가 주도한 그 조직화는 그저 시작일 뿐이다. 유전자는 이후에 벌어지는 모든 일에도 계속 기여한다. 일단 뇌의 첫 체계가 형성되면, 새로운 발달 단계가 시작된다. 그제서야 유전자는 바깥세상을 동등한 파트너로 받아들이게 되는 것이다. 그리고 유전자와 세상은 완전히 새로운 마음 하나를 창조해내기 위해 힘을 합친다.

'사람에게 물고기 한 마리를 주면 하루 식사가 해결되지만 고기 잡는 법을 가르쳐주면 평생 식사가 해결된다'는 중국 속담이 있다. 자연은 자립이 가능할 정도로 유연한 뇌—넓게는 생명체—를 만드는 데 건강한 게놈의 일부를 할애함으로써 이 경구를 충실히 따랐다.

그런데 이 유전자들은 도대체 어디서 생겨난 것인가?

(7)
정신 유전자

> 지구에 온 외계인 동물학자는 주저 없이 인간을 세번째 침팬지 종으로 분류하고 자이레의 피그미침팬지나 아프리카의 다른 침팬지들과 동등하게 취급할 것이다. 분자유전학 연구에 따르면 인간은 다른 두 종의 침팬지와 98퍼센트의 게놈을 공유하고 있다.
>
> ―재러드 다이아몬드

마음의 형성에 유전자가 중요한 역할을 담당한다는 사실을 믿는다면, 이제 유전자는 도대체 무엇으로 구성된 것인가 궁금해할 차례다. 뇌의 생성과 유지에 참여하는 유전자들은 어디서 온 것일까? 신체를 만드는 유전자처럼 뇌를 만드는 유전자 또한 진화의 산물이다. 눈이나 뇌처럼 복잡한 기관은 하룻밤 새에 발명된 것이 아니라 수백 수천만 년에 걸쳐, 유전자 하나하나 단백질 하나하나에서 만들어진 것이다. 현대의 생물학 기술을 동원하면 이 역사적 과정을 재구성할 수도 있다. 즉 뇌에 존재하는 다양한 성분들이 역사상 최초로 등장한 것이 언제인지 밝혀낼 수 있다. 이번 장에서 살펴볼 것은 뇌가 왜 이런 식으로 진화했는가 하는 문제―이는 논란이 끊이질 않는 주제로서 이 책에서 다룰 내용은 아니다―가 아니고, 뇌의 형성을 돕는 유전자들이 어떻게, 그리고 언제 진화했는가 하는 점이다.

진화는 어떤 식으로든 유전 암호에 모종의 변화가 일어남으로써 일어난다. 유전자에 일어나는 변화 중에서 가장 친숙한 예는 단순한 치환 돌연변이이다. A가 C로, T가 G로 바뀌는 것이다. 앞서 살펴보았듯 이런 돌연변이는 장애를 가져올 수도 있지만, 때로는 유용한 진화적 혁신으로 작용하기도 한다. 간혹 돌연변이는—방사능, 유독 화학물질, 바이러스, DNA 복제 과정에서의 실수 등으로 생겨나는 것일 텐데—좋은 결과를 낳기도 해서, 돌연변이 유전자를 지닌 생명체가 더 잘 살아남고 더 많은 자손을 남기게 돕기도 한다. 개중에서도 특별히 쓸 만한 돌연변이는 점차 전체 인구로 퍼져나갈 것이다. 대부분의 진화적 변화는 이런 식으로 일어난다.

태양의 흑점, 바이러스, 예로부터 흔했던 복제 실수 등으로 인해 다른 종류의 변화가 생기기도 한다. 새 뉴클레오티드가 삽입되거나(가령 AG가 ACG가 되는 것이다), 결실되거나(ACG가 AG가 된다), 순서가 바뀌거나(ACG가 GCA가 된다) 하는 변화인데, 더 큰 단위로 염색체에서도 비슷한 변화가 일어나곤 한다. 이보다 덜 알려진 것으로 중복 현상이라는 것이 있다. 유전 정보를 복제하는 과정이나 부모의 유전 정보를 아이에게 넘겨주기 위해 준비하는 과정에 우연히 실수가 발생하여 하나의 유전자나 염색체, 또는 게놈 전체가 중복되는 일이 벌어지고, 따라서 아이는 부모에게는 하나밖에 없는 것을 쌍으로 갖게 되는 일이다.

중복 현상이 왜 문제가 되는지 납득하기 어려울 수도 있다. 삽입이나 결실, 자리바꿈, 치환 등은 문제가 되리라고 이해할 수 있다. 이런 일이 벌어지면 곧바로 상응하는 아미노산 자체가 바뀔 것이기 때문이다. 가령 AGC가 AGG로 바뀌면 세린이라는 아미노산이 아르기닌이라는 아미노산으로 바뀌어버린다. 세린과 아르기닌은 분자 구조 자체가 다르기 때문에, C가 G로 바뀜으로 해서 단백질 구조에도 심각한 변화가 일어나리라 예상할 수 있다. 이 변화는 좋을 수도 나쁠 수도 있겠지만 아무튼 이 생명체가 정상적인 후손을 낳는 과정에 모종의 영향을 미치리라는 것만은 확실하다. 반면에 생명체가 특정 유전자를 하나 더 갖고 있다고 해서 무슨 큰 문제가 생길까? 두부 라자니아를 만드는 요리법이 두 번 적힌 요리책은 한 번 적힌 요리책과 별 차이가 없는데 말이다.

중복이 문제가 되는 이유 중 하나는, 특정 유전자가 중복되면 특정 단백질이 과다하게 만들어질 가능성이 높기 때문이다. 분자 차원에서 유전자의 행태는 복권 같은 것이다. 확실한 결과가 아닌, 확률이다. 유전자는 특정 단백질을 합성하는 열쇠를 제공하지만, 적절한 시점에 그 열쇠를 꺼낼 적절한 조건들이 나타나야만 한다. 분자들은 항상 밀고 당기고 부산하게 움직이지만 항상 제대로 그 열쇠를 꺼내는 것은 아니다. 그런데 유전자가 하나 더 있다면 그에 따른 단백질이 만들어질 확률도 높아진다. 그래서 특정 단백질이 두 배나 많이 만들어질 수도 있으며, 가령 그 때문에 세포벽이 더 두꺼워질 수도 있고 조절 단백질의 그래디언트가 높아질 수도 있다. 하지만 그 탓에 두 종류 뼈의 상대적인 비중이 달라질 수도 있는 것이다. 잉여가 있다는 것이 늘 유리한 것만은 아니다. 세포벽이 더 유연해지면 뭔가 좋은 점도 있을 수 있겠지만, 대퇴골과 정강이뼈의 적당한 비율 결정을 둘러싸고 시간을 허비하는 것은 좋지 않다. 뇌와 마음 쪽으로 시선을 돌려보자. 다운 증후군(21번 염색체가 세 개 있는 경우이다)이나 파타우 증후군(13번 염색체가 세 개 있는 경우이다)은 특정 유전자의 과잉으로 나타나는 질병이다.[1]

하지만 중복이 유전에 심대한 영향을 미치는 까닭이 하나 더 있다. 리처드 도킨스가 '눈먼 시계공'이라 불렀던 진화는 중복을 통해서 '부러지지 않았으면 고치지 마라'는 오래된 격언을 슬쩍 타 넘을 방법을 찾아낸 것이다. 특정 기능에 최적화된 유전자 하나가 멀쩡히 있다면, 잉여로 생긴 두번째 유전자는 그 기능을 손상하지 않고도 새로운 기능을 찾아 나설 수 있다.

이는 계획된 일은 아니지만 결과는 대단하다. 예를 들어보자. 우리가 색깔을 볼 수 있는 능력은 이런 중복이 두 번 벌어진 덕택이다. 우리의 선조 척추동물에게는 광수용 색소가 한 가지밖에 없었다. 빛의 밝기가 높으면 더 많이 반응하고 밝기가 낮으면 덜 반응하는 색소였다. 척추동물의 진화 역사에서 초기에 포유류나 조류, 양서류 등의 종들도 나타나지 않았던 4억 년 전쯤, 정말 우연히 광색소 유전자에 중복이 생겼다. 우연히 중복된 유전자 쪽이 분화를 거치면서 (즉 몇몇 돌연변이를 거쳐 조금씩 변하면서) 광 스펙트럼의 다른 부분에 민감하게 반응하는 새로운 종류의 광색소가 발달했다. 두 종류 색소가 생기자 (물론 광수용기의 출력 신호를 해석할 만한 적절한 기제들이 생긴 후에) 단파장의 빛(파란색이나 보라색 등)과 장파장의 빛(빨간색이나 초록색 등)을 구분할 수 있게 되었다. 3500만 년 전쯤에는, 우리의 선조가 다른 포유류에서 떨어져 나오면서 두번째 유전자 중복이 일어났다. 이때는 장파장(빨간색) 광색소에 대한 유전자에서 변화가 생겨나 현재 삼색형 색각*이라고 불리는 세 번째 종류의 광색소를 만들어냈다[2] (색감지장애 중 일부는 이 광색소들에 돌연변이가 일어나서 생긴다. 반면 네번째 종류의 광색소를 지닌 여성들이 존재하는데, 이들은 자줏빛과 와인 색 사이의 미묘한 차이를 구별해낼 수 있다[3]).

이처럼, 뇌 진화의 모든 단계에서 적절한 중복과 분화는 언제나 중요한 역할을 수행해왔다. 무에서 갑자기 새로운 형태란 생길 수 없다. 언제나 기존의 것이 변하면서 생겨났을 뿐이다.

뇌를 조립하기

뇌의 주요한 임무 중 하나는 이곳에서 저곳으로 신호를 소통하는 일이다. 뇌는 감각에서 정보를 취해 분석한 후, 어떤 명령으로 변환하여 근육에 내려 보낸다. 지구 상 생명의 역사가 35~40억 년에 달하는데[4] 그에 비할 때 뇌는 비교적 최근에 생겨난 구조이다. 머리 나쁜 멸치의 가까운 친척인 창고기(*ampbioxus*)가 뇌를 갖게 된 것은 5억 년밖에 되지 않았다.[5] 하지만 뇌의 구성물질 대부분은 훨씬 역사가 오래다. 단순한 해면 생명체(*Rhabdocalyptus dawsoni*)에서도 신경계의 흔적을 찾아볼 수 있으며,[6] 뇌의 구성 요소 중 몇몇은 그보다 훨씬 전에 생겨났다.

많은 단세포 생물은 내부 소통 체계의 덕을 톡톡히 보며 살아간다. 어떤 박테리아들은 빛이나 열 쪽으로 움직이는 경향이 있다. 환경에서 정보를 취하는 감각기관과 박테리아를 올바른 방향으로 끌어주는 (혹은 최소한 조건이 그럴싸해 보이는 쪽으로 몸을 뒤집어주

---

* 빨간색과 녹색을 구분하는 색각.

는) 단백질 운동물질 사이의 소통에 의해 나타날 수 있는 능력이다. 놀랍게도 10억 년 전에 원시 박테리아가 정보와 행동을 조정하기 위해 사용했던 바로 그 분자들이 오늘날 우리 몸에도 남아 있다. (열렸다 닫혔다 하면서 세포의 경계에서 대전된 분자들의 흐름을 통제하는 단백질 문인) 이온 채널의 형태로 말이다.[7] 거의 모든 생명체에 있는 이 채널은 온도나 전압 등의 요인에 반응하는 뉴런의 민감도를 조정하고, 짚신벌레의 움직임에서 식물의 생장·인간의 인지 활동에 이르기까지 거의 모든 면에서 중대한 역할을 수행하며 신경 기능의 주된 인자로 작용한다.[8] 아마 칼륨의 흐름을 통제하는 채널이 가장 먼저 등장했다가 곧 중복과 분화를 거쳐 다른 이온(칼슘이나 나트륨, 염소 등)에 전문화된 채널도 생겨나게 되었다. 해리스 워윅이 말한 바와 같다. "일단 한 가지 채널에 대한 유전자가 생겨나면 중복을 통해 다른 종류도 생길 수 있었다. '오래된' 유전자의 기능에는 아무 지장을 주지 않으면서 '새로운' 잉여 유전자에 변화가 일어났다."[9]

계속된 돌연변이, 중복, 분화를 거쳐 이번엔 수용기가 등장했다. 세포 밖에서 오는 신호를 변환하여 세포 내부의 분자 활동에 전달하는 매개자 역할인 '수용' 분자들이다. 역시 진화 초기에 중복과 분화를 거쳐 다양한 종류의 수용기가 생겨났다. 가령 글루타민이나 GABA, 아세틸콜린, 세로토닌 등 특정 신호를 받아들이도록 전문화된 것이다.[10]

수용기는 자신이 받아들이는 신호와 나란히 진화했다. 수용기가 진화하기 시작한 무렵, 자연은 신경전달물질이나 뉴로펩티드 같은 신호 분자도 발달시키기 시작했다. 하나의 신호에는 들어맞는 수용기가 최소한 하나 이상 존재하고, 신호들은 서로 다른 일을 통제한다. 인슐린은 혈당치를 통제하는 신호이고, 아드레날린은 육체 행동을 준비시키는 신호이다. 사실 단어가 임의적인 만큼이나 이러한 신호들의 '의미'도 임의적이다. 우리는 야옹야옹거리는 네발짐승을 '고양이'라고 부르지만, 스페인어를 쓰는 사람들은 '가토(gato)'라고 부른다. 인슐린의 구조에 타고난 무엇이 존재해서 아드레날린 대신 혈당치 조절 신호로 간택된 것은 아니다. 두 신호의 역할이 바뀐 외계 생명체도 있을 수 있다. 하지만 우리 조상들이 어쩌다 선택한 방식이 동물계 전체에 널리 퍼지고 만 것이다. 분자나 유전자의 수준에서 보자면 우리가 사용하는 신경 신호 대부분은 그 역사가 10억 년도 넘었으며, 박테리아에서도 발견된다.[11] 인간의 뇌는 지구상에 존재하는 최고의 정보처리 기관이지만 뇌가 정보처리에 사용하는 몇몇 기초적 신호들은 생명 그 자체만큼이나 오래되었다.

물론 단세포 생물에게는 소통의 필요성이 상대적으로 적다. 신호를 멀리, 빨리, 정확히 보낼 필요가 별로 없다. 채널을 여닫는 것만으로도 필요한 방향으로 나아갈 수 있을 것이다. 하지만 수백 개의 세포가 있는 인간의 뇌는 채널만 사용해서는 아무 일도 할 수 없다. 인간이 만든 소통 체계가 시간이 흐름에 따라 더 빨라지고, 더 정확해지고, 더 유능해진 것처럼, 소통을 위한 생물학적 체계들도 오랜 진화를 거치며 차차 발전해왔다(내부적 소통이나 외부 소통 모두 마찬가지이겠지만, 이 장에서 초점을 맞추는 것은 한 생명체 내부에서 이루어지는 소통이다).[12] 봉화라는 신호는 빨리 전달될 수도 멀리 전달될 수도 없거니와 특정한 사람에게 지정해 보낼 수도 없다. 반면 광섬유 케이블어 연결된 전화는 특정인에게 지구를 반 바퀴 돌아서 빛의 속도로 전달될 수 있다. 단세포 생물에게 빠르고 정확한 소통 체계는 큰 소용이 없겠지만, 수많은 임무에 전문적으로 할당된 수많은 종류의 세포를 가진 복잡하고 기민한 생명체에게는 빠르고 정확한 소통 체계가 필수적이다.

앞선 두 장에서 살펴보았듯, 생물은 신호를 전달하는 매체로 전기적 자극을 선택했다. 전기적 자극은 축색돌기라는 가늘고 긴 선을 통해 먼 거리에 있는 목표물까지 빠르고 정확히 전달될 수 있다. 뉴런이 '활동을 시작하면', 대전된 원자들이 '불꽃'처럼 발사되어 축색돌기를 따라 잽싸게 내려가며, 결국 뉴런 사이의 소통을 가능하게 해주는 신경전달물질을 방출하게 된다.

생물체 내의 전기적 신호는 5억 년 전, 세포 전문화가 대세가 되어 뉴런이 발달하던 때의 해파리(또는 해파리나 인간에 공통된 다른 선조 생물)로까지 거슬러 올라간다.[13] 해파리의 신경 세포는 인간의 것보다 훨씬 원시적이다. 신호는 인간보다 수백 배 느리게 전달되며, 다시 신호를 내보낼 때에도 훨씬 오래 기다려야 한다. 게다가 해파리에게는 중앙집중화된 뇌 같은 체계가 존재하지 않는다. 그저 뉴런들이 느슨하게 연결되어 있을 뿐인데 생물학자들은 이것을 '신경망'이라고 부른다. 원시적이지만 해파리에게는 충분하다. 인간 뉴런의 기본 구조도 해파리와 별반 다르지 않다. 인간의 신경 세포도 전압차에 의해 열렸다 닫혔다 조정되는 단백질 채널에 의존하고 있다. DNA 연구 결과 우리의 채널을 이루는 요소들 중 일부는 해파리와 인간의 공통 조상으로까지 거슬러 올라간다는 사실도 밝혀졌다.[14]

인간의 것과 같은 뇌에서 전기적 신호 다음으로 진화된 주요한 요소는 중앙집중화와 좌우 분할(오른쪽-왼쪽으로 나뉘는 경향을 말한다)의 혼합이었다. 이것은 약 5억 년 전쯤 편형동물의 조상에서부터 시작된 구성 원리이다.[15] 편형동물은 근육 세포와 감각 세포와 더불어 몸 앞쪽에 중추 뉴런들을 갖고 있다. 이 뉴런들은 좌우의 덩어리로 나뉘어 있고 그 사이는 선구뇌량으로 연결되어 있다. 그리고 몸을 따라서 3~5 덩어리의 뉴런들이 분포되어 있는데, 이는 척수의 전신이다. 전체적으로 우리의 신경계와 그리 다르지 않다. 편형동물의 신경계는 우리 것보다 훨씬 단순하지만 전반적인 구조는 충격적일 정도로 닮았다.[16] 인간의 뇌를 형성하는 유전자의 대부분이 벌레의 신경계를 형성하는 유전자와 밀접하게 관련되어 있다는 증거이다.[17]

중앙과 주변부, 왼쪽과 오른쪽으로 나뉜 편형동물의 초보적인 신경 분업은 어류, 포유류, 조류, 양서류, 파충류 등 척추동물의 복잡한 신경계를 탄생시킨 전문화로 나아가는 중대한 첫걸음이었다. 척추동물의 신경계는 크게 두 가지 면에서 조상들의 것과 다르다.

첫째, 척추동물이 등장하자마자[18] 세포 간 소통이 대단히 향상되었다. 축색돌기를 둘러싼 신경 교세포가 진화하여 생물학적 절연체처럼 기능함으로써 전하가 제 궤도대로 움직일 수 있게 해주었기 때문이다. 런던 대학의 윌리엄 리처드슨 연구진은 이 신경 교세포가 운동 뉴런이 변형되어 진화한 것이리라는 가정을 세웠다. 양자의 유전자 발현 형태가 동일하다는 것을 고려하면 그럴듯한 가정이다. 이들은 또한 신경 교세포 덕택에 생명체가 포식자의 공격을 민첩히 피할 수 있게 되어 우월한 적응력을 갖게 되었으리라고 주장했다.[19] 물론 반대의 경우도 가능하다. 신경 교세포 덕에 척추동물은 반사신경이 빨라져 느릿느릿한 무척추동물을 잡아먹는 포식자가 되었을 수도 있다.

그리고 미엘린 절연 또한 축색돌기의 에너지 효율을 높여주었다. 그 결과 축색돌기들은 가까이 모여 있어도 소통에 혼선이 없게 되었고, 더 크고 조밀한 뇌가 생겨날 수 있었다. 두족류는 불쌍하게도 이 미엘린을 생성해내지 못했다. 문어는 모방을 통해 학습할 수 있는 몇 안 되는 동물 중 하나다.[20] 특이하게도 미엘린을 갖추게 되었기 때문인데 미엘린이 없었다면 이들의 진화도 한계에 부딪혔을 것이다.[21] 인간의 조상 중 누군가가 미엘린을 만들어내지 못했다면 우리는 지금 아마 읽을 수도, 대화를 나눌 수도, 차를 몰 수도 없었을 것이다(단점 한 가지는 면역계가 미엘린을 공격하여[22] 다중 동맥경화 같은 질병이 생길 수도 있다는 점이다. 발작이나 여타 뇌 손상에서 회복하는 것이 어려운 이유 중의 하나로 미엘린이 꼽히기도 한다).

둘째, 척추동물의 가계가 오래전에 미엘린을 발달시킴으로써 더 크고 조밀하며 잘 조직된 뇌가 생겨나게 되었고, 뇌의 구성도 전뇌, 중뇌, 후뇌 세 부분으로 나뉘었다. 이런 변화에 핵심적이었던 것은 호메오 유전자 돌연변이의 이름을 따 *Hox* 유전자라 불리는 유전자들이 네 번의 중복을 거쳤다는 사실이다. 1890년대부터 체계적으로 연구해온 호메오 유전자 돌연변이는 척추나 파리의 체절처럼 반복되는 부위들이 엉뚱한 곳에서 나타나는 특이한 현상이다. 가령 인간의 경부척추에서 늑골이 형성되거나, 파리의 체절에서 평행곤(균형을 잡는 데 쓰이는 유사 날개) 대신 또 하나의 날개가 자라나거나 하는 것이다. 이런 돌연변이들은 결국 특정 부위의 정체성을 통제하는 일련의 '선택자 유전자'들의 결과이다(4장의 끝부분에서 설명했던 안구 생성 주 통제 유전자 *Pax6*도 이 선택자 유전자의 일종이다). 이 유전자들은 초파리에서 인간에 이르기까지 모든 생물의 기본적인 신체 설계에 중대한 역할을 맡고 있다.[23] 초파리에는 *Hox* 유전자 한 세트가 있는데, 이는 몸 앞쪽에서 뒤쪽까지 선택적으로 발현되며, 각 유전자는 다른 부위에서 발현된다. 우연한 행운에 의해 초기의 척추동물 조상들은 이 유전자를 네 세트나 갖게 되었던 것이다.[24]

Hox 유전자가 네 번이나 중복됨으로써 발달 과정은 현격히 정교해졌다. 한 세트의 유전자는 몸의 기본적인 부위를 생성하는 일을 하고, 다른 세트들은 뇌, 머리, 턱처럼 척추동물에 특징적인 주요한 요소들의 구조를 지도하도록 변용되었던 것이다. 머리가 생기게 되자 아가미와 전문적인 호흡 근육이 발달하게 되었고 따라서 보다 활동적인 생활방식이 가능해졌다. 물고기는 턱과 복잡한 뇌를 가짐으로써 잘 물어뜯는 새로운 포식자로 살아가게 되었다.[25]

척추동물의 초기 조상이 물 밖으로 나오게 된 4억 년 전쯤에는 포유류의 뇌 구조도 대충 자리가 잡힌다.[26] 포유류의 뇌는 조류나 어류, 양서류, 파충류의 것과 여러 가지로 다르다. 하지만 그 차이는 사실 대단하지 않다.[27] 인간의 뇌는 크고 정교한 전두엽을 갖고 있다. 조류는 뇌저가 상당히 확장되어 있다. 하지만 척추동물의 다섯 가지 강은 공통적인 뇌 구조를 가진다. 중앙신경계(뇌의 앞쪽에 자리잡는다)와 말초신경계가 나뉘어 있고, 후뇌·중뇌·전뇌가 나뉘어 있으며, 좌뇌와 우뇌가 나뉘어 있다. 신경 업무가 대단히 전문화될 수 있게 해주는 기초적인 분할 구조이다.

모든 척추동물에게 뇌의 기본 구조의 형성은 *Otx*나 *Emx* 같은 조절 유전자들(즉 다른 유전자들을 껐다 켰다 할 수 있는 단백질을 만드

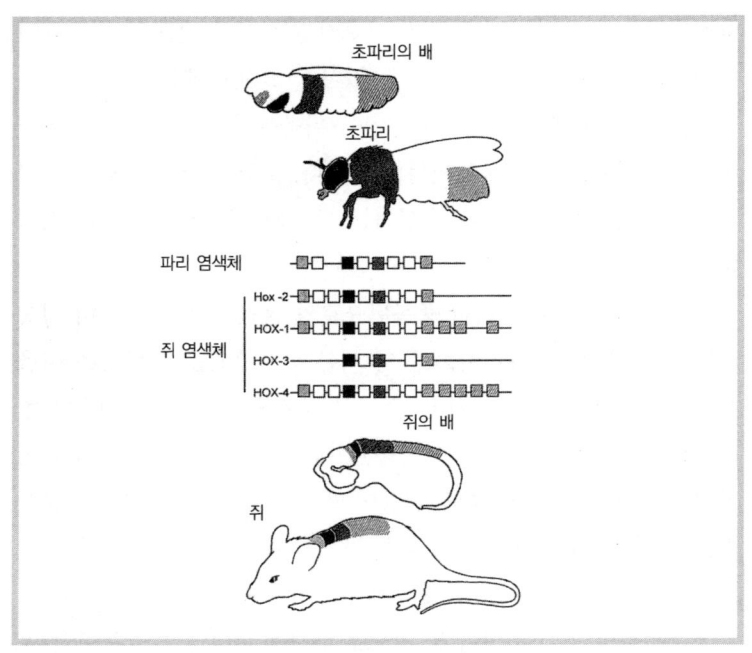

초파리와 쥐의 *Hox* 유전자

는 유전자들)을 활용한 동일한 방식으로 진행된다. 앞서 보았듯, *Emx2*는 해마와 전두피질의 균형을 잡는 역할을 한다. 비슷한 식으로 *Otx2*는 중뇌와 후뇌의 균형을 잡는다. 인위적인 조작으로 이 유전자를 평소보다 넓은 지역에서 발현시키면 후뇌 대신 중뇌가 크게 발달한다. 인위적으로 좁은 장소에만 발현시키면 반대 결과가 나타난다. 후뇌가 더욱 발달하고, 중뇌는 줄어든다. 이처럼 (주 통제 유전자의 IF 조건을 변화시켜) 단백질의 분포를 조절함으로써 진화는 서로 다른 생명체들이 서로 다른 환경에 적응할 수 있도록 도왔다.

먹이를 저장해두는 새처럼 공간 기억력이 중요한 경우에는 해마를 더 발달시켰고, 인간을 포함한 영장류처럼 복잡한 추론과 의사 결정이 중요한 경우에는 전뇌를 발달시켰다.[28]

이처럼 신경이 전문적인 방향으로 진화할 수 있었던 것은, 진화의 여타 측면들과 마찬가지로 우연히 생긴 유전자 중복으로 새로운 가능성이 우후죽순으로 뻗어 나왔기 때문이다. 가령 창고기는 *Otx* 한 세트와 *Emx* 한 세트를 갖고 있는 반면 대부분의 척추동물은 최소한 두 세트씩을 갖고 있다. 따라서 발달 과정에서 무엇을 어떻게 진행시킬지에 대해 더 상세한 유전적 지침을 줄 기회를 얻은 셈이다.[29] 각 유전자 세트들은 서로 비슷하긴 해도 각기 다른 기능을 수행하게 되었다. 예를 들어 *Otx1* 부족 실험 쥐는 간질을 일으키며 비정상적인 신경 연결을 보이는데, *Otx2* 부족 실험 쥐는 배아 발달 초기 단계에서 죽고 만다. 전뇌, 중뇌, 후뇌의 앞부분으로 발달할 선구세포 조직을 생성하지 못했기 때문이다.[30]

파리는 *Emx*와 *Otx*를 하나씩 갖지만 척추동물은 둘씩 갖는다. 큰 척추동물에서는 기초적인 신경 단백질 종류들이 더 정교하게 생겨나는 추세와 일치한다. 특히 뇌의 배선을 지시하는 세마포린과 에프린 등의 분자에서 그러한 추세가 도드라진다. 척추동물에는 다섯 종류의 세마포린이 있지만 파리에는 두 종류밖에 없다.

수억 년 전 포유류의 후각 계통에 생긴 일에 비하면 이 정도 숫자 차이는 아무것도 아니다. 우리의 색깔 탐지 체계가 주로 망막 속에 존재하는 세 종류의 색감지 세포에 의존한다면(각각은 서로 다른 광색소에 의존하고 있다), 포유류의 후각은 천 종류의 수용기에 의존한다. 그 각각은 대기중의 특정 화학물질의 냄새를 탐지하도록 전

문화되어 있다.[31]

척추동물은 또한 매우 중요해 보이는 새로운 단백질을 갖고 있다 (주로 오래된 단백질 요소들을 새로운 방식으로 엮어 생성한 것이다). 그 예로 술 취한 것처럼 비틀거리는 돌연변이 쥐(앞서 말한 바 있다)의 이름을 따 '릴린(비틀거림)'이라 불리는 단백질이 있다.[32] 릴린은 축색돌기의 가지 뻗기와 시냅스 형성 과정에 기여하는 것으로 보인다. 이것이 부족하면 뉴런 퇴화가 일어날 수 있으며,[33] 자폐증이 있는 사람들은 릴린의 농도가 정상보다 낮더라는 한 연구 결과로 보아 자폐증과 연관이 있을지도 모른다.[34] 이 밖에도 척추동물의 뇌 기능에 중요한 단서를 주는 것으로 보이는 단백질에는 여럿이 있다. '뉴로트로핀'이라는 신경성장물질도 있고[35](축색돌기를 유도하는 장거리 신호 분자로서 신경 세포의 생존에 영향을 끼친다), 신경성장물질을 탐지하도록 전문화된 수용기도 있으며, 장기기억력이나 배아 상태의 뇌 배선 등에 결정적인 역할을 하는 '프로토카데린'[36] 이라는 특별한 세포 부착 분자도 있다.[37]

척추동물은 여러 종류로 갈라지면서 각각 특별한 환경이나 영역에 맞도록 변화해갔다. 양서류는 절반은 물에서 절반은 지상에서 보내는 혼합적인 생활방식을 택했다. 대부분의 조류는 나는 법을 익혔다. 모든 종들은 척추동물의 기본적인 구조를 그들 나름의 방식으로 변용했다.

포유류는 신피질이라는 여섯 겹의 얇은 피질층을 만들어냈다. 이 층이야말로 그 무엇보다도 포유류의 마음을 유능하게 만들어준 장본인이다. 신피질은 4밀리미터도 되지 않는 두께에 기능적으로 세분화된 여러 영역으로 나뉘어져 있다. 고슴도치처럼 단순한 포유류라 해도 신피질에는 15개의 영역이 있다. 시각, 체성감각, 청각 영역이 있으며 그 각각의 영역에는 척추나 시상 같은 중계기관들에서 전달되는 입력 신호를 받아들이는 '주 영역'이 포함되어 있다. 또한 운동 영역, 변연계 영역(감정에 연관된 곳으로 보인다), 그리고 의사결정과 계획에 관련된 것으로 보이는 전두엽 영역 등도 있다. 모든 포유류는 각 영역에 대응하는 부분을 갖고 있다(이보다 앞서 분화된 몇몇 귀여운 오스트레일리아 동물들, 즉 유대류나 단공류 등만은 예외이다).[38] 이것을 증명하는 예가 장님 두더지쥐이다. 이들은 앞을 볼 수 없지만 주 시각피질인 V1은 그대로 갖고 있다[39](충분히 예상되는바, 진화는 장님 두더지쥐의 V1 영역을 그냥 놀게 내버려두지 않았다. 육체적 영역은 제한된 상태이지만 기능은 그렇지 않다. 장님 두더지쥐의 V1은 청각 정보를 처리하도록 적응되었다).

고양이, 개, 원숭이, 침팬지 그리고 인간처럼 더욱 복잡한 뇌를 가진 포유류는 비슷한 기본구조를 따르지만 훨씬 더 큰 피질을 가지고 있어서 더 많이 전문화되었다. 가령 고양이와 원숭이는 10개가 넘는 시각 영역이 있어서 색깔이나 움직임 등 여러 시각적 측면에 전문화되어 있으며, 체성감각 영역도 여러 개가 있다[40](하지만 고양이와 원숭이의 영역이 완전히 같지는 않다. 약 9천만 년 전에 육식동물과 영장류가 갈라진 이래[41] 각각은 피질을 독립적으로 발전시켰다. 아마도 서로 다르게 유전자 중복이 일어났기 때문일 것이다).

포유류가 얼마나 많은 피질 영역을 갖고 있든, 기본적인 배치는 비슷하다. 시각 영역은 뒤쪽에 있고 청각 영역은 앞쪽에 가까우며 (또한 청각 영역은 귀에 가까이 있는 편이고, 시각피질은 좌우 뇌를 가르는 정중선에 가깝다) 체성감각 영역은 청각 영역보다 더 앞에 있

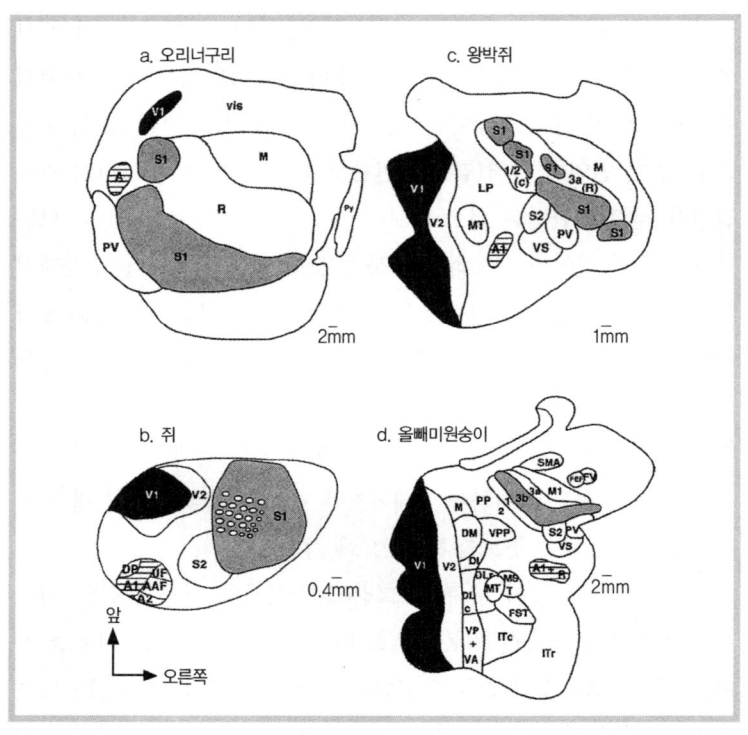

포유류들의 피질 영역
A : 청각피질 B : 운동피질 S : 체성감각피질 V : 시각피질

다. 뇌가 크면 이 영역들 사이의 공간이 넓어서 그 속에 새로운 피질 영역들이 자리잡을 수 있게 된다.[42] 그런데 뇌가 클수록 두개골 안에 다 들어가기가 힘들어진다. 인간의 뇌에 있는 그 많은 주름들은, 부분적으로는, 커다란 신피질을 상대적으로 작은 공간에 우겨 넣으려는 자연의 노력에서 비롯된 것이다.

포유류는 전반적인 신경 구조만 비슷한 것이 아니라 발달 시기도 비슷하다. 코넬 대학의 심리학자 바버라 핀레이와 리처드 달링턴은 앵무새, 인간, 마카키원숭이 등 9종 동물의 신경 발달에서 나타나는 95가지 전환점들―피질에 있는 것도, 그렇지 않은 것도 있었다―을 분석했다. 햄스터나 쥐의 뇌 발달은 원숭이나 인간보다 훨씬 빠르게 진행되더라는 등 전체적인 비율에서는 차이가 있었으나, 전반적으로 발달의 전환점들은 종에 상관없이 거의 똑같은 식으로 전개되었다. 가령 피질의 다섯번째 층은 항상 반구를 가로지르는 신경들에 앞서 생성되었다. 진행 순서가 어찌나 규칙적이었던지, 특정 종에 대해서 하나의 표지를 얻으면 핀레이와 달링턴은 나머지 발달 과정의 시간을 거의 완벽하게 예측해낼 수 있었다. 예를 들어, 수정된 지 22일 후에 쥐 태아의 V 피질층이 완벽히 생겨났다는 사실을 알면, 뇌량은 언제 발달할 것인지 하루나 이틀의 오차 범위 내로 맞출 수 있었다.[43]

인간에게만 특수한

개인적인 이유 때문에 나는 포유류 중에서도 특별히 한 종에 관심이 있다. 입과 입술로 우스꽝스러운 모양을 만들고 성도를 재빨리 열었다 닫았다 하면서 의사소통을 하는 포유류, 천으로 벗은 몸을 가리는 특이한 포유류, 이유는 알 수 없지만 바깥에서 먹이를 수집하거나 후손을 만드는 대신 실내에서 책을 읽거나 텔레비전을 보는 포유류―바로 목소리가 큰 원숭이인 호모 사피엔스(*Homo sapiens*) 말이다.

인간은 가까운 친척 동물들과 많이 닮기도 했고 꽤 다르기도 하다. 이 장을 열며 소개했던 재러드 다이아몬드의 말의 핵심은 우리가 침팬지와 굉장히 비슷하다는 것이다. 우리의 신체 구조나 집단 역학, 인지 체계, 공격성, 모성을 유지해온 체계 등을 볼 때 인간은 정말 침팬지와 공통점이 많다. 그러나 우리는 또한 너무나 다르기도 하다. 인간은 문화, 언어, 사고 속에서 아름다움과 정의, 수학, 인생의 의미 등에 대해 생각하는 능력을 발휘하고 있으며, 이러한 개념은 어떤 침팬지도 꿈꾸지 못하는 것이다.

물론 개중에서도 언어야말로 인간이라는 종을 독특하게 만드는 것이다. 게놈이 스스로 발전하기 위해 선택한 도구가 학습이라면, 언어는 학습을 위한 도구 중에서도 가장 강력하다. 언어는 모든 학습기제의 원형이며 인간을 특별하게 만들어주는 최고의 요소이다. 인간은 언어를 사용해서 그 어떤 다른 매체로도 불가능할 정도로 풍부하게 의사소통을 한다. 언어는 문화의 전파에도 중요하며, 심지어 어떤 종류의 사고는 언어가 없으면 할 수가 없다.

가끔 말로 생각한다는 느낌을 받을 때가 있다. 실제로 인간이 말을 통해 생각하는가(또는 그냥 느낌일 뿐인가)에 대해서는 여러 과학적 이론이 있지만, 언어야말로 인간을 독특하게 만드는 중요한 요소라는 점에는 이견이 없다. 의사소통의 매체로서, 언어는 연장자가 젊은이를 가르칠 수 있게 한다. 생각의 매체로서, 언어는 정보를 더 효율적으로 저장하고 꺼내 쓸 수 있게 돕는다. 그리고 심지어 더 효율적으로 추론하도록 한다.[44] 찰스 다윈은 우리의 "더 높은 정신적 능력들" 중 일부는 "완벽한 언어를 계속해서 사용한 결과"라고 주장하기도 했다.[45]

언어가 생각의 매체라는 주장에 누구나 동의하는 것은 아니다.

일례로 제리 포더는 언어란 "사고를 위한 언어", 달리 말해 "멘탈리즈"*와는 다른 것이라고 주장했다. 언어와 사고 사이에는 틈이 있기 때문이다.[46] 가령 언어로는 표현할 수 없는 생각들이 존재하며, '혀끝에서 맴돈다'고 하듯이 어떤 것을 가리키는 단어가 있다는 것은 아는데도 잘 떠오르지 않는 경우도 많다.[47] 심리학자 릴라 글라이트만은 서로 다른 언어를 사용하는 사람들은 장기적인 인지 체계가 다르다는 주장을 뒷받침할 만한 연구 결과는 없다고 주장했다. 내 견해도 마찬가지다. 그녀는 대신 "언어 체계란 단지 말하는 이가 정신적 내용을 묘사하기 위해 고안해낸 형식적이고 표현적인 매체일 뿐"이라고 말하고, "언어적 범주나 구조란 이미 존재하는 개념적 공간에 거의 일대일로 대응시킨 것으로 인간의 생물학적 본성 자체에 입력되어 있는 것"이라고 주장했다.[48]

언어와 사고의 차이에 대한 가장 설득력 있는 주장 중 하나는 포더와 스티븐 핀커가 제기한 것이다. 모호한 문장('로이드는 bank 옆에 앉았다'라는 문장에서 'bank'는 은행을 말하는가 강둑을 말하는가? '누구나 누군가를 사랑한다'는 문장은 우리 모두에게는 특별한 영혼의 동반자가 있다는 뜻인가, 아니면 모든 사람이 배우 제니퍼 애니스톤을 좋아한다는 뜻인가?)과 모호하지 않은 생각 간의 차이가 그것이다. 내가 '누구나 누군가를 사랑한다'라고 말했다면 나는 그 말이 무슨 뜻인지 잘 알고 있다.

그런데 이 주장들이 증명하는 바는 무엇인가? 물론 언어 없이도 사고할 수 있다고 말하는 것이다. 그러나 언어가 사고 과정에 아무

---

* mentalese. 표현할 말 없이 마음속에 떠오르는 개념이나 경제에 대한 가상적 언어.

런 역할도 하지 않는다는 뜻은 절대 아니다. 아기나 원숭이, 그리고 실어증 환자는(말하는 능력을 잃은 성인들) 설사 말로 표현하지 못한다 할지라도 분명히 자기 생각이 있다. 우리는 단어로 잘 표현할 수 없는 생각이나 감정이나 느낌이 있다. 그렇지만, 이는 어떤 사고는 언어적이지 않다는 것을 증명할 뿐, 모든 사고가 비언어적이라는 증거는 아니다. 나는 언어는 특정 종류의 사고를 가능하게 한다고 생각한다. 이것에는 당신이 바로 지금 하고 있는 의식적이고 반성적인 추론 같은 것도 포함된다.

언어는 최소한 두 가지 방식으로 우리의 사고에 개입한다. 첫째, 생각의 내용을 '틀 짓는' 방식이고, 둘째, 기억에 영향을 미치는 방식이다. '틀 짓기'라는 것은 언어가 마치 손전등이나 손짓처럼 우리의 주의를 특정한 방향으로 쏠리게 한다는 뜻이다. 헨리 키신저가 "그것은 실수였다(mistakes were made)"*라고 말한 이유는 누가 그 실수를 저질렀느냐는 당황스런 질문을 막아보려고 그런 것이다. 언어는 강조의 기술이다. 릴라 글라이트만이 지적한 대로, '메릴 스트립이 당신의 언니를 만났다'라는 말은 '당신의 언니가 메릴 스트립을 만났다'라는 말과는 전혀 다른 것이다.[49] 문장의 틀을 잡는 것은 생각의 틀을 잡는 것과 같다. 훌륭한 대변인이라면 잘 알 것이다.

기억의 문제로 가보자. 가장 두드러진 언어의 역할은 머릿속에서

---

* 헨리 키신저 전 미국 국무장관이 2002년 4월 영국 런던에서 한 말. 그는 국무장관 재임 기간인 1960년에서 1970년 사이에 베트남, 라오스, 캄보디아, 남아메리카에서 벌어진 정권이 관련된 범죄와 관련해 "정부관료 중 아무도 실수를 저지르지 않았다고 말할 수 없다. 상급 기관의 결정은 49~51퍼센트의 지지를 얻고도 결정되며, 그 과정에서 실수가 있었을지도 모른다"고 말했다.

정보를 '되풀이'하도록 하는 것이다. 전화번호를 속으로 반복해 읽어보듯이 말이다. 놀랍게도 사람이 기억할 수 있는 숫자의 개수는 그 사람의 언어와 상관이 있다. 중국어는 숫자를 말할 때 영어보다 짧은 단어를 사용하며, 영어는 웨일즈어보다 짧은 단어를 사용한다. 그러므로 통제된 조건에서 실험했을 때 중국어 사용자는 영어 사용자보다 더 많은 자릿수를 기억할 수 있었고, 영어 사용자는 웨일즈어 사용자보다 많은 자릿수를 기억했다. 이 효과는 매우 강력했다. 웨일즈어-영어 공용자로 평소 웨일즈어에 더 자연스러운 사람이라도 영어로 테스트했을 때 보다 많은 자릿수를 기억했다.[50]

언어는 또 복잡한 개념을 지시하는 간단한 도구를 제시함으로써 생각을 돕기도 한다. 가령 '카뷰레터'에 대해서 생각하려 할 때 그 단어가 있다는 것은 도움이 된다. 전문가나 애호가들은 '덧테쇠', '겹자', '에스프레소' 따위의 단어들을 사용하는데, 물체에 이런 이름을 지어두면 쉽게 골라낼 수 있기 때문이다. 덧테쇠라는 단어를 알고 있으면 그것이 무엇에 쓰는 물건인지 배우기도 쉽다. 파푸아뉴기니의 석기시대 문화에 대해 연구했던 줄스 다비도프는 색깔을 가리키는 단어가 존재하면 색의 스펙트럼을 짚어내는 분류가 가능하므로 색에 대한 기억도 촉진된다고 주장했다.[51] 다른 색과 구별하여 부르는 단어가 있다면 무엇이 라벤더 색인지 기억하기도 쉬워질 것이다.

더욱 흥미로운 것은 언어가 복잡한 정보를 암호화하는 방법을 제공해 장기기억에도 상당한 영향을 미치리라는 가정이다. 이 점을 이해하기 위해 한번 더 컴퓨터에 비유해보자. 컴퓨터의 기억장치는 0 또는 1이라는 비트가 길게 연결된 형태인데, 이 0이나 1은 컴퓨터

정신 유전자 173

프로그래머들이 '데이터 구조'라고 부르는 조직적인 설계 없이는 아무 의미가 없다. 데이터 구조란 0과 1로 구성된 특정 조합이 어떤 개체, 가령 숫자나 글자, 픽셀의 강도를 표현하도록 하는 것이다. 컴퓨터 프로그램이란 암호화할 수 있는 특정 데이터를 구조화하는 기능을 제공하는 것이다. 어떤 프로그램은 그림은 저장할 수 있지만 글자는 저장할 수 없고, 다른 프로그램은 또 다른 식이다. 언어가 장기기억에 지대한 기여를 하는 부분은 개체와 이 개체에 대한 정보, 언어학자들의 용어를 빌자면 주부(가령 '조지 W. 부시는')와 술부('미국 유권자들이 자신에 대해 오해를 하고 있다고 느꼈다') 사이의 관계를 저장하는 데 적합한 데이터 구조를 제공한다는 것이다. 이러한 데이터 구조는 인간이 유례없이 넓은 범위의 생각들을 나타내도록 도와준다.

그런데 핀커와 포더가 말했던 모호성에 대해서는 어떻게 이해해야 할까? 우리는 정말 문장으로 생각을 저장하는가? 만약 그러하다면 왜 우리의 생각은 문장처럼 모호하지 않을까? 해답은 실제로 모호하게 발화된 문장과 아마도 모호하지 않을 그 문장의 내부적 의미 사이에 차이가 있기 때문일 것이다. 문장의 내부적 의미에서는 'bank'라는 단어가 정확한 뜻을 지니고 있을 것이고(은행이든 둑이든), 단어 사이의 관계도 명확할 것이다('누구나 누군가를 사랑한다'라는 문장에서 '누군가'는 특별한 영혼의 동반자나 제니퍼 애니스톤 중의 한 가지 뜻을 지니고 있을 것이다). 그래서 생각의 한 부분에서는 독립적인 멘탈리즈가 아닌 주석이 달린 언어 자체가 장기기억의 매체가 되어줄 수 있는 것이다[52](만약 언어 의존적인 표현 체계라는 것이 정말 존재한다면, 아직 언어를 배우지 못한 어린아이는 그런 체계를 갖고 있지 못하므로 이미 언어 체계를 습득한 어른들만큼의 생각을 즐길 수 없으리라는 추론도 가능하다. 이 가정이 옳은지 그른지는 아직 알 수 없다).

언어가 사고를 위한 매체이든 단순히 소통을 위한 도구이든, 우리 삶에서의 중요성에 대해서는 과소평가할 수 없다. 침팬지나 오랑우탄도 문화의 요소를 갖고 있지만, 언어가 없고 또한 폭넓은 정보를 빠르게 전달―혹은 암호화―하는 능력이 없기 때문에 인간만큼 풍부한 문화로 발전시키지는 못한다. 그런데 왜 인간에게는 언어가 있고, 인간과 유전물질이 98퍼센트 같은 침팬지 사촌에게는 없는 것인가?

진화가 문제가 되면, 항상 너무 쉽게 대답이 나오는 것 같다. 수십 명의 뛰어난 과학자들이 이미 가설을 제출해두었다. 오늘날의 가설 중에는 수생 유인원 가설,[53] 몸짓에서 언어가 발생했다는 이론,[54] 근육을 통제하도록 진화된 신경기제들 중에서 언어가 생겨났다는 이론,[55] 큰 뇌를 갖게 되면서 그야말로 우연히 언어가 생겨났다는 이론,[56] 언어는 공간을 표현하는 능력의 연장선에 있다는 이론,[57] 소문을 얘기할 목적으로 언어가 진화했다는 이론,[58] 구애와 성적 행위의 일환으로 언어가 진화했다는 이론[59] 등이 있다. 모르긴 해도 이들 중 일부에는 일말의 진실이 담겨 있을 것이다. 가령 언어를 사용해 소문을 퍼뜨린다는 것은 사실이다. 우리 조상도 옆집 사람보다 소문을 많이 알아서 나쁠 것은 없었을 것이다. 어쨌든 언어학자

정신 유전자 175

들이 즐겨 말하듯, 언어는 화석을 남기지 않는다. 그래서 언어의 기원에 대한 여러 이론을 개별적으로 평가해볼 근거도 부족하다.

그리고 우리 마음과 뇌에 어떤 특별한 점이 있기에 언어를 배우고 사용할 수 있게 되었나, 하는 질문에 제대로 답하지 못하는 것도 문제다. 최근까지만 해도 대부분의 교과서는 '브로카 영역'과 '베르니케 영역'이라는 좌뇌의 호두 크기만 한 두 영역에 언어 사용 능력이 달려 있다고 소개했다.[60] 교과서에 따르면, 브로카 영역은 문법에 중요하고, 베르니케 영역은 단어의 의미 파악에 중요하다고 한다. 발작이나 총격으로 브로카 영역에 손상을 입은 환자는 구문에 어려움을 겪기 쉽고(가령 '소년이 소녀에게 입을 맞추었다'와 '소년은 소녀에게 입맞춤을 당했다'라는 문장 사이의 차이를 이해하는 것), 베르니케 영역에 손상을 입은 환자는 낯익은 물체의 이름을 대는 데 어려움을 겪는다는 것이다. 두 영역이 자신만의 언어 기능에 전념할 것이라는 생각도 암암리에 퍼져 있다. 즉 브로카 영역은 뇌에서 문법을 담당하는 영역, 베르니케 영역은 뇌에서 의미를 담당하는 영역이라는 식이었다.

백 년도 넘게 전해온 이 깔끔한 이야기에는 단 한 가지 문제가 있다. 바로 사실이 아니라는 문제다. 정상인의 뇌를 들여다보는 영상 기술이 발달한 덕에(양전자 방출 단층 촬영, 즉 PET나 자기 공명 영상, 즉 MRI 등이다) 과학자들은 실제로 브로카 영역이 구문 처리에 활발히 관여하고[61] 베르니케 영역은 단어를 이해하고 만드는 데 활발하다[62]는 사실을 확인했다. 하지만 이런 과정에 뇌의 다른 부분들도 참여하며 브로카 영역이나 베르니케 영역이 순전히 언어 기능에만 전념하지는 않는다는 사실까지도 알게 되었다. 가령 브로카 영역은 언어만 아니라 음악을 이해하는 일,[63] 모방하는 일, 심지어 운동 통제에도 활발히 관여하는 듯하다. 사실 브로카 영역을 더 많이 연구할수록 그것이 정확히 어떤 일만 한다고 구별해내기가 더 어려워진다. 게다가 구문 처리 과정에는 뇌의 앞쪽 다른 부분들도 참여하는 것으로 보이며,[64] 심지어 진화적으로 최근의 산물인 신피질이 아닌 '피질 하부' 영역까지 참여하는 듯하다.[65] 또 단어 학습에 대한 연구 결과 베르니케 영역 외에도 시각 영역, 운동 영역 등이 연관된 것으로 나타났다. 단어에 대한 지식은 뇌 속의 작은 상자에 갇혀 있는 것이 아니라 뇌 전체에 점점이 흩어져 있는 것이다.[66] 시각 영역은 단어의 시각적 속성을, 청각 영역은 단어의 발음을, 운동 영역은 동사를 이해하는 데 도움을 줄 것이다.[67] 이런저런 것들을 차치하고 뇌 손상에 대한 고전적인 연구들만 놓고 보더라도, 지나친 단순화의 혐의를 피할 수 없다. 브로카 영역이 손상되고도 정상적인 문법을 구사한 사람들이 있었고, 브로카 영역이 멀쩡한데도 다른 곳을 다쳐서 문법장애가 생긴 사람들도 있었다. 베르니케 영역과 단어의 관계도 마찬가지다.[68] 유전자와 뇌 영역처럼 뇌 영역과 복잡한 인지 기능 사이에도 간단한 일대일 대응은 있을 수 없다.

  언어의 신경적 기반을 살펴보는 또다른 방법은 인간의 뇌와 침팬지의 뇌를 비교하는 것이다. 만약 눈에 띄는 차이점이 있다면 언어의 신경적 기반을 연구하는 학자들은 그 점부터 살펴보면 될 것이다. 하지만 인간과 침팬지 뇌의 가장 뚜렷한 차이는 크기뿐이다. 침팬지의 뇌는 평균 55킬로그램 정도 나가고 330세제곱센티미터의 공간을 차지하지만, 인간의 뇌는 보통 그보다 약 20퍼센트 정도 더 무겁고 네 배 정도 크다.[69] 이 차이점은 중요한 사실이긴 해도 그 자체로 충분한 설명은 아니다. 고래나 코끼리는 인간보다 큰 뇌를 가졌지만[70] 그들에게는 언어가 없다. 대형견은 소형견보다 뇌가 크지만 그레이트 데인 종 개가 미니어처 슈나우저 종 개보다 똑똑하지는 않다.[71] 500그램 정도 나가는 고릴라의 뇌는 피그미 명주원숭이의 뇌(4.5그램)보다 100배 이상 크지만[72] 고릴라가 원숭이보다 세 배 이상이라도 똑똑한지는 의문이다. IQ 검사로 측정되는 지능은 뇌의 크기와 거의 상관이 없다.[73] 남성은 대개 여성보다 뇌가 크지만, 대신 여성은 남성보다 언어 실력이 뛰어나다.[74] 비정상적으로 작은 뇌를 타고난 사람들도 언어를 배울 수 있다.[75]

한마디로 크기가 전부는 아니다. 언어를 배우려면 정상적인 크기의 뇌를 가져야 하겠지만, 그것이 필요조건이거나 충분조건인 것은 아니다. 차라리 바버라 핀레이가 주장한 대로, 뇌가 크면 이후에 진화될 가능성 있는 물질이 많다는 뜻으로 생각하는 쪽이 낫다.[76] 내게 동물행동학을 처음 가르쳐준 은사 레이 코핑거는 이렇게 말했다. "막 어른 침팬지의 뇌 크기를 넘긴 내 아들은 레드 삭스 야구팀의 모든 선수들의 평균 타율을 줄줄 외웠다. 크기가 아닌 다른 것이 중요한 것이다."[77]

하지만 크기가 문제가 아니라면, 도대체 무엇이란 말인가? 거시적으로 볼 때 인간과 침팬지의 뇌 구조는 거의 똑같이 구성되어 있다. 인간이나 침팬지나 뇌의 뒤편에 후두부 피질이 있어서 그곳에서 시각 정보를 분석한다. 둘의 뇌는 모두 좌뇌와 우뇌로 나뉘어 있고, 뇌량을 가로질러 연결선이 이어져 있다. 심지어 (기존에 알려진 사실과 달리) 브로카 영역과 베르니케 영역이 좌우 비대칭을 이루고 있다는 점마저 같다.[78] 그러나 질적이기보다는 양적인 면에서 작은 차이점들이 속속 보고되고 있다. 예를 들어, 나머지 뇌의 크기에 비교할 때 사람 뇌량의 비중은 침팬지보다 작다.[79] 사람은 반구 간의 소통이 적은 대신, (신경 연결을 함유한 백색질의 양으로 볼 때) 반구 내의 소통이 많다는 뜻이다.[80] 이런 정도의 조합이 언어를 위한 신경 전문화에 알맞은 것인지도 (혹은 원인이 되는 것인지도) 모른다.

하지만 이제껏 확인한 내용들도 필요조건들일 뿐 충분조건은 아니다. 고래와 코끼리도 마찬가지다. 그들의 뇌량은 거대한 뇌에 비할 때 너무나 작은 규모이다. 압축적인 뇌량을 가졌다는 것은 언어를 배우는 데 좋은 조건이지만, 그것이 절대적으로 필요한 조건인지는 분명치 않다.[81] 또다른 발견 한 가지는 베르니케 영역의 일부인 **측두평면**이라는 부분에 미세한 차이가 있다는 점이다.[82] 인간이나 침팬지나 측두평면은 왼쪽이 오른쪽보다 크다. 그런데 인간에게서만 미세원주라는 하부구조들 중 일부가 오른쪽보다 왼쪽이 압도적으로 큰 현상이 발견된다.[83] 하지만 이런 차이점들로 충분하지 않다. 현재의 현미경 수준이 탐지해내지 못하는 더 많은 중요한 차이들이 있다고 해도 놀랄 일은 아니다.

결국 요는 이것이다. 현재 우리는 뇌의 특정 부분을 찍어서 이것이 언어 영역이고, 이것은 인간의 뇌를 독특하게 만들어주는 신경회로다, 라는 식으로 말할 수는 없다. 몇몇 학자들은 이 복잡한 (그리고 솔직히 말해서 불만족스러운) 결과 때문에 선천성 가설이 흔들린다고 생각한다. 여러 신경 체계들이 여러 신경 기능을 위해 각기 전문화되어 있다는 '모듈 이론'이 맞지 않는 듯 보이기 때문이다.[84] 그러나 나는 (뇌가 스위스 제 주머니칼과 비슷하다는) 모듈 이론을 포기할 것이 아니라, 진화의 관점에서 다시 생각해봐야 할 뿐이라고 생각한다. 뇌에서 하룻밤 새 만들어진 것은 없다. 진화는 매번 새롭게 시작되는 것이 아니라 이미 존재하는 것들을 수선하는 방식으로 진행된다. 프랑수아 자콥의 유명한 말처럼, 진화는 "종종 자신이 무엇을 만들려는지도 모르는 채 주위에 있는 낡은 판지나 노끈, 나뭇조각이나 금속조각 등을 사용해서 무언가 쓸 만한 물건을 만들어내는 수선공이다. 잘만 되면 이상한 부품들이 잔뜩 붙은 훌륭한 물건이 뚝딱 생긴다."

앞서 보았듯, 이 사실은 신체에 적용되는 것과 마찬가지로 뇌에도 적용된다. 우리 뇌를 구성하는 요소들—그리고 유전자들—은 우리 몸을 구성하는 요소들과 마찬가지로 진화의 산물이다. 새로운 인지 체계는 오래된 것들을 이어붙이고 변형시킨 것이다. 전문화된 생물 구조가 완전히 새로운 물질들로만 만들어질 필요는 없다. 아마 실제로 그렇지도 않을 것이다. 또한 새로운 물질이 다수를 차지해야 할 필요도 없다. 가령 팔과 다리의 차이를 생각해보자. 팔과 다리 모두에 기여하는 유전자는 수천 개나 되지만, 팔에만 특별히 기여하는 것은 한줌도 안 될 것이다. 쥐나 병아리에 대한 최근 연구를 볼 때 팔과 다리는 근육 단백질을 만드는 유전자에서 골수를 만드는 유전자까지 거의 똑같은 것들을 갖고 있다.[85]

언어 모듈에는 수십 수백 개의 진화적으로 완전히 새로운 유전자들이 관련되어 있는지도 모른다. 하지만 여타의 인지 체계, 가령 근육 행동을 조정하는 운동 통제 체계나 복잡한 사건을 계획하는 인지 체계의 구축에 연관된 유전자들과 기존 유전자들의 중복체도 크게 기여하고 있는 것이다. 유전적 관점에서 볼 때, 인간에게 언어라는 특별한 선물이 주어진 까닭을 밝혀낸다는 것은 오직 인간에게만 존재하는 (아마도 상대적으로 수는 적을) 독특한 유전자를 발견하는 일이기도 하지만, 또한 그 독특한 유전자들이 영장류 공통의 유산인 다른 유전자들과 어떻게 상호작용하는가 연구하는 일이기도 하다. 뇌에 대해서도 본질적으로 똑같은 말이 적용된다. 언어를 연구한다는 것은 신경 구조의 특이한 부분을 이해하는 일인 동시에 그 독특한 구조들이 영장류 전체가 널리 공유하고 있는 기존의 구조와 어떻게 상호작용하는가 알아내는 일이다.

가령 문법을 배우는 능력이라면, 모든 척추동물에게 있는 단기 기억회로, 영장류에 공통적으로 발견되는 것으로서 연속사건을 인지하고 반복행동을 '자동화'(속도를 빠르게 하는 일)하는 회로, 사람에게만 있는 것으로 '위계 구조'를 구성하는 특수한 회로 등에 의존한다.[86] 단어를 배우는 능력은 동물에게 흔한 장기기억 능력과 인간에게만 있는 특수한 기제가 혼합된 결과로 보이는데, 구체적인 내용은 아직 밝혀지지 않았다[87](새로운 사실을 기억하지 못하게 된 환자 HM의 경우, 그의 뇌수술 이후부터 널리 쓰이게 된 단어들, 가령 '그라놀라 귀리빵'이나 '제록스' 같은 단어들도 기억하지 못했는데, 이 사실은 위의 가정을 뒷받침해준다).

한마디로 진화의 관점에서 볼 때 언어 체계는 뇌의 새로운 단위가 아니고 이미 존재하던 여러 하부 체계들이 새로운 방식으로 모여 변용된 것이다. 아마도 뇌의 영역들은 서로 다른 기능에 맞게 각기 전문화되어 있겠지만, 그 기능들 대부분은 한 가지 인지 업무를 수행하는 데만 맞춰진 완전한 체계가 아니고, 여러 계산 하부 도구들이 널리 공유된 상태일 것이다.

사실 인간에 대해서는 아직도 자료가 부족하지만, 동물 모델을 보면 이런 생각이 옳다는 것을 알 수 있다. 즉 새로운 일을 위한 신경기제는 대부분 기존의 요소들을 새롭게 조립하여 만들어진다는 것이다. 다시 한번 초파리의 구애행위를 예로 들어보자. 파리의 구애를 뒷받침하는 신경 하부 체계들은 마치 정신에 관련된 체계로 보이는 속성들을 갖고 있다. 즉, 빠르고(다음 행동을 궁리할 필요가 없다), 자동적이며(사전 연습이나 훈련 없이도 할 줄 안다), 파리의 다른 인지 과정의 속성과는 상당히 다르다(성사 가능성 있는 암컷을 발견한 수컷 파리는 만사를 제쳐두고 구애하러 날아간다).

하지만 파리의 구애행위를 뒷받침하는 하부 체계들이 구애에만 사용되는 것은 아니다. 가령, 구애중에 파리가 날개를 문지르는 것과 관련된 뉴런들은 평소에 날개를 움직일 때도 사용된다. 암컷의 체취를 맡는 냄새 수용기들은 다른 냄새를 맡을 때도 쓰인다. 구애에만 특별히 사용되는 뉴런—이 뉴런들은 다른 뉴런들의 행동을 조정하는 감독관 역할을 할 것이다—의 수는 상대적으로 매우 적다. (5장에서 언급했던 구애 관련 유전자) *fru*는 이 감독관 유전자들과 구애에 필요한—그러나 구애에만 사용되는 것은 아닌—다른 유전자들 사이의 연결을 지시하는 역할을 한다. 궁극적으로 언어 역시 이런 식으로 이해할 수 있다. 오래된 요소들을 새롭고도 강력한 방식으로 재구성한 것으로 말이다.

이제까지 설명해온 '재구성을 통한 전문화'라는 가설이 옳다면, 특정 인지 영역에만 영향을 주는 정신장애란 많지 않으리라고 상상할 수 있다. 언어 형성 회로에 관련된 유전자 중 95퍼센트가 다른 정신 활동에도 참여한다면, 유전적 장애의 대다수는 그 영향이 광

범위하게 미칠 것이다. 가령 기억 영역에 손상이 생기면 언어뿐 아니라 계획이나 의사 결정과 같은 타 영역에도 장애가 생긴다. 신진대사 효소에 대한 유전자가 손상되면 뇌 전체에 영향이 미칠 수 있고, 수용 단백질에 대한 유전자가 손상되면 그 수용기가 있어야 하는 모든 곳에 영향이 미친다. 사실 인지의 특정한 영역에만 영향을 미치는 장애라는 것이 훨씬 드물 것이다.

'반(反)모듈 이론가'들이 보기에, 정신장애가 다양한 영역에 영향을 준다는 사실이야말로 정신은 단위로 이루어지지 않았다는 명백한 증거이다. 어떤 장애가 언어 능력과 전반적인 지능 모두에 영향을 준다는 사실 때문에 언어는 전반적인 지능의 한 산물일 뿐 독립적인 기능이 아니라고 믿는 사람도 많다. 하지만 어떤 장애가 두 가지 행동이나 신경 구조에 영향을 준다고 해서 그 둘이 동일하다는 말은 아니다. 단지 비슷한 식으로 만들어졌다고 생각할 수 있을 뿐이다.

전문가들조차 가끔 이 부분을 헷갈리곤 하는데, 뇌 손상 연구에 적용되는 '이중 해리'*라는 '논리'를 부지불식간에 여기에도 적용해버리기 때문이다. 만약 뇌의 한 부분이 두 가지 인지 과정에 관련되어 있다면, 두 과정은 동일한 연산 과정을 거친다고 가정할 수 있

---

* double dissociation. A라는 뇌 손상이 인지 과정 a에는 영향을 미치되 b에는 영향을 미치지 않을 때 이것을 단일 해리(single dissociation)라고 한다. 그러나 이것만으로는 a와 b가 별개의 인지 과정이라는 증거가 되지 않는다. 이에 더해 B라는 뇌 손상이 인지 과정 a에는 영향을 미치지 않으면서 b에만 영향을 미친다면 이제 이중 해리가 된다. 인지 과정 a에만 영향을 미치는 뇌 손상(내지는 병변 부위) A, 인지 과정 b에만 영향을 미치는 뇌 손상(내지는 병변 부위) B라는 이 이중 해리 조건이 충족되면 비로소 a와 b는 별개의 인지 과정이라고 인정된다.

다. 그러나 유전자의 경우는 다르다. 한 유전자가 서로 다른 두 인지 과정에 연관된다고 해서 신경 구조가 한 가지 인지 기능만 만들어낸다는 가정은 성립하지 않는다. 유전자의 조절 방법은 너무나 다양하기 때문에, 하나의 유전자는 완전히 다른 기능들에 여러 번 사용될 수도 있는 것이다. 가령, 마이크로탈미아 관련 전사 인자라는 유전자의 단백질 생성물은 안구 생성, 혈액 세포 생성, 색소 형성 등에 고루 참여한다.[88] 만약 언어를 만드는 신경물질이 전반적인 지능과 관련된 신경물질과 동일한 유전자 발현 과정을 거쳐 만들어진다면, 그 유전자에 장애가 생길 때 양쪽 모두 영향을 받는 것은 당연하다.

거꾸로, 여러 구성 요소들에서 어떤 복잡한 기술이 생겨난다면, 그 기술은 당연히 여러 가지 방식의 취약점을 보이게 된다. 일례로 글을 읽는 능력은 언어적 지식에 기반하며(즉 단어가 어떤 식으로 발음될 것인가 추측하는 지식이다. 'mave' 라는 단어는 'have' 와 비슷하게 읽힐 것인가 'gave' 와 비슷하게 읽힐 것인가?), 또한 시각적 능력('d' 와 'b' 의 좌우 차이를 감지할 수 있는 능력 등이 있는데, 이 좌우 차이를 감지하는 것은 자연세계에서는 그리 중요하다고 할 수 없는 요소이다), 그리고 이 우습게 보이는 꼬부라진 선들을 언어적 발성으로 연결지을 수 있는 능력(이 역시 순전히 임의적인 것이다. 'P' 는 영어에서는 '프' 라고 발음되지만 그리스어에서는 '르' 로 발음된다. 영어 단어에서 'ough' 는 수많은 방식으로 발음될 수 있다)에도 의존한다. 얼굴에서 얼마 떨어지지 않은 곳에 있는 종이에 두 눈의 초점을 맞추기 위해서 우리의 시각 체계는 특별한 과정을 거쳐야 하며(이 역시 자연세계의 관점에서 보면 기이한 일이다. 자연적인 상태에서 우리가 볼 필요가 있는 것들은 대부분 멀리 있는 사물이기 때문이다), 또 제대로 듣지 못하면 발음을 정확히 배울 수 없기 때문에 언어 체계는 정상적인 청각 체계에도 의존하게 된다.

따라서 난독증(여타의 인지장애나 기억장애, 행동장애들과는 관련이 없으며 유전 가능성이 매우 높은 심각한 독서장애이다) 등의 장애가 여러 가지 형태로 나타난다는 것은 조금도 놀랄 일이 아니다. 때로는 청력에 이상이 있어서, 잘 보이지 않아서, 언어 체계에 문제가 있어서 나타나기도 한다.[89] 한 연구에 따르면, 난독증 환자의 3분의 2 정도는 단어가 흐리게 보이거나 종이 위로 솟아 나와 보인다고 했는데, 한쪽 눈을 감고 보는 것만으로도 상당수가 호전되었다(아마 그들의 문제는 두 눈이 인쇄물을 빠르게 훑고 지나갈 때 서로 초점을 조정하지 못해서 생겼을 것이다).[90] 다른 환자들은 시각은 정상이었으나, 말할 때 생기는 음향학적이고 빠르고 미묘한 변화들을 듣는 데 문제가 있었다.[91] 또다른 환자들은 감각 능력에는 아무 문제가 없었지만 단어의 발음과 상관된 영역인 음운론 쪽에 심각한 문제가 있었다. 자연은 '하나의 질병에는 하나의 원인'이라는 원칙을 전혀 따르지 않는다. 신체의 질병이 수십 가지의 원인 때문에 일어날 수 있듯(가령, 영양실조는 효소 부족이나 기관장애로 생길 수 있고, 심지어 이가 나빠서 생길 수도 있다), 정신장애에 대한 원인 또한 수없이 많다.

아직 답하지 못한 진짜 문제는 언어 등 한 가지 인지 영역에만 오롯이 영향을 미치는 유전적 장애가 있을 수 있는가 하는 점이다. 특정 유전자—*FOXP2* 유전자로, 이 장의 뒷부분에서 자세히 설명할 것이다—에 결정적인 영향을 받는 듯한 언어장애가 있긴 하지만, 언어에만 국한된 장애는 아니다. 현재로서는 몇몇 장애들이 실제로 언어의 특정 영역에 영향을 미치는 것 같다는 매우 애매한 증거만 존재할 뿐이다. 그조차도 특정 유전자와 결부된 증거는 아니다. 음성학적인 문제가 있는 듯한 난독증 증세가 좋은 예이다. 또다른 예로는 심리학자 헤더 반 데어 렐리가 연구했던 'G-SLI'(문법에만 관련이 있는 특수 언어장애)가 있는데, 이것은 수동태('소년은 소녀에게 입맞춤을 당했다')나 새로운 단어의 과거형을 만드는 것('이 사람은 ＿＿＿할 수 있는 사람이다. 저기를 보라. 그가 방금 그것을 했다. 그는 방금 ＿＿＿＿＿.')을 이해하지 못하는 등 문법의 영역에 국한되는 장애이다.[92] 만약 이런 장애들과 특정 유전자와의 상관관계가 밝혀진다면[93] 우리는 귀중한 단서를 얻게 될 것이다. 그러한 장애로 손상되는 유전자들이 언어에 관련된 유일한 유전자여서가 아니라, 그들이 언어에만 특수하게 관여하는 신경물질에 대해 조금이나마 통찰을 줄 것이기 때문이다.[94] 대부분의 장애가 하나 이상의 영역에 영향을 미치고, 영역들은 수많은 장애의 영향을 동시에 받지만, 그렇다고 해서 모듈 이론을 완전히 포기하기에는 이르다.

언어란 것이 영장류가 공통으로 소유하고 있는 요소들과 인간에게만 존재하는 소수의 특수 요소들의 혼합체라면, 인간에게만 있는 특수 요소들 중에서도 과연 어떤 것이 이렇게 큰 차이를 만들어냈을까? 인간의 사회적 인지 능력이 중요한 요소였으리라는 주장이 있다. 한 예로, 영장류의 사회적 인지 능력 전문가인 마이클 토마셀로와 아기의 단어 학습에 관심이 있는 심리학자 폴 블룸의 연구를 들 수 있다. 두 사람의 연구는 모두 침팬지는 인간에 비해서 다른 이들의 목표나 의도를 이해하는 능력이 현저히 떨어진다는 것을 보여주었다. 가령 실험자가 두 개의 불투명한 용기를 놓고 그중 하나에 먹을 것을 숨긴 후, 먹을 것이 들어 있는 용기를 가리켰다고 하자(또는 그냥 쳐다보거나, 손으로 두드렸다고 하자). 침팬지는 실험자가 가리키는 쪽으로 다가가지 않을까? 하지만 몇몇 침팬지들은 실험을 수십 번 반복해도 게임을 익히지 못했다.[95] 다른 이들의 의도를 제대로 파악하지 못하므로 이 의사소통 게임은 불가능한 것이다. 블룸은 이렇게 썼다. "침팬지는 다른 사람들의 의도를 파악하는 능력이 너무나 뒤떨어져, 단어 학습이란 아예 불가능하다."[96]

물론, 당신 옆에 앉아 있는 소년의 영혼을 속속들이 들여다볼 수 있어야만 언어 학습이 가능하다는 말은 아니다(우디 앨런의 오래된 농담을 빗대어보았다. 그는 NYU에서 퇴학당하는 데 지대한 역할을 했던 형이상학 기말고사 때 옆자리 소년의 영혼을 들여다보려 했다고 농담한 적이 있다). 하지만 다른 사람들이 하려는 말을 추측할 수 있으면 확실히 좋은 점이 많다. 다른 사람의 생각 역시 당신 생각과 그리 다르지 않으리라는 믿음, 그리고 인간 심리에 대한 이해가 있으면 쉽게 터득할 수 있는 일이기도 하다(물론 확실히 알 수는 없다. 이 세상에서 진정으로 의식 있는 인간이 당신 혼자일 수도 있는 노릇이다. 당신 이외의 모든 사람은 좀비나 로봇일 수도 있는 것이다. 논리학자 레이먼드 스멀리안이 말한 바 있듯, "나는 분명 유아론자(唯我論子)이다. 하지만 분명, 이것 역시 한 사람의 의견일 뿐이다").

단어의 뜻을 배우기 시작할 무렵의 아이들은 다른 사람이 믿고 있는 바를 고려하는 것이 중요하다는 사실을 깨닫는다. 이 사실을 증명한 초기의 실험들 중 데어 발드윈이 1990년 박사학위 논문 과제의 일환으로 수행했던 실험이 있다.[97] 발드윈은 16개월 된 아기 앞에 흥미로운 장난감을 하나 두고는 "저 토마를 보렴"이라고 말했다. 아이가 '토마'라는 단어를 아이 자신이 쳐다보고 있는 장난감(가령 늘였다 줄였다 할 수 있는 초록색 망원경)으로 받아들일 것인지, 아니면 실험자가 쳐다보고 있는 다른 장난감(가령 노란 빨판이 주위에 붙어 있는 접시)으로 받아들일 것인지 알아보기 위한 실험이었다. 영아들은 자기 중심적이어서 다른 사람들의 눈으로는 보지 못한다는 피아제의 주장과는 달리, 16개월 된 아기들은 일관되게 실험자가 쳐다보고 있는 장난감을 '토마'라고 받아들였다.

아이들이 네 살 정도가 되면[98] (르네 베일라전의 최근 연구 결과에 따르면 이보다 어린 나이에도 가능하다)[99] 다른 사람들이 잘못 알 수도 있다는 사실도 알게 된다. 네 살 된 이웃 아이가 있다면 이 실험을 해보라. 아이의 아빠가 보고 있는 상태에서 아이에게 과자를 보여주고는 병에 집어넣는다. 그러고는 아이 아빠에게 방을 나가라고 한다. 아빠가 없는 동안 과자를 꺼내어 냉장고로 옮긴다. 그리고 아이에게 '아빠가 어디서 과자를 찾겠니?'라고 물어본다. 그 아이가 '잘못 알 가능성'이라는 개념을 익혔다면, (아마도 킥킥대면서) 아빠가 병을 찾아볼 것이라고 대답할 것이다. 이 개념을 아직 익히지 못했다면, 과자가 이제 냉장고에 있다는 사실을 자기 자신이 알기 때문에 아빠도 똑같이 알리라고 생각할 것이다. 이 실험을 비언어적인 형태로 침팬지에게 수행한 결과,[100] 앞서 말했듯, 단순히 손가락으로 가리키는 것만으로도 침팬지들은 혼란에 빠지는 듯했다. 이제까지 본 바에 의하면 침팬지들은 (아마도 먹을 것을 두고 경쟁할 때에는 예외이겠지만[101]) 형편없는 직관 심리 도사다. 그래서 언어를 배우는 데 심각한 어려움이 있다.

하지만 남의 마음 읽어내기나 사회적 재치가 언어 습득에 필수적이라고 주장하는 것은 아닙니다. 남이 무슨 생각을 하고 있는지 추측할 수 있다면 남이 말하는 바를 알아듣기도 쉽겠지만, 사회적 지능이 언어 습득에 필수적이라는 주장에는 동의할 수 없다. 심각한 사회 인지 장애를 가진 자폐증 환자 중에서도 뛰어난 몇몇은 거의 유창한 수준으로 언어를 익힌다. 반면 칸지 등의 침팬지는 분명 사회적 접촉을 즐기지만 전면적으로 언어를 익히는 능력은 부족하다. 개들은 침팬지보다 사회성이 뛰어나고 눈맞춤을 더 잘 이해하지만 몇 마디 단어나 간단한 명령 이외의 말을 이해하지는 못한다.

또다른 결정적 요인 중 하나는 간단한 요소들을 결합해 복잡한 요소로 만들고, 이것을 다시 더 높은 단계의 결합 단위가 되게 하는 인간의 놀라운 능력이다. 이 능력은 '되부름'이라는 용어로 불리기도 한다. 만약 당신이 하나의 공을 상상할 수 있으면 큰 공을 상상할 수 있고, 큰 공을 상상할 수 있으면 줄무늬가 있는 큰 공을 상상할 수 있고, 해변가에 놓인 줄무늬 큰 공을 상상할 수도 있다. 컴퓨터 프로그램에서는 이것이 '표현 형식'의 문제, 기억의 조직 형태의 문제가 된다. 컴퓨터에 저장되는 모든 것은 특정 카테고리에 할당되어야 한다. 카테고리는 이름, 전화번호, 그림 등일 수 있으며 또한 컴퓨터 공학자들이 트리 구조라 부르는 것일 수도 있다.

만약 언어를 가능하게 한 단 하나의 요인을 꼽으라면, 나는 이 되부름 능력을 꼽겠다[102] (마크 하우저, 놈 촘스키, 그리고 인지과학자 테쿰세 피치 등이 최근에 비슷한 견해를 밝힌 바 있다[103]). 언어가 수많은 물체를 다양한 방식으로 묘사할 수 있는 것은 이 되부름 능력 덕택이다. 만약 폴더(또는 유닉스 마니아들이 말하는 '디렉토리')를 아예 만들 수 없다면 당신의 컴퓨터 파일들이 얼마나 무질서할지 상

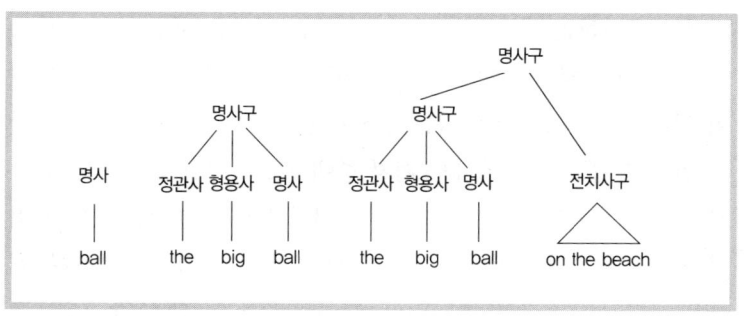

되부름 구성을 표현한 세 가지 구문 트리 구조

상해보라. 프로그래머의 관점에서 보자면 폴더란 정보를 조직하는 한 가지 방법일 뿐이지만, 그 방법이 있기에 사용자의 정보 접근도가 놀랍도록 좋아진다. 되부름이라는 새로운 정보 구조가 진화적으로 생겨났다는 것—프로그래머가 폴더 구조를 사용해 저장하는 것과 유사하다—은 진화에서 자그만 사건일 수 있겠지만 의사소통과 사고에 미친 영향은 막대하다.

새로운 단어를 자유자재로 배우는 능력 또한 강력한 것이다. 그 밖에도 개념적으로 상이한 여러 요소들(그 자체가 언어의 되부름을 발생시킨, 또는 그로부터 발생한)을 통합하고 조직하고 유추할 수 있는 특별한 정신 능력이나,[104] 운동 통제 체계의 기제들을 언어의 문제에 적용하게 된 능력,[105] 또는 인간의 성도에 생긴 특별한 변화(지금은 그리 타당성 있게 받아들여지지 않는 아이디어이지만) 등도 거론되고 있다.[106]

물론 언어가 단 하나의 혁신에서 생겨났다고 믿을 근거는 없다. 많은 언어학자와 심리학자들이 언어의 진화가 몇 단계로 점차 진행되었으리라는 견해를 제시하고 있다. 단어를 배우는 능력, 문법을 배우는 능력이 하나하나 나타났으리라는 것이다. 이 주장이 옳다면 우리 선조들은 마치 신문 기사 제목이나 전보 문구같이 들리는 '원시언어'를 사용했을 것이다('사람 말 배운다. 네안데르탈인 걱정한다').[107] 가령 레이 재킨도프는 12단계에 걸친 현대 언어의 발달론을 제시한 바 있는데, 분류되지 않은 다양한 상징의 발달에서 시작하여 (과거시제와 같은) 의미 관계를 전달하기 위한 어형 변화 체계('~하고 있다'나 '~했다' 등)의 발달에까지 이르는 이론이다.[108]

언어가 재킨도프의 주장처럼 복잡한 것이라는 사실에는 의심의 여지가 없다. 그가 묘사한 각 단계는 언어에 대한 모종의 실체를 설명하고 있다. 그러나 나는 진화가 언어 영역 내에 국한된 별개의 단계로 진행되지는 않았으리라고 생각한다. 두 가지 이유가 있다.

첫째로, 진화학에는 단계를 거치는 점진적인 변화로 설명하려는 오래된 전통이 있지만, 나는 이 책이 설명하는 우전적 기제에 비추어볼 때 이 '점진적 변화를 통한 진화'라는 개념은 재평가되어야 한다고 생각한다. 유전적 변화도 점진적일 수 있다. 돌연변이와 중복 유전자가 하나씩 생겨났을 수 있다. 하지만 단 하나의 변화로도 새로운 유전자들이 연이어 발현하거나 오래된 발현 과정이 중단될 수 있기 때문에, 표현형의 변화는 점진적이지 않다. 단 하나의 유전자 돌연변이(또는 중복)도 표현형, 즉 개체의 형태나 행동에 막대한 영향을 미칠 수 있다. 광수용기 중복으로 색을 감지하는 능력이 생긴 것처럼 말이다. 언어가 무에서 생겨난 것이라면 아마도 기나긴 점진적 단계들이 필요했을 것이다. 그러나 언어가 기존의 요소들—기억을 위한 신경 구조라거나 반복 행동의 자동화, 사회적 인지 능력 등—을 새로운 방식으로 결합하여 생겨난 것이라면 상대적으로 빠른 시간 내에 발전했을 가능성도 있다.

둘째, 언어 습득 능력에 유전자가 기여한 바가 상당할 것이라는 재킨도프의 의견에 전적으로 동의하지만 언어를 위한 기제들이 전적으로 언어만을 위한 것인지는 확신할 수 없다는 것이다. 재킨도프가 옳을 수도 있지만, 틀릴 수도 있다. 언어기제 중에서도 인간에게만 특별히 존재하는 부분은 아주 적을지 모른다. 언어 학습 능력을 이해하는 것은 이토록 어렵다. 언어 습득을 오래 연구해온 사람으로서, 아직도 우리가 아는 바가 거의 없다는 사실은 정말 유감이다.

∞

비록 과학자들이 수년 내에 언어의 신경적·인지적 기반을 완전히 이해하게 되리라 기대하지는 않지만, 언어의 진화에 대해서만이라도 알게 되리라고도 기대하지 않지만, 유전자에 대한 연구에서 중요한 통찰을 많이 얻게 되리라고는 믿는다.

게놈이 증거를 제공해줄 것처럼 보이지는 않는다. 인간이 침팬지에서 떨어져 나온 것은 진화의 시간표에서 보자면 최근의 일로서, 고작해야 400~700만 년 전의 일이다.[109] 영장류가 존재했던 약 8500만 년이나[110] 지구에 생명체가 존재했던 35~40억 년에 비하면 거의 순간에 해당한다.[111] 그리고 재러드 다이아몬드와 그 밖의 여러 사람들이 지적했듯이, 인간의 게놈은 침팬지의 그것과 그리 다르지 않다.

이 사실은 1975년, 당시 버클리 대학의 대학원생이었던 메리 클레어 킹과 DNA의 시간에 따른 변화가 '분자시계'로 작용할 수 있으리라는 제안을 해 이미 주목받고 있던 앨런 윌슨에 의해 밝혀졌다.[112] 분자시계 기법은 DNA 돌연변이가 비교적 일정한 간격으로 일어난다는 가정에 기반한 것이다. DNA 배열의 변화를 측정하면 다양한 생물종이 분화된 시점을 알아낼 수 있는 것이다.

가령 두 생물종이 가까이 연관되어 있다면 그들의 헤모글로빈 배열은 매우 비슷할 것이다. 연관이 멀다면 덜 비슷할 것이다. 킹과 윌슨이 작업하던 때에는 많은 양의 DNA에서 뉴클레오티드 배열을 알아내는 것이 쉽지 않았지만, 두 가닥의 DNA가 얼마나 강하게 결합하는가를 측정함으로써 서로 비슷한 정도를 알아내는 것은 가능했다. 만약 두 가닥의 DNA가 동일하다면 그들은 강력한 결합을 이루어 떼어내기 어려운 상태가 된다. 가닥이 서로 다르다면 결합력이 약해 떼어내기도 쉽다. 완벽하지 않은 법칙이지만, 비율로 표현된 차이는 그들의 '녹는점'의 눈금 변화로 나타났다[113] (소위 말하는 녹는점이란 DNA 가닥들이 갈라지는 온도를 말한다. DNA가 고체에서 액체로 변하게 되는 그 녹는점보다는 한참 아래이다).

나중에 유방암 유전자 BRCA1을 발견하여 유명해지는 킹[114]은, 윌슨의 기법을 일반화하여 그것을 인간의 독특함이라는 문제를 풀 도구로 사용했다. 인간과 침팬지의 헤모글로빈에 차이가 있을 것이라 생각한 과학자는 아무도 없었지만 킹과 윌슨은 그 외 다른 유전자와 단백질들도 매우 비슷하다는 사실을 밝혀냈다. 아무리 열심히 차이를 측정해보아도, 뉴클레오티드를 비교하든 아미노산을 비교하든 인간과 침팬지는 매우 비슷해서 차이는 1~2퍼센트 정도인 것으로 드러났다. 이 놀라운 결과는 곧 언론의 주목을 받았다(칼 세이

건은 앤 드루얀과 함께 지은 『잃어버린 조상의 그림자』라는 책에서 다음과 같이 써서 이 결과를 널리 알렸다. "이 기준으로 보자면 인간과 침팬지는 말과 당나귀만큼이나 가까운 사이이다. 생쥐와 쥐, 칠면조와 닭, 낙타와 라마보다도 가까운 사이이다. 다른 생물을 면밀히 관찰함으로써 우리 자신에 대해 알고자 할 때, 가장 좋은 대상은 바로 침팬지이다"[115]).

곧 다른 과학자들도 킹과 윌슨의 연구 결과를 확인해주었다. 오늘날 방식이 세련되어지긴 했어도—최근 연구는 서로 다른 종의 DNA 혼성 가닥의 녹는점에만 매달리지 않고 DNA 배열의 뉴클레오티드 정보 자체를 비교하고 있다—결과는 마찬가지다.[116] 침팬지에서 어떤 뉴클레오티드 100개의 배열을 떼어내 보더라도 이미 당신의 게놈에 대응하는 부분이 아주 많다. 아마 한두 개 정도의 뉴클레오티드가 다를 것이다.

킹과 윌슨이 짐작했던 대로(그러나 당시에는 밝혀낼 수 없었다), 차이는 다른 곳에 있다. IF 조절 영역에 있는 것이다. 앞서도 살펴보았듯, 조절 영역에 작은 변화만 생겨도 행동에 큰 차이가 나타날 수 있으며, 기억이 손상되거나 한 생물종이 다른 종보다 더 사회적일 수도 있게 된다. 인간 게놈과 침팬지 게놈의 비교적 큰 차이가 CpG 섬이라는 부분에서 발견되었는데,[117] 이것은 유전자의 발현 시점을 통제하는 IF 조절 배열과 연관되어 있는 DNA 조각이다.[118] 실제로 유전자의 다른 배열 부분에서는 인간과 침팬지의 차이가 1퍼센트 남짓이지만, CpG 섬에서는 15퍼센트 이상의 차이를 보인다. 이것이 말해주는 바는 인간과 침팬지 사촌은 똑같은 단백질로 만들어져 있지만 그 단백질을 조직하는 방식에 중대한 차이가 있다는 것이다. 대부분의 유전자의 단백질 주형 THEN 부분은 동일하다. 하지만 그 단백질들은 상당히 다른 방식으로 조절되고 있다. 그리고 오래된 단백질의 새로운 규제 방식이야말로 인간에게 말하는 능력, 문화를 습득하는 능력을 준 것인지 모른다.

말하는 능력, 그리고 언어를 이해하는 능력은 영장류에게 이미 갖춰져 있던 여러 체계들(기억이나 기술 습득 능력 등)에 기반한 것이기 때문에 단 하나의 돌연변이에서 어느 날 문득 생겨나지는 않았을 것이다. 하지만 또한 셀 수 없이 많은 단계를 거쳐 나타난 것도 아닐 것이다. 특히 조절 영역의 변화와 관련되어 있다면 더욱 그러하다(복잡한 연쇄 반응의 정점에 있는 중복 현상이라면 말이다).

이제 언어장애에 연관된 유전자에 대해 알기 시작했으므로, 언어 연관 유전자가 다른 유전자들과 어떤 관계를 맺는지 물어볼 때가 되었다. 언어에 관련된 유전자들은 운동 통제 체계에 연관된 유전자들이 중복(그리고 약간의 분화)을 일으켜 생겨난 것인가? 아니면 정신적으로 공간을 지각하는 체계에 관련된 유전자가 변용된 것인가?

언론은 종종 '언어 유전자'라는 말을 쓰곤 하지만, 사실 언어에 관련된 유전자들 대부분이 오롯이 언어에만 연관된 것은 아니다. 언어는 (그리고 인간의 마음에 특수한 것이라면 무엇이든지) 우리를 침팬지와 구분짓는 1.5퍼센트의 유전물질에서만 생겨난 것이 아니다. 우리와 침팬지가 공유하는 98.5퍼센트의 물질도 언어에 기여한다(또한 그 공통의 98.5퍼센트가 독특한 1.5퍼센트에서 어떤 영향을 받는가 하는 것에도 달려 있다).

나는 인간의 특별한 능력을 이루는 것들이 여타 정신 기능을 뒷받침하는 바로 그 동일한 신경 세포의 산물로 밝혀지리라 생각한다. 언어를 뒷받침하는 신경 세포들은 시각이나 운동 능력을 뒷받침하는 신경 세포들과 마찬가지로 보통의 축색돌기, 수상돌기, 미엘린이 뒤섞여 만들어졌을 것이며, 단지 조금 다른 방식으로 배열되었을 것이다. 언어는 여타 인지 과정과 마찬가지로 기억 장치를 사용한다. 그리고 아마도 과학자들은 언어 역시 사람의 얼굴을 기억하거나 사건을 기억할 때와 똑같은 분자들을 사용한다는 것을 밝혀내게 될 것이다. 언어가 진화의 시간표로 볼 때 비교적 빠른 순간에 나타날 수 있었던 것은—언어의 탄생은 최대로 잡아봐야 몇백만 년 전이거나 그보다 조금 더 뒤이며,[119] 아마도 십만 년 사이에 발달했을 것이다. 눈이 진화하는 데 수십억 년이 걸렸다는 것과 비교하면 어느 쪽이든 매우 짧은 순간이다—복잡한 인지 과정을 건설하는 데 필요한 유전적 도구들 대부분이 이미 마련되어 있었기 때문이다.

현실적으로 언어 유전자를 찾는다는 것은 건초더미에서 바늘을 찾는 격이다. 이 장 전체를 통해 설명했듯, 최근 진화적 혁신은 무에서 솟아난 게 아니라 오래된 진화적 혁신의 기존 구조를 재구성하고 변형시켜 생겨났다. 언어를 뒷받침하는 뇌 부분의 발달(과 유지)에 연관된 유전자의 수는 수천 개가 넘을 것인데, 그중 언어에만 전적으로 작용하는 것은 아마 수백 개도 안 될 것이다. 언어의 기원을 이해하기 위해서는 어떻게 상대적으로 적은 유전자들이 기존의 많은 유전자들의 행동을 조정할 수 있었는가를 알아야만 한다.

이러한 방향의 연구는 이미 시작되고 있다. 2001년 사이먼 피셔와 앤서니 모나코, 그들의 학생이었던 세실리아 라이가 이끄는 영국 유전학 팀은 말과 언어의 장애에 결정적인 영향을 미치는 것으로 보이는 유전자를 최초로 발견했다.[120] FOXP2라는 그 유전자는 KE 가족이라고 알려진 영국의 한 가계에 나타난, 단일 유전자에 의한 드문 언어장애를 조사하는 과정에서 발견되었다. 유전자와 장애는 완벽히 일치했다. KE 가계 중 손상된 FOXP2를 가진 사람은 모두 장애를 일으켰고, 정상적인 FOXP2 유전자를 가진 사람은 장애를 일으키지 않았다. 장애가 있는 사람들은 주로 과거 시제 동사를 이해하거나, 심리학자들이 '비(非)단어'라고 부르는 것들을 반복해서 발음하거나(일례로 '파타카'는 영어 단어처럼 보이지만 사실 단어는 아니다), 발성 언어를 이해하는 데 어려움을 보였다.[121]

발달신경과학자 파라네 바르가 카뎀이 보여준 것처럼, 장애가 순전히 언어에만 국한된 것은 아니었다. 장애를 나타낸 가족들은 입과 얼굴 근육의 연속 행동을 통제하는 데에도 문제를 보였다. 즉 "혀를 내밀고, 윗입술을 핥고, 입술로 쪽 소리를 내보아라"라는 식의 지침을 따라하는 게 어려웠다.[122] FOXP2 유전자의 가치는 그것이 '언어 유전자'라는 데 있는 것이 아니고—끈질기게 주장하는 바지만 그런 유전자는 존재하지 않는다고 생각한다—언어를 형성하는 유전자의 연쇄 반응에 관련된 다른 유전자들의 신비를 푸는 열쇠가 될 수 있으리라는 데에 있다. FOXP2는 사람에게만 있는 것도 아니고, 뇌에만 있는 것도 아니고, 심지어 언어에만 관련된 것도 아니다. 쥐[123]나 침팬지도 이 유전자를 갖고 있다. 뇌 이외에 허파 등에서도 발현된다.[124] 하지만 사람의 FOXP2는 언어의 유전적 기반을 이해하는 중요한 요소일지도 모른다는 점에서 다를 뿐이다.

이 유전자의 715개 아미노산 길이의 단백질은 인간과 침팬지가 거의 동일하지만, 인간의 경우 그중 두 개의 아미노산에 변화가 있다. 이 변화는 유전자가 목적을 규제하는 데 중요한 역할을 하는지도 모른다(인간에서는 트레오닌이 아스파라긴으로, 아스파라긴이 세린으로 바뀌어 있다).[125] 단 두 개의 변화라니 대단해 보이지 않을지 몰라도 이 변화는 아프리카인, 유럽인, 남아메리카인, 아시아인, 오스트레일리아인 등 모든 연구 대상 인간에게서 공통적으로 발견되었다. 그리고 세린이 아스파라긴으로 바뀌는 현상은 다른 영장류에서는 발견되지 않았으며, 트레오닌이 아스파라긴으로 바뀌는 현상 역시 바다표범이나 닭, 원숭이, 침팬지 등 연구 대상이 된 29개 여타 생물종 어디에서도 발견되지 않았다. 수학적 모델링을 통해 알아본 결과 이 유전자의 변화는 10~20만 년 전에 일어났는데,[126] 이것은 언어가 진화했으리라 추측되는 연대와 일치한다.[127]

현재 우리가 확실히 아는 점은 *FOXP2* 유전자의 단백질 생성물이 다른 유전자들의 행동을 야기하는 유전자 중 하나로 조절 단백질이라는 것이다. 그것이 언어에 얼마나 중대한 역할을 했을지는 알 수 없다. 하지만 그것이 상호작용하는 다른 유전자들의 연쇄 반응을 추적해 동물에서는 어떤 형태로 나타나는가 살펴보고, 다른 인지 체계에서는 어떤 역할을 맡는지 알아봄으로써, 머지않아 언어라는 인간 재능의 분자적 역사를 조금씩 써나가게 되리라는 희망은 있다.

(8)
유전자 부족이란 없다

조그만 것으로 큰 것을 만든다.　　　　　　　—속담

아기들·유전자·뇌에 대해서 여러 이야기를 해왔지만, 아직 나는 1장 마지막 부분에서 제기했던 '두 역설'을 풀지 못했다. 어떻게 선천성과 유연성이 공존할 수 있는가? 그리고 10만 개가 못 되는 게놈이 어떻게 수십억 개나 되는 뉴런의 성장을 지시할 수 있는가(그 뉴런들 사이의 수즈 개의 연결은 말할 것도 없다)? 배아발생학이라는 도구를 꽉 움켜쥔 우리는 마침내 이 질문들에 대답할 수 있다.

　이야기의 핵심에는 두 가지 증거의 충돌이 놓여 있다. 한 가지는 뇌가 신체와 마찬가지로 외부 세계의 도움이 없이도 스스로를 조립한다는 것이고, 다른 한 가지는 뇌의 초기 구조 중에서 돌에 새긴 것마냥 확고하게 고정된 것은 거의 없다는 사실이다. 시각우세기둥은 어둠 속에서 형성될 수 있지만 만약 태어날 때부터 한 눈이 멀어 있다면 재빨리 조정되기도 한다. '뇌의 시각 부분'은 시각 입력 정보에 반응하지만 그러지 않을 때도 있다. 언어는 좌뇌에 의존하고 있지만 역시 그러지 않을 때가 있다.

다시, 무엇이든 될 수 있는 뇌

예전 학자들은 선천성을 뒷받침하는 증거와 유연성을 뒷받침하는 증거가 화합하기란 거의 불가능하다고 생각했다. 대다수 학자들은 더 인상 깊은 쪽의 증거에만 관심을 쏟았다. 선천론자들은 경험을 통하지 않고도 아이가 할 수 있는 것에 대한 사례만 수집했고, 경험론자들은 뇌의 기본 구조가 환경적 조건에 반응하여 얼마나 바뀌는지에만 몰두했다.

양쪽은 제각기 일리가 있다. 뇌는 묘기 수준으로 놀라운 자기 조직 능력을 갖춘 동시에 마찬가지로 놀라운 경험적 재조직 능력도 가졌다. 하지만 둘 사이의 충돌은 실제가 아니라 겉보기만이다. 자기 조직 능력과 재조직 능력은 동전의 양면이다. 둘 모두, 독립적인 동시에 매우 협동적인 유전자 조직체의 어마어마한 역량이 만들어낸 산물이다. 실력 좋은 연주자들이 전통적인 레퍼토리를 연주하면서도 즉흥연주를 해내듯, 유전자들은 기본적인 업무를 수행하면서도 환경이 요구할 때에는 새로운 변주를 만들어낼 수 있다.

이제 우리는 유전자들이 실제로 어떻게 일하는지, 그들이 뇌의 발달 과정에 어떻게 기여하는지 알고 있으므로 발달과 재조직(재발달) 모두가 유전자의 이중적 속성에서 자연스럽게 따라 나온 것임을 알 수 있다. 유전자는 단백질을 만들 주형 및 단백질이 만들어질 때와 장소에 대한 지침 두 가지를 제공함으로써, 노래를 만들어낼뿐

더러 그 노래가 연주될 조건까지 알려준다.

　우리는 또 뇌의 놀라운 유연성은 몸이 지닌 유연성의 특수한 경우일 뿐이라는 것도 알게 되었다. 아직 역할이 정해지지 않은 어린 세포가 주변 환경에 적응하는 능력은 허파로 이식된 안구 세포에서도 찾아볼 수 있지만, 시각피질로 이식된 체성감각 뉴런에서도 찾아볼 수 있다. 이것이 가능한 까닭은 맥락에 따라 구조 형성을 지시하는 유전자 규제 과정 덕분이다.

　여러 가지 다양한 생물학적 기제들이 이 발달상의 유연성에 기여하고 있다. 유전자 조절이라는 체계를 통한 조직화(그리고 재조직화)가 유연성의 한 가지 원인이다. 또다른 중요한 기제로는 여분 현상이 있다. 보잉 777 비행기에는 컴퓨터 시스템이 세 세트가 있어서 하나가 고장날 때에 대비한다. 이렇듯 자연도 예비품을 갖추고 있다. 예비품에 대한 예비품도 갖고 있다. 게다가 신체는 자기 수선 기제들도 갖고 있다.

　유전자의 운명이 결정되는 기제에서도 유연성이 생성되는 듯하다. 4장에서 살펴보았듯이, 세포의 운명은 세포 내의 유전자 발현 형태에 의해 결정되며, 어떤 유전자가 발현되고 어떤 유전자는 발현되지 않는가에 달려 있다. 안구 예정 세포는 위(胃) 세포로 발달할 수도 있는데, 위 세포로서의 운명에 적합한 단백질을 만들어내는 유전자도 갖고 있기 때문이다(실상 모든 세포는 게놈 전체를 갖고 있다). 게다가 이 유전자들의 IF 조절 영역은 위에 존재하는 장소 신호[1]나 (펩신 등의) 분자 신호에 반응한다. 시각피질로 이식된 체성감각 세포의 경우도 비슷하다. 특정 세포의 기능을 세포의 개인적 계통에만 의존하게 하지 않고 세포가 받아들이는 신호에도 의존하게 함으로써, 게놈은 모든 세포가 어느 정도의 유연성을 갖도록 해주었다. 이 유연성은 별다른 대가 없이 누릴 수 있는 것이다.[2]

　게놈에 더 많이 의존하는 종류의 발달 유연성도 있다. 이들은 무언가를 수선해야 한다는 신호를 받았을 때 나타난다. 도마뱀의 잘려나간 사지가 다시 생겨날 때, 우선은 사지를 생성하는 유전자에 의존하게 된다. 하지만 그 성장을 촉진하는 체계가 별도로 존재하며, 이것은 사지 성장 연쇄작용이 다시 한번 일어나도록 하는 어떤 신호—아마도 레틴산일 것이다—에 의존한다.[3] 그리고 똑같은 신호가 뇌에도 있을 수 있다. 최소한 실험실의 페트리 접시 속에서는 레틴산이 신경 생장을 촉진한다는 사실이 증명되었다.[4]

　신경계가 스스로를 재생산하는 정확한 방법에 대해서는 아직도 연구할 점이 많지만(레틴산은 수많은 기여 요소들 중 하나일 뿐이다), 그 모든 과정에 유전자가 참여한다는 사실만은 분명하다. IQ에서는 불행히도 뒤떨어지지만 재생장에서는 세계 챔피언이라 할 만한 편형동물을 예로 들어보자. 편형동물의 머리를 잘라내면 머리 부분에서 새로운 몸통과 꼬리가 솟아난다(그리고 꼬리와 몸통 부분에서는 새로운 뇌가 장착된 새 머리가 자라난다). 일본 고베의 RIKEN 발달생물학 센터의 프란세스크 세브리아, 기요카즈 아가타와 동료들은 이 재생장 과정에 약 12개의 유전자들이 촉진 조절된다(더 많이 발현된다)는 사실을 밝혀냈다. 이 유전자들은 각각 특정 시점에 작용했으며, 몇몇은 재생의 초기 단계에, 다른 몇몇은 중간이나 후기 단계에 작용했다. 발달의 다른 측면들이 그러하듯 유전자 발현 또한 엄격한 시점 통제를 받고 있는 것이다.

　이 편형동물은 어찌나 열심히 사라진 뇌세포 조직을 재건하는지

*ndk*라는 유전자가 발현되지 않는 곳이라면 어디서나 재생 작업이 이루어진다. RIKEN의 연구자들이 *ndk*('모든 곳에 뇌가 있다'는 뜻인 일본어 腦だらけ에서 따온 이름이다)의 발현을 저지하자 재생중인 편형동물은 온몸 전체에서 뇌세포 조직을 발달시켰다.[5] 유전자를 조작하면 상처에 대응하는 재조직 능력도 조작할 수 있는 것이다(이 연구 결과가 학문적인 이론이기만 한 것은 아니다. *Ndk*는 인간 유전자 중 *FGFRL1*과 밀접하게 연관되어 있으며, 인간의 신경 세포 재생에도 편형동물의 경우와 같은 일이 일어날 가능성이 있는 것이다).

연관도가 높은 생물종을 비교 연구한 결과, 발달 유연성은 적절한 유전자가 있어야 나타나는 것이라는 사실이 뒷받침되고 있다. 가령, 금붕어와 개구리는 시각 신경(눈에서부터 중뇌의 '덮개'라는 부분까지 이어지는 축색돌기 덩어리들)에 심각한 손상을 입어도 곧 시각 기능을 되찾을 수 있는 능력이 있다. 뇌나 척수 손상을 입은 사람들의 재생을 돕기 위한 연구의 일환으로 실험자들이 물고기와 개구리의 시각 세포를 망가뜨리자 망막에서 덮개로 이어지는 복잡한 연결이 단 몇 달 만에 재생되었다. 반면 어떤 도마뱀(*Ctenipborus orgnatus*)은 그 연결이 제대로 재생되지 않았다.[6] 망막에서 중뇌로 이어지는 연결의 발달 체계는 개구리와 도마뱀이 거의 똑같았지만 도마뱀의 재생된 축색돌기들은 뇌의 시각 영역으로 길을 찾아 들어갈 때 실수를 많이 저질렀다. 비시각 영역으로 들어가는가 하면 잘못된 눈의 영역을 찾아가기도 했다. 하지만 가장 큰 실수는 실제로 정상적인 시각 영역 목표물에 가 닿은 축색돌기들이 저질렀다. 그들은 일단 당도한 후에도 적절히 처신하지 못했다. 정상적으로 질서 정연한 시각을 만들지 못하고 마구 뒤섞인 시각을 만들어냈다. 그 결과 도마뱀의 눈은 만화경 같은 시각을 갖게 되었는데 사실상 거의 보이지 않았다. 신경과학자 제니 로저가 밝혔듯, 문제는 유전자 발현에 있었다. 축색돌기 유도 분자들과 여타 생장에 관련된 단백질들이 적절하지 못하게 발현했던 것이다.[7]

몇몇 발달생물학자들은 상처가 아물어 재생하는 능력은 발달중인 생명체에서는 자연스러운 것으로 거의 기본이라고 말한다. 특별히 얻어지는 것이 아니라 원래 존재하지만 간혹 잃게 되는 것이라는 말이다(7장에서 찬양한 바 있는 미엘린이 범인일 가능성이 있다. 최소한 세 종류의 미엘린 단백질이 신경 재생을 방해하는 것으로 밝혀졌다.[8] 생각하고 추론하는 능력을 얻는 대가치고는 큰 편이다[9]). 조직화는 재조직화와 충돌하지 않는다. 양쪽 모두 유전자가 지시하는 생장 체계의 자연스러운 결과다.

발달 유연성이 진화한 것도 우연은 아니다. 에너지나 자원의 상당량을 후손을 만드는 데 투자하는 포유류에서는 배아의 적응력을 높여줄 가능성이 있는 기제는 상당히 유리했을 것이다. 일례로 입덧이란 산모의 식단을 선별하여 독소를 섭취할 가능성을 없애주는 자연작용이다.[10] 유전자 규제를 통한 발달 과정은 자라나는 배아가 온갖 사건과 변화를 이겨내도록 도와준다. 오벌린 대학의 생물학자 욜란다 크루즈는 다음과 같이 말했다.

증식, 이동, 분화 등의 역동적인 혼란을 겪는 세포들로 구성되어 빠른 속도로 자라는 배아에게, 특정 세포가 가능한 한 많은 발달 유연성을 갖고 있다는 것은 매우 바람직한 현상이다. 그래야 분열 주기 지연으로 잠시 멈추었거나 세포 몇 개가 죽어 일시적인 위기를 겪은 배아가 사소한 손상을 감수하고 재빨리 정상적인 발달 속도를 따라 잡을 수 있기 때문이다. 포유류 배아 성장의 거의 모든 과정에 존재하는 문제들에 이 타고난 유연성이 얼마나 크게 기여할지, 쉽게 상상할 수 있다.[11]

발달 조절은 또한 특정 유기체의 상충하는 부분들—모계와 부계에서 전달받은 것들이 합쳐지기 때문에—이 협동할 수 있는 가능성을 높여준다. 가상의 (그리고 크게 단순화한) 예를 하나 들어보자. 키 큰 아버지는 긴 이두근을 물려주고 키 작은 어머니는 짧은 신경 세포를 물려준 경우를 생각해보자. 아마 이 신경 세포로는 이두근을 구성하고 뇌에 가 닿기에도 모자랄 것이다(하물며 신과 씨름하기에는 팔이 너무 짧으리라는 것은 말할 나위도 없다). 특정 배아를 탄생시키는 유전자 혼합 과정이나, 집단적인 진화를 일으키는 일련의 유전자 혼합 과정에서, 구조 설정을 상대적인 단위로 할 수 있는 개체가 당연히 더 유리하다. 구조 설정을 절대 단위로 하는 개체는 엉망으로 이어붙인 부분들의 집합이 되어 살아서 자궁 밖으로 나올 수도 없을 것이다. 발달 조절과 그것이 담보하는 유연성은 선천성의 반대논리가 아니다. 오히려 선천성을 보증한다. 유연성은 자연적 복잡성의 적이 아니라 복잡성의 질을 담보해주는 보호자이고, 결과물이 제대로 만들어지도록 도와주는 조력자이다. 그리고 역동적인 방식으로 자기 자신을 조직하기 위해 상대적인 지표들을 사용해온 생물학의 필연적인 결과이다.

압축적인 게놈

적은 정보를 사용해서 복잡한 생명체를 묘사하는 문제는 컴퓨터 공학자들이 가능한 한 효율적으로 정보를 저장하고 전달하려 하는 노력과 비슷하다. 컴퓨터 저장장치가 기가바이트가 아닌 킬로바이트 단위였던 시절, 프로그래머들은 정보를 그림이나 워드프로세싱 문서에 압축하여 저장함으로써 하드디스크의 공간을 적게 차지하는 방법을 연구했다. 컴퓨터 메모리의 값이 싼 오늘날에도 더 나은 압축 기술을 개발하면 많은 돈을 벌 수 있다. 인터넷의 전송 용량—특정 순간에 이동시킬 수 있는 데이터의 용량—이 한정되어 있기 때문이다. 웹 페이지를 열고 나서 한참을 기다리고 싶어하는 사람은 아무도 없다. 웹 관리자가 그림이나 동영상을 더 많이 압축할수록 웹을 통해 전달되는 속도는 빨라질 것이다. 더 많이 압축하면 당신의 닷컴에는 더 많은 고객이 올 수 있다.

모든 압축 방법은 기본적으로 반복을 찾아내는 데 달려 있다. 가령, GIF 형식('지프'라고 발음되어 땅콩 버터가 생각나긴 한다[12])을 사용하는 프로그램은 반복되는 픽셀(디지털 이미지를 구성하는 색깔 있는 점들)에서 패턴을 찾아낸다. 일련의 픽셀이 모두 같은 색이라면 GIF 파일을 생성하는 소프트웨어는 그 픽셀의 색깔을 나타내는 암호를 부여하고, 한 줄에 같은 색의 픽셀이 몇 개나 있는지 알려주는 숫자도 함께 저장할 것이다. GIF 형식은 각각의 파란색 픽셀들을 개별적으로 모두 저장하는 대신 파란색에 해당하는 암호와 반복되는 파란색 픽셀의 개수에 해당하는 암호 두 가지를 저장함으로써 한 번에 오십 개에서 백 개의 픽셀을 표현하여 저장 공간을 줄인다.

GIF 파일을 '열' 때에는 컴퓨터가 이 암호를 적절한 비트의 배열로 다시 풀어낸다. 이렇게 컴퓨터는 상당한 양의 저장 공간을 줄인다.

'벡터 기반 형식'이라 불리는 방식은 1980년대에 비디오 게임 〈아스테로이드〉에 적용되어 관심을 끌기 시작한 것으로서, 이후 맥 드로우나 어도브 일러스트레이터 등의 프로그램에서 활용되고 있다. 이 방식은 이미지를 기하학적 형태, 직선, 곡선, 사각형 등으로 묘사한다. 벡터 기반 형식은 '비트맵' ─각 픽셀의 색깔에 대응하는 1과 0의 기다란 배열─으로 저장하는 대신, 이미지를 구성하는 직선과 곡선을 다시 그려 원래 이미지를 재구성하는 방법으로 저장한다. 컴퓨터 공학자들은 그야말로 수십 가지의 압축 방식을 고안해 냈다. 사진에는 JPEG 방식, 음악에는 MP3 방식, 프로그램에서는 ZIP 방식 등이 있으며, 지문[13]이나 얼굴[14]을 저장하기 위한 고도로 전문화된 (그리고 별로 알려지지 않은) 방식도 있다. 이 모두는 서로 다른 방법으로 중복되는 부분을 탐지하게 되어 있다. 어떤 경우든 결과는 똑같다. 간략한 개체로 전환된 이 압축의 결과물은 다시 '압축풀기'를 통해 원래 상태로 돌아간다(내가 가장 좋아하는 압축 풀기 프로그램은 '스터핏 익스팬더'이다).

생물학은 결과물을 미리 알지 못한다. 게다가 인간을 게놈으로 바꿔주는 압축 풀기 프로그램은 없다. 하지만 게놈 그 자체는 어마어마하게 복잡한 무언가를 만드는 방법을 압축한 것과 매우 비슷하다. 아마도 컴퓨터 공학자들의 연구실에서 발명된 그 어떤 방식보다도 효과적인 압축법일 것이다(뇌의 복잡성만 생각할 것이 아니다. 신체의 다른 부분에도 수조 개의 세포들이 있다. 그리고 그 모두가 3만 개에 이르는 게놈 유전자들의 감독을 받는 것이다). 그리고 비록 자연에는 그림을 압축하여 간단한 설명으로 만드는 프로그램 같은 것은 없을지라도 이미 압축된 암호를 푸는 프로그램은 있다. 그것이 바로 세포이다. 게놈이 들어가면, 생명체가 나온다. 유전자 발현의 논리를 사용해, 세포들은 게놈에서 생물 구조를 풀어내는 자기 조절 공장의 역할을 하는 것이다.

생물 구조를 압축한 암호인 게놈은 너무나도 효율적이다. 뇌에 있는 수백억 개의 세포들뿐 아니라 인체에 있는 수조 개의 세포들 모두가 3만 개 정도의 유전자에 담겨 있는 정보의 지시를 받는 것이다.[15] 국립건강연구소의 인간 형체 프로젝트(Visible Human Project)는 조셉 폴 저니건이라는 자원자의 시체를 작은 조각으로 잘라 고해상도 디지털 사진으로 저장했는데, 이 인체에 대한 최고 수준의 그림 정보는 약 60기가바이트에 달했다. (압축하지 않는다면) 대략 100개의 CD롬에 나눠 담아야 할 정도로 방대하지만, 여전히 개개의 세포까지 묘사할 정도로 정밀하지는 않다. 반면 게놈은 3조 개의 뉴클레오티드에 이 모든 것을 담는다. 이는 (한 뉴클레오티드를 2비트라고 계산하면) 1기가바이트의 3분의 2 수준이며, 하나의 CD롬에 담기는 양이다.

어떻게 신체는 그토록 작은 게놈에 그렇게 많은 것을 담을 수 있을까? 유전자의 기여는 상대적으로 덜 중요하다고 믿으며 동시에 학습과 경험에 무게를 두고자 하는 연구자들도 많다. 게놈의 가장 중요한 생성물 중 하나가 학습 능력이라는 점은 옳지만, 이러한 시각은 학습 효과를 과대평가하는 것이며, 또한 대단히 복잡한 구조를 지시하는 게놈의 능력을 과소평가하는 것이다. 생물학의 자기 조립 도구들이 바깥 세계의 학습 없이도 스스로 순환계나 눈을 정교하게 만들어낼 정도로 훌륭하다면, 초기의 복잡한 신경계 역시 외부의 학습 없이 만들어낼 수도 있는 것이다.

우리가 게놈의 진정한 역량을 알게 되면 이 불일치의 오해를 풀 수 있다. 현재 유전자 수의 추정치인 3만 개가 너무 적어 보인다는 점부터 설명하도록 하자. 3만 개라는 것은 인간 게놈 속에 단백질 생성 유전자가 얼마나 되는가를 추정한 수일 뿐이다.[16] 모든 유전자가 단백질 암호인 것은 아니다.[17] 3만 개라는 수에 포함되지 않은 다른 많은 유전자들은 단백질로 변환되지 않는 작은 RNA 조각들(마이크로 RNA라 불린다)의 암호이거나, 진화의 유물로서 제대로 단백질을 생성해내지 못하는 DNA 조각인 '의사 유전자들'의 암호이다. 이들에 대한 이해는 아직 부족하지만, 2002년과 2003년에 걸친 최근 연구에 따르면 이들 역시 유전자의 발현을 통제하는 IF 규제 과정에서 모종의 역할을 맡고 있을 가능성이 크다. 인간의 게놈에서 유전자를 수색하는 '유전자 발견' 프로그램들은 아직 이런 것들에는 관심이 없기 때문에—아직 제대로 구별해내는 방법조차 모르는 형편이다—게놈에는 더 많은 보물들이 묻혀 있을 가능성도 있다.

게다가 하나의 유전자는 여러 개의 조절 영역에 연관되어 여러 가지 기능을 수행할 수 있으므로, 단순히 유전자의 개수만 따지면 정보량이 축소된다. 가령 신호 유전자들은 신체의 여러 부분에서 여러 가지 그래디언트를 설정하기 위해 다양한 조절 영역을 사용한다. 초파리의 구애 유전자인 *fru*는 다양한 형태로 나타난다. 성별 의존적인 것도 있고 아닌 것도 있다. 각각은 서로 다른 규제 영역의 통제를 받으며 자라나는 파리의 몸 중 서로 다른 부분에서 각기 발현된다.

그리고 하나의 암호 영역(THEN)이 하나의 단백질을 풀어낸다고 생각하면 편하겠지만, 실상 자연은 단백질의 형태를 여러 가지로 변용하는 재주가 있다. 가령, 하나의 DNA 배열에서 그때그때의 맥락에 따라 여러 가지 서로 다른, 그러나 연관된 단백질들을 만들어 내는 '선택적 접합절단'이라는 트릭이 있다. 인간 게놈의 유전자 중 반 이상은 이런 형태를 취한다고 알려져 있다.[18] 축색돌기를 목적지로 유도하는 과정에 참여하는 초파리 유전자 *Dscam*은 원칙적으로 3만 8016개의 서로 다른 형태로 접합될 수 있다.[19] 인간에게도 이에 상응하는 *DSCAM*이라는 유전자가 있지만, 이 유전자도 비슷한 식으로 접합되는지, 기능적인 의미가 무엇인지는 밝혀지지 않았다.

하지만 유전자가 우리 추측보다 두 배 이상 많거나 수백 가지 방식으로 접합될 수 있다 하여도, 여전히 대략 600만 개의 단백질밖에는 생성하지 못한다는 결과가 남는다. 신체에 있는 수조 개의 세포 수나 뇌에 있는 수십억 개의 세포 수에 비하면 턱없이 모자란다. 이러한 불일치는 게놈을 압축 방식에 비유했을 때, 컴퓨터 공학자들의 말대로 '손실이 많은' 방식이라고 생각하면 쉽게 이해할 수 있다. 손실이 많다는 것은 압축의 결과물이 입력했던 것과 똑같지 않다는 뜻이다. 가령 JPEG 압축은 원래의 이미지를 완벽하게 보존해주지 못한다. 압축을 거치면 인간의 눈으로는 구별할 수 없을 정도로 미세한 부분이 축약되기 때문에 주의 깊게 보면 압축을 푼 JPEG는 원래 그림과는 똑같지 않다(마찬가지로 MP3 파일은 원래의 파일과 똑같지 않다는 것을 주의 깊게 들으면 알 수 있다). 벌레 등의 매우 단순한 생명체를 제외하고는 하나의 게놈에서 '압축을 푼' 두 생명체는 서로 같지 않다. 게놈이 완성물의 세부 사항을 일일이 암호화하지 않는다는 증거이다. 예를 들어 클론 메뚜기들은 구조와 뉴런이 약간씩 다르며, 첫 장에서 언급한 바처럼 인간 쌍둥이의 뇌와 신체 구조도 마찬가지다. 그러나 물론 일란성 쌍둥이는 신체나 뇌의 구조가 서로 상당히 비슷하긴 하다. 게놈은 손실이 많은 압축 방식이지만, 지나칠 정도로 손실이 많지는 않다. 동일한 게놈에서 완벽하게 동일한 신체가 나오는 것은 아니지만 같은 자궁에서 자란 쌍둥이는 뇌가 상당히 비슷할 가능성이 높다.

대신, 적은 수의 유전자가 인간 뇌의 복잡성을 창조해낼 수 있도록 하는 네 가지 요소들을 제시하겠다.

첫째, 이제껏 살펴보았듯(그리고 손실에 대한 이야기가 보여주듯), 게놈은 구조를 비트맵으로 암호화하는 것이 아니라 프로세스로 암호화한다. 게놈에 담긴 CD롬 하나 용량의 정보로는 한 배아의 세세한 그림을 예견해낼 수 없을 테지만, 배아를 만들어내는 프로세스는 설명해줄 수 있다. 아무 나무나 한 그루 그리려는 화가는 특정한 폰데로사 소나무 한 그루를 그리려는 화가보다 기억해야 할 사항이 적다. 이와 비슷하게, 신체의 모든 세포를 암호화하는 외계 게놈이 있다면, 인간의 게놈보다는 훨씬 많은 정보와 훨씬 많은 뉴클레오티드를 필요로 할 것이다. 우리의 게놈은 완성물의 모든 세부 사항의 정확한 그림을 지시하는 대신 생명체를 창조하는 일반적인 방식을 저장하기 때문이다. 우리의 게놈은 계획도가 아니라 방식을 저장하기 때문에 구멍이 많다. 그리고 복잡한 생물 구조의 건설을 이토록 효율적으로 감독할 수 있는 것도 바로 그 구멍들 덕택이다.

둘째로는 유전자가 고립된 상태가 아니라 협동한다는 사실을 들

수 있다. 유전자와 세포 형태 사이에 일대일 대응이 존재하고 새로운 유전자는 다른 유전자들과 상관없이 독립적으로 작동한다면, 게놈에 100개의 새로운 유전자가 더해지면 최대 100개의 새 세포들밖에 얻지 못할 것이다. 하지만 5장 끝부분에서 보았듯 유전자들은 서로 협력한다. 단독으로 일하는 100개의 유전자들은 100개의 단백질만을 규정할 뿐이지만, 앞서 사용했던 체스판 유추를 다시 적용해보면, 그 100개의 유전자들을 50개씩 두 그룹으로 나누고 그 각각이 다른 그룹의 유전자들과 협력한다고 가정하면 2500가지의 새로운 결합방식이 생길 수 있다. 유전자들은 서로 결합하여 일하기 때문에 게놈에 새로운 유전자 하나를 더한 효과는 선형적인 것이 아니라 지수적이다.

셋째, 컴퓨터 공학자들의 말을 빌리자면 게놈은 '확장 가능' 하다. 간단한 벡터 압축 방식은 몇 개의 '함수' 또는 '원소' 들을 활용하여 암호화를 수행한다. 그들은 사각형, 원, 곡선 등의 기본적인 요소들을 그리는 간단한 과정만으로도 그림을 그린다. 신체의 '압축 방식' 도 똑같은 일을 하지만, 한 가지가 더해졌다. 게놈의 압축 방식은 새로운 함수를 자유롭게 더할 수 있다. 모든 유전자는 새로운 주춧돌로 효과적으로 기능할 수 있다. 가령 안구 형성의 주 통제 유전자인 *Pax6*은 파리가 더듬이에 눈을 만들도록 한다. 하나의 유전자가 수백만 개 세포들의 운명을 규정하는 것이다. 기적적인 축약이다. 모든 눈이나 갈비뼈에 대해 별개의 지침을 주는 대신, 게놈은 주된 지침 하나를 주고, 동일한 유전자들을 필요한 만큼 반복적으로 사용한다. 그저 여러 장소에서 그들을 발현시키기만 하면 되는 것이다.

이제 '유전자 부족' 이 별 문제가 되지 않는 마지막 이유가 남았다. 거의 모든 유전자는 수없이 자주 사용된다. 각 세포를 위해 특정한 유전자를 보관해두는 대신(그러면 수조 개의 유전자가 필요할 것이다) 게놈은 세포들의 발달 과정에 모든 유전자를 동원할 수 있도록 설정해두었다. 헤모글로빈 각 분자에 대해 새로운 유전자가 할당되는 것이 아니라, 똑같은 요리법을 반복적으로 사용하는 것이다. 지네나 노래기 등은 각 다리에 대해 독립적인 유전자를 갖고 있는 것이 아니고, 단지 다리를 형성하는 연쇄 작용을 일으키는 동일한 유전자들을 많은 장소에서 발현시킬 뿐이다.

뇌와 신체에서는 이 주제 위에 그래디언트가 특별한 변주를 선사한다. 한 덩이의 세포들에 똑같은 유전자가 발현될 수 있지만, 그 정도가 다를 수 있는 것이다. 즉 하나의 유전자—그래디언트로 작용하는 신호 분자들 중의 하나이다—가 세포 덩어리 전체에 지침을 주지만, 각각에게 조금씩 다른 목적지를 줄 수 있다. 한 예로 프린터와 컴퓨터를 잇는 리본 케이블처럼 망막과 시상을 잇는 '형세 분포도' 라는 뉴런 연결을 생각해보자. 우선 망막의 모든 세포는 동일한 지표를 가진다. 하지만 5장에서 설명했던, 농도가 다르게 분포된 그래디언트가 있으므로, 세포들은 그 지표들('Eph 수용기' 라고 한다)을 서로 다른 농도로 가지게 된다. 귀에 가까운 세포들은 코에 가까이 있는 세포들보다 더 많은 양을 가진다. 각각의 성장뿔들은 자신이 얼마나 많은 Eph 수용기를 가졌나, 그리고 이웃들은 얼마나 많이 가졌나 하는 정보를 활용하며 적절한 목표물로 나아간다. 마치 키 순서대로 줄을 선 어린 아이들처럼, 각 신경절 세포의 축색돌기들은 자신들의 Eph 수치에 따라 정렬하며, 어느 축색돌기의 수치가 더 높은가에 따라 무리의 앞쪽이나 뒤쪽으로 배열된다(유명한 생물학자들이 팀을 이루어 수행했던 실험에서 이 사실이 증명되었다. 그들은 닭의 유전자를 쥐에 이식해서 쥐의 망막 신경절 세포 중 일부의 Eph 수치를 유전적으로 조작했다. Eph 수용기 수치가 높아진 세포들은 무리의 앞쪽으로 나아가 중뇌 앞쪽에 자리잡은 반면, 수치 변화가 없었던 세포들은 공간을 마련해주기 위해 뒤쪽으로 물러났다[20]). 그래디언트들은 적은 수의 유전자를 이용해서 수천 수만 개의 축색돌기들이 스스로 정교하게 조직되도록 한다.

이러한 체계에서 가장 아름다운 점은 바로 유연성이다. 망막에서 뻗어 나온 축색돌기들은 중뇌에 여유 공간이 있을 때에는 더 많이 뻗어 나갈 수 있으며, 기대했던 것보다 공간이 부족할 때는 멀리 나가지 않는다.[21] (키에 따라 줄을 세우는 듯한) 이런 방식은 수십 개의 세포나 수천 개의 세포에 모두 적용될 수 있다. 순수한 청사진으로 만들어지는 뇌는 작은 것 하나만 잘못되어도 어쩔 줄 모를 것이다. 자기 조절적인 지침을 따라 독립적으로 움직이는 세포들로 만들어지는 뇌는 유연하게 적응할 수 있다. 유전자 부족이란 없다. 자연은 몇 개의 유전자들을 반복하여 사용하는 법을 익혔기 때문이다. 유전자는 청사진이 아니라, 복잡한 생물 구조를 건축하는 데 쓰일 강력하면서도 유연한 방식이기 때문이다.[22]

마음의 시뮬레이션

게놈이 복잡한 신경 구조를 발달시키는 방법을 안다고 해서 복잡한 정신 구조를 발달시키는 법도 안다고 말할 수는 없다. 복잡한 정신 구조가 복잡한 신경 구조에 달려 있기는 하다. 다른 조건이 같다면 신경계가 더 복잡한 생명체가 인지 체계 역시 더 복잡할 가능성이 높다. 하지만 마음이 태어나는 곳을 속속들이 이해하려면 결국 정신 구조와 신경 구조 사이의 관계를 밝혀내야 할 것이다.

아직 인지신경과학이 이 관계에 대한 '최종적인 이론'을 제시하지 못하고 있지만, 많은 과학자들이 이 부분의 연구를 시작했다. 내 연구실에서도 컴퓨터 시뮬레이션을 사용하여 이런 연구에 첫 발을 내딛고 있다. 어떻게 오래된 인지 체계에서 새로운 인지 체계가 진화할 수 있는지 사례 연구를 하고 있다. 우리가 하려는 작업은 본질적으로 마음의 진화에 대한 〈심시티〉 게임 같은 것이다. 발달 유전자에 생긴 진화적인 변화들이 어떻게 인지 체계의 변화로 이어졌는지 알기 위해 컴퓨터로 모형을 만드는 것이다.

예를 들어, 우리는 앞서 언급했던 리본 케이블 같은 형세 분포도를 형성하는 과정에서 생긴 변화가 어떻게 새로운 인지 기능을 탄생시키는지 연구하고 있다. 이러한 지도 또는 이와 비슷한 형태의 구조는 뇌 전체에 널리 퍼져 있다고 한다. 망막에서 피질(시상까지)로 이어지는 시각 자극 통로만이 아니라 달팽이관(청각에서 망막의 역할을 하는 기관)에서 피질로 이어지는 청각 자극 통로, 체성감각 입력 정보(가령 피부에 입력되는 촉감이나 압력 등의 정보)에서 피질로 이어지는 통로 등이 있다. 형세 분포도는 특정 뇌 영역 내에서도 널리 사용된다. 가령 시각피질은 전문화된 여러 영역으로 나뉘어 있는데, 각각은 다른 종류의 이미지 처리를 담당하는 것으로 보인다. 포토샵 프로그램의 필터 기능이 이미지의 가장자리를 따내거나 대비를 높이는 식으로 이미지를 변형하는 것과 비슷하다.

시각의 일차적인 목적 중 하나는 물체를 배경과 분리시켜 보는

〈모나리자〉의 분석

것이다. 〈모나리자〉에서 '모나'를 한 사람으로 알아보기 위해서는 먼저 그녀의 이미지를 배경 이미지와 분리해서 볼 수 있어야 한다. 포토샵 등의 프로그램은 이런 작업을 위한 세련된 도구들을 잔뜩 갖고 있다. 마술봉(magic wand)이나 올가미(lasso), 확장(grow) 명령 등의 '선택' 도구가 그것이다. 뇌 또한 이런 도구들을 갖고 있다. 사람들이 어떻게 물체와 배경을 분리해서 보는가에 대해서 연구한 결과, 그들이 색상이나 밝기, 윤곽선에서의 변화 등등 수십 가지의 '단서'들을 사용하여 어떤 부분은 물체이고 어떤 부분은 배경인지 구별한다는 사실을 알 수 있었다.

첫번째 실험으로, 포토샵의 확장 명령 같은 것을 뇌에 이식했다고 가정해보자. 이미지의 특정 부분을 선택한 후 확장 명령을 실행하면 선택 부분과 비슷해 보이는 주변 부위로 영역이 확대된다. 가령 모나리자의 손 중에서 일부를 선택하고 확장 명령을 사용하면

오려낸 모나리자

손 전체가 선택된다.

  뇌 또한 이와 유사한 작업을 하는지도 모른다. 우선 관심이 가는 특정 부분에 초점을 맞추고 점차 시야를 넓혀 이 이미지 요소와 같은 무리에 속할 만한 다른 부분들을 살펴본다. 우리가 관심을 기울이는 부분은, 확장 명령어를 장착한 신경회로가 유전적 통제를 받는 조건에서 어떻게 스스로 활동할 수 있을 것인가 하는 점이다.

  그 작동법을 알기 위해서 확장 명령의 논리를 좀더 살펴보자. 이미지는 수천 개의 픽셀로 구성되어 있다. 구획 작업을 하려면 먼저 그 픽셀들 중 어느 것이 동질적인 영역으로 묶일 수 있는가 판별해야 한다. 가령 모나리자의 손을 구획하려면, 손 부분에 있는 픽셀 일부를 선택해야 한다. 그러면 컴퓨터는 이미지 내의 픽셀에 대해서 '이 픽셀의 색이 맞는 색인가(즉 손 부분의 다른 픽셀들과 같은 명암인가), 맞는 색이라면 선택된 다른 픽셀들과 충분히 가까이 있는

유전가 부족이란 없다 217

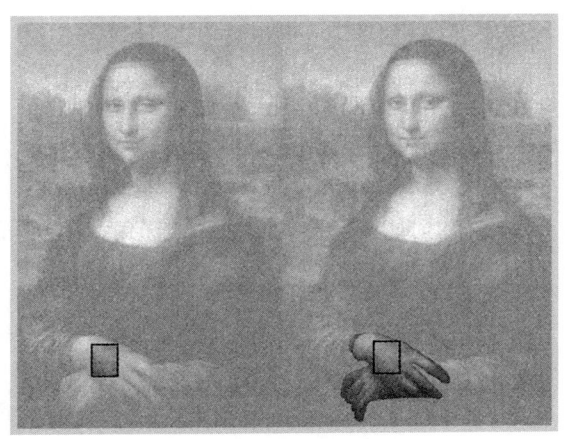

모나리자 손의 첨가를 통한 구획화

가?'라는 질문을 던질 것이다. 얼굴에 있는 픽셀은 두번째 질문을 통과하지 못할 것이고(너무 멀리 있다), 옷자락 부분의 픽셀은 첫번째 질문을 통과하지 못할 것이다(색이 다르다). 하지만 손 주위에 있는 픽셀은 두 질문을 모두 통과하여 모나리자의 손을 구성하는 픽셀의 하나로 편입될 수 있다. 이런 식으로 점차 옆으로 번져나가면서 새로운 픽셀들이 추가되어, 결국 모나리자의 손으로 더 추가될 픽셀이 없는 시점이 되면 첨가를 통한 구획화 과정은 종료될 것이다(구획 과정 전체를 완결 짓기 위해서는 다른 신경 과정들이 필요할 수도 있다).

우리는 첨가를 통한 구획화라는 이 일반적인 아이디어가 뇌 작용을 컴퓨터로 모형화한 '신경망'에 적용될 수 있는지 살펴보았다. 이 신경망은 세 개의 '뉴런 층'(또는 집합)으로 이루어져 있다.[23] 망막

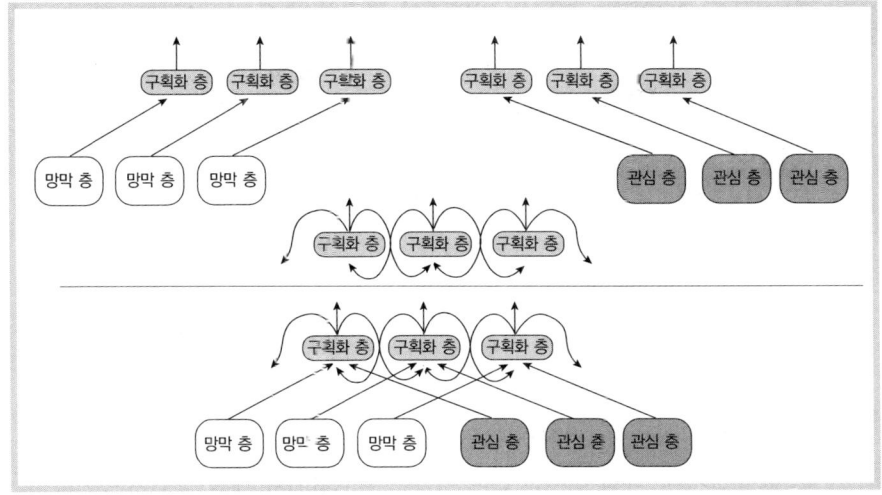

단순한 형세 분포도의 결합으로 가능해진, 첨가를 통한 구획화

과 같은 '입력' 뉴런 층과 신경망이 관심의 초점을 맞추는 부분을 과 같은 또다른 '입력' 뉴런 층, 그리고 신경망이 이미지 구획에 대해서 추측한 바를 나타내는 '출력' 뉴런 층이다.[24] 각 출력 뉴런들은 이미지의 서로 다른 부분들을 다루며, 앞 문단에서 설명했던 논리를 그대로 따르도록 배선되어 있다. 즉 '이 픽셀의 색이 맞는 색인가, 맞는 색이라면 선택된 픽셀들과 충분히 가까이 있는가?'라는 논리이다.

그 결과—모형의 작동을 직접 보려면 웹사이트(http://garymarcus.net)를 참조하면 된다—이미지 구획화라는 인지 문제의 작은 부분이나마 스스로 풀 줄 아는 간단한 신경망이 만들어졌다. '구획화'를 하는 출력 층은 기본적으로 두 개의 형세 분포도를 나란히 쌓아올려 임무를 수행했다. 하나는 망막에서 구획화 층으로 들어오는 형세 분포도이고, 다른 하나는 다른 입력 층('관심 층')에서 구획화 층으로 들어오는 형세 분포도이다. 그리고 각 출력 뉴런은 자신의 이웃들이 이미지의 일부로 이미 구획화되었는가 하는 정보를 얻을 수 있도록 몇 가지 신경 연결망이 더해졌다.

  이 모형에서 흥미로운 점은 이 신경망이 실제로 작동하여 간단한 이미지의 구획화를 성공적으로 해냈다는 사실이 아니라(간단한 인지 과정의 작동을 보여준 신경망 모형은 수도 없이 많다) 이 특정 네트워크가 발달하는 방식이다. 이 과정은 미리 계획된 청사진에 의해 진행된 것이 아니라 (이것이 신경망 분야에서 통상적인 방식이다) 일군의 유전자에 의해 진행되었다(이들은 축색돌기나 개별 뉴런의 성장과 같은 과정들을 통제한다). 또한 새롭게 고안된 유전자들에 의해 진행된 것도 아니고, 형세 분포도의 발달 과정에 이미 존재하는 유전자들을 약간만 변형하여 적용한 것이었다. 세부적인 사항을 설명하려면 복잡하겠지만, 이 숙제가 던져준 메시지는 간단하다. 우리가 보여준 것은 확장 명령이 뇌에 적용되어, 형세 분포도 담당이라는 더 일반적인 회로의 전문화된 형태로 기능하더라는 점이다. 마치 손이라는 기관이 척추동물의 사지를 생성하는 더 일반적인 체계의 전문화된 형태 중 하나인 것처럼 말이다. 즉 어떻게 오래된 인지 체계의 변형에 새로운 유전자 몇 개만을 더해 새로운 인지 체계가 생겨날 수 있는가 하는 것을 원칙적으로 증명한 셈이다.

(9)
진실의 최전선

> 과학자들에게는 세 단계의 진실이 있다.
> (1) 사실이 아니다.
> (2) 사실이라고 해도, 중요한 건 아니다.
> (3) 어쨌든 다 알고 있었다.
>
> ─ 레오 질라드

  이 책의 핵심에는 매우 간단한 아이디어가 있다. 신체에 알맞은 것은 뇌에도 알맞을 것이며, 뇌를 형성하는 기제들은 신체를 형성하는 기제들의 연장이라는 것이다. 마음이 뇌의 산물이라는 크릭의 '충격적인 가설'처럼, 뇌가 유전자의 산물이라는 생각은 (현대인에게는) 조금도 놀라운 일이 아니며, 오히려 너무나 자연스러워 한때 우리가 왜 의심했던가 의아할 정도이다.

  이 책에서 새롭게 이야기한 것은 유전자가 홀로, 여럿이 함께, 그리고 환경과 맞물려 과연 어떻게 작동하는가를 더 깊이 이해하려는 내용들이었다. 21세기에는 본성이냐 양육이냐 하는 실체가 모호한 추상적인 용어들 대신 구체적인 생물학적 기제들에 대한 용어들을 사용하여 마음과 뇌의 발달 과정을 이해할 수 있게 될 것이다. '어느 쪽이 더 나은가'를 결정하기 위해 씨름하는 대신, 어떻게 그 둘이 협동하는가를 알기 위해 노력할 것이다. 시각우세기둥의 형성 과정은, 배아에게는 경험과 무관하게 구조를 창조하는 체계와 경험을 바탕으로 그 구조를 재조정하는 체계 두 가지가 모두 존재한다는 것을 증명하는 좋은 예이다. 성장한 생명체의 시각우세기둥은 본성과 양육 두 가지 모두의 산물인 것이다.

유전자와 환경은 정말로 다른 것이다. 유전자는 선택지들을 제공하고, 환경은 (단백질 생성물들을 제공하는 유전자와 더불어) 어떤 선택지를 취할 것인지 결정하는 데 영향을 미친다. 이분법을 부정하고 양자 사이의 차이를 무시하는 것은 실체를 이해하는 데 전혀 도움이 되지 않는다. 그런데 현대 생물학은 본성-양육의 싸움을 어떻게 이해하라고 하는 것인가?

본성의 본성

유전자가 마음의 형성에 중대하고 미묘한 역할을 한다는 사실을 끝내 부정하는 사람은 심각한 실수를 저지르는 것이다. 유전자 부족이란 존재하지 않는다. 새로운 유전자 단 하나라도, 특히나 그것이 연쇄 고리의 정점에 있을 때에는, 엄청난 결과를 가져올 수 있다. 게놈에는 뇌의 초기 구조를 상세하게 규정하는 데 필요한 정보들을 담을 공간이 충분하다. 그렇지만 '자연'과 자연이 마음에 기여하는 바에 대한 우리의 생각을 유전자의 관점에서 다시 살펴볼 필요가 있다.

자연이 마음에 기여하는 바에 대한 통념에서 발견되는 첫번째 문제는 너무나 정적이라는 것이다. 대중문화 전반에 걸쳐, 심지어는 과학 문건에서조차, 유전자(또는 게놈)는 우리의 미래를 즉각적으로 규제하는 것이라는 생각이 퍼져 있다. 게놈에서 우리의 재능, 취미, 운명을 그대로 읽어낼 수 있다는 것이다. 유전자가 생명체의 발달에 단 한 가지 정적인 기여만을 제공한다는, 즉 발달 이전의 원형이나 설계도―18세기 독일 생물학자들은 '바우플랜'이라고 불렀다―로 작용한다는 착각을 하기 쉽다. 이런 견해에서는 어떤 것이 게놈 속에 '규정되어' 있으면 선천적이고 게놈에 규정되어 있지 않으면 후천적이라고 말한다.

그러나 우리가 살펴보았듯 유전자와 생명체의 관계는 그보다 훨씬 복잡하다. 분자생물학자라 할지라도 한 생명체의 게놈을 보고서 그 완성물이 어떤 모양일지 알아낼 수는 없다. 뱀눈나비(*Bicyclus angana*, 이 나비는 우기에 태어나면 화려한 색을 띠고 건기에 태어나면 회색을 띤다)나 (크고 지배적인 수컷 물고기의 존재 여부에 따라) 성별을 바꿀 수 있는 굴고기[1] 등은 하나의 유전형에 하나의 표현형이라는 개념이 얼마나 잘못된 것인지 잘 보여준다. 하나의 게놈도 여러 가지 방식으로 발현될 수 있다. 유전형과 표현형 사이에는 일대일 대응 같은 것은 없다. 사실 하나의 유전자조차도 주변에 발현되는 다른 유전자의 종류와 받아들이는 신호에 따라 여러 가지 방식으로 발현될 수 있다.

두번째 문제는, 유전자와 환경이 실제로 다른 것이긴 하지만, 본성과 양육을 완전히 서로 떼어놓으려는 시도는 늘 실패하게 되어 있다는 것이다. 유전형이 실제로 실현될 때는 언제나 배아 환경의 영향을 받는다. 마이클 크라이튼의 전설적인 소설 『쥬라기 공원』에 담긴 기발한 아이디어―과학자들이 오래된 공룡의 DNA 조각을 발견하여 그것으로 공룡을 만들어낸다—는 유전자 발현이 최초 단계에서조차 맥락 의존적이라는 사실을 간과하고 있다. 모든 단백질의 THEN은 IF를 갖고 있고, 수정 그 순간부터 자라나는 배아를 둘러싼 환경이 이 IF들에 영향을 미친다. 개구리의 난자에 공룡의 DNA를 주입하면 공룡의 난자에 공룡의 DNA를 주입했을 때와는 전혀 다른 결과가 나올 것이다. 난자를 둘러싼 미세 환경이 필연적으로 유전자 발현에 영향을 미치기 때문이다(후천론자들도 이 대목에서 지나치게 만족할 이유는 없다. 개구리의 DNA를 공룡의 난자에 주입한다고 해서 공룡이 나오는 것도 아니다). 마음과 뇌를 만드는 요리법은 언제나 환경에 민감하기 때문에, 이 요리법이 언제나 똑같은 결과를 낳는다고 볼 수는 없는 것이다. 그리고 본성과 양육에 대한 질문에는 쉬운 답이란 있을 수 없다.

세번째 문제는 우리가 언제나 실제보다 훨씬 간단한 해답을 찾는다는 것이다. 게놈이 청사진이라면 마음의 기원을 이해하기도 쉬울 것이다. 특정 신경 구조가 '선천적'인지 알아보려면, 경험과 무관하게 규정된다는 의미에서, 그저 청사진만 들여다보면 될 것이다. 그 신경 구조가 청사진에 포함되어 있다면 선천적인 구조라고 결론 내리면 된다. 그렇지 않다면 '학습된' 것이라고 결론 내리면 될 것이다. 본성-양육 논쟁의 결론을 내리는 일은 청사진에 들어 있거나 들어 있지 않은 것의 목록을 작성하는 일이 될 것이다. 지도를 읽는 것보다도 간단한 일이다. 하지만 우리가 그토록 원하는 이 직접적인 일대일 대응—청사진에서 뇌로, 뇌에서 행동으로의—은 실재하지 않는다. 그렇게 된다면야 조작하기도 쉽겠지만 진화는 우리를 그런 식으로 만들어놓지 않았다.

대신 실제 세계에서 자연은 상세하고 정교한 완성품 스케치를 제공하는 게 아니라 복잡한 자기 조절 요리법을 제공함으로써 발달 과정에 기여했다. 이 요리법은 효소나 구조 단백질의 생성에서 운동물질, 이동물질, 수용기, 조절 단백질의 생성에 이르기까지 많은 것들을 알려준다. 그러므로 유전자가 마음에 기여하는 바를 단 한 가지, 쉽게 특성 지을 수 있는 사실로 설명할 수는 없다. 뇌는 매일 가동되고 있으므로 유전자는 늘 신경전달물질의 형성이나 포도당 신진대사, 시냅스의 유지를 감독하고 있다. 발달의 초기 단계에서는 유전자가 초고를 작성하는 데 도움을 준다. 초기의 배선 형태뿐 아니라 세포의 전문화와 이동을 지시하기도 한다. 시냅스 강화 과정에서는 경험이 뇌의 배선을 바꾸는 기제에 참여하는 주요한 요소가 된다(이로써 생명체가 환경을 해석하고 적응하는 방식에도 영향을 미친다). 유전자가 마음과 뇌에 영향을 미치는 방식은 유전자의 개수만큼이나 많다. 각각은 서로 다른 과정을 조절함으로써 기여한다.

전통적인 '본성' 개념의 마지막 문제는 우리가 그것을 자동적으로 '출생 이전'과 연관시키는 경향이 있다는 점이다. 마치 유전자는 배아가 공장을 떠나는 순간 모든 영향력을 포기하는 듯이 말이다. 숙련된 심리학자조차 가끔은 이 실수를 저질러, 아기가 무언가를 조기에 터득하면 그것에 대한 신경물질은 선천적으로 형성된 것이고 뒤늦게 터득하면 학습된 것이라는 식으로 해석하기도 한다. 이는 사춘기 소년에게 수염이 나는 것처럼, 뒤늦게 생겨나는 것이라도 자동적일 수 있다는 사실을 간과한 것이다. 실제로 유전자는 아이의 모든 시기에 관여하며 성인에게도 관여한다. 무언가 뒤늦게 나타났다는 이유로 자연을 배제할 수는 없으며(가령 헌팅턴 병의 징

후는 어른이 되어서야 나타나지만 사실 수정 당시부터 생겨난 유전자 이상에 기인하고 있다), 또한 자궁에서 무언가 나타난다고 해서 양육을 배제할 수도 없다(수스의 동화를 자궁 속 아기에게 들려주었던 실험이 보여주는 바이다). 어른의 경우에도 유전자는 기억의 강화 과정—학습이 이루어지는 중요한 과정이다—등에서 중요한 역할을 맡는다. 또한 유전자가 학습에 더욱 중대한 역할을 담당하지만 우리가 단지 모르고 있을 가능성도 충분하다. 유전자는 아이들용이 아니다. 유전자는 삶이다.

이제, 이렇게 이해하자. 게놈은 경험과 무관하게 운영되는 정적인 청사진이자 출생 직전까지만 작동하는 무언가로 보는 대신, 삶의 모든 단계에 활발하게 가동되는 역동적이고 복잡한 자기 조절적 요리법이다. 자연은 환경과 상관없이 언제나 똑같은 것을 만들어내는 사령관이 아니다. 수많은 경우의 수에 대처하도록 대비하고 있는 보이 스카우트 대원이다.

양육의 본성

양육에 대한 생각 역시 철저한 검증을 받아야 한다. 유전자의 기여가 한 가지 방식이 아니듯, 환경의 기여도 한 가지 방식은 아니다. 동물은 어디에나 잘 맞는 단 하나의 학습·정보 수집 과정에 의존하는 대신, 학습을 위한 다양한 종류의 신경적·유전적 적응 방식을 소유하고 사용한다. 전문화된 신경회로와 유전적 연쇄작용은 생명체로 하여금 환경에서 특정한 정보들을 추출하고 특별한 용도로 사용하도록 한다. 유전자의 도구는 다양하다. 아무 정보에나 적용되는 일반적인 도구도 있고 특정 기술이나 정보에만 적용되는 고도로 전문화된 도구도 있다.

북미멋쟁이새에게는 회전하는 천체의 중심을 알아내는 선천적 도구라는 전문 도구가 있다. 늪참새에게는 노래의 구조를 분석하고 따라 하는 전문 도구가 있다. 그리고 호모 사피엔스에게는 언어를 통해서 의사소통하는 법을 배우는 전문 도구가 있다. 이러한 기제들은 선택적으로 손상될 수도 있다. 연관 학습을 못 하는 동물이 습관 학습은 할 수 있고, 자연 세계를 배우는 법은 익히지 못하면서 언어를 배울 수도 있다(윌리엄스 증후군). 물론 그 역도 가능하다(특수 언어장애).[2] 정보를 탐지하고 분석하는 방법이 여러 가지이듯 학습 체계도 여러 가지일 수 있다. 생명체가 무엇을 배울 수 있는가 하는 것은 그 생명체가 보유한 유전자에 달려 있다.

유전자가 없으면 학습도 성사될 수 없다. 유전자는 학습을 가능하게 하는 신경 구조를 만들어내고 학습 과정 자체에 참여함으로써 학습을 지원한다. 가령 시냅스 강화 과정에서는 환경에서 온 신호가 (동시 사건을 탐지하는 NMDA 수용기의 변환을 거쳐) 시냅스 변형 유전자들에 복잡한 연쇄 반응을 일으킨다. 이러한 예를 보자면 자연 없이는 양육도 없다는 점이 분명해진다. 더욱 극단적인 가정도 해볼 수 있다. 원칙적으로 진화의 과정에서 모든 유전적 연쇄 작용은 결과적으로 환경을 제대로 통제하는 데 도움을 주었을지도 모른다. 그렇다면 학습에 대한 전통적인 시각이 자연을 과소평가해온 만큼이나 환경도 과소평가했다고 말할 수 있다.

하나의 유전자가 하나 이상의 뉴런의 구성에 참여할 수 있는 것처럼(다른 유전자들이 이미 마련되어 있는 경우일 것이다) 환경이 주는 하나의 자극은 시냅스 하나에 변화를 일으키는 일 이상을 할 수 있을지 모른다. 발달심리학자들은 학습을 시냅스가 하나씩 변해가는 느리고 점진적인 과정으로 파악하는 경향이 있지만, 어쩌면 학습은—더욱 폭넓은 영향력을 가진 연쇄 작용을 건드림으로써—훨씬 극적인 신경 재조직을 일으킬 수도 있다. 가령 쥐가 수염을 사용하는 경험을 통해 학습을 하게 되면 그 순간 새 원통 영역이 피질에 생겨날 수도 있다. 기나긴 시행착오 과정을 통해 원통 영역의 세부 사항을 하나하나 만들어낸 것이 아니라, 경험 이전에 이미 갖추어져 있던 원통 영역 형성용 연쇄 작용을 채택하는 것이다. 피식자 환경에 있던 시크리드 물고기를 포식자 환경으로 옮겨주면 수십 개 유전자의 발현이 촉진되어 몸 색깔이 변하고, 몇몇 뉴런의 크기가 커지고, 행동에도 급격한 변화가 온다. 이 물고기는 지배적인 개체로 행동하는 법이나 복종적인 개체로 행동하는 법을 시행착오를 통해 하나하나 배워갈 필요가 없다. 대신 이미 진화한 유전적 프로그램의 스위치를 바꾸기 위해 경험을 사용했을 뿐이다.

이러한 예들은 아직도 겉핥기 수준이며, 복잡한 유전자 발현 과정에 경험이 연관되어 있는 경우 생명체는 어떻게 경험을 활용하는지 알아보는 데 미미한 단서를 제공할 뿐이다. 환경이 생명체에 미치는 영향에 대한 이제까지의 연구들은 유전자를 빼고 진행되기가 일쑤였다.[3] 하지만 실제 생물학적 체계가 환경을 활용하는 방식에서 유전자는 빠지지 않는다. 학습이 있는 곳에는 그 기저에 유전적 기제들이 있다. 그리고 풍부한 유전적 조절 방식이 있는 곳에는 풍부한 학습 체계가 존재할 가능성이 높다.

사전에 모두 형성되는 것도 아니고 청사진이 있는 것도 아니라면, 환경을 배제할 방법도 없다. 유전자는 특정한 결과를 보장하지 않는다. 특정한 선택지들을 제공할 뿐이다. 모든 유전자에는 IF 영역이 있고, 그 IF 영역에서 선택지가 생겨난다. 많은 경우 선택지들 중에서 하나를 취할 때는 환경이 주는 단서를 바탕으로 한다. 그렇기 때문에 본성이냐 양육이냐 하는 질문에 대한 대답은 이것 또는 저것이라고 할 수 없다. 해답은 '둘 다'이다.

상황은 바뀌었다

눈먼 시계공이 수십억 년에 걸쳐 만들어낸 시스템은 그 어떤 기술자도 꿈꾸지 못할 만한 것이자 그 어떤 생물학자도 칭송하지 않고는 배기지 못할 만한 것이다. 자연이 선택한 자기 조립 체계는 우리 기대만큼 간단한 것은 아닐지라도 상당히 우아한 체계이다. 현대적 계산법—불린 논리[*]와 병렬 처리 방식[**]—에 담긴 핵심 아이디어를 십만 년 전에 발명해낸 것이라고도 할 수 있다. 인터넷, 이베이,[***] SETI@Home[****]이 생겨나기 훨씬 전부터 생물학의 자기 조립 도구들은 중앙의 통제 없이 수천, 수십억, 수조 개의 세포들 간에 메시지를 주고받는 방법을 알고 있었던 것이다. 진화는 청사진을 주지

---

[*] Boolean logic. 영국 수학자 조지 불(George Boole)의 이름을 딴 논리 체계. AND, OR, NOT이라는 이진 연산자로 이진 정보를 처리할 수 있는 모델.
[**] 프로그램 명령어를 여러 프로세서에 분산시켜 동시에 수행함으로써 빠른 시간 내에 원하는 답을 구하는 과정.
[***] eBay, 온라인 경매업체.
[****] 사용하지 않아 스크린세이버가 작동하는 컴퓨터를 이용해 지구에 닿는 전파를 감시하는 SETI(외계 지적생명체 탐사계획, Search for Extra-Terrestrial Intelligence).

는 않았지만 정말 경외할 만한, 복잡성을 다루는 자기 조직적 컴퓨터 프로그램 비슷한 것을 주었다.

앞으로 가장 뛰어난 학자들이 그 컴퓨터 프로그램을 깊이 연구할 것이다. 각각의 암호를 해독하고(우리가 유전자라고 부르는 그 IF-THEN 암호들), 암호의 생성물을 연구하고(우리가 단백질이라고 부르는 것), 이 생물학적 암호들이 어떻게 서로 들어맞는지, 환경을 위한 공간을 어떻게 남겨두는지 연구해나갈 것이다.

길게 내다보았을 때 사회가 받게 될 영향도 막대할 것이다. 가령 유전자에 대한 깊이 있는 이해가 의학 발전에 미칠 영향을 생각해보자. 뇌는 신체 다른 부분과 비슷하게 만들어졌기 때문에 비슷한 식의 치료도 가능할 것이다. 일례로 본래 백혈병 치료를 위해 개발된 줄기세포 치료법은 파킨슨 병이나 헌팅턴 병에도 적용되고 있다.[4] 낭포성 섬유증을 위해 개발된 유전자 치료법이 언젠가 뇌종양 치료에도 적용될지 모른다.[5] 모두 신체가 가진 발달 도구들을 그대로 가져다 사용한 방법들이다.

줄기세포 치료법에서 의사는 아직 세포 분화 과정을 마치지 않은 특별한 세포들―줄기세포들―을 망가진 조직에 주입함으로써 손상된 기관을 치료하고자 한다. 이 세포들은 분열하면서 새로운 세포를 만들어내고 망가진 세포의 빈 자리를 채우면서 새로운 임무에 적응한다. 한마디로, 줄기세포를 주입하는 이유는 신체가 배아 발달 시기에 사용했던 유전적 지침을 그대로 사용하여 스스로를 재형성하도록 독려하려는 것이다. 유전자 치료법은 비정상적인 유전자들을 정상적인 것으로 보완하거나 바꿔 넣음으로써 유전자 구성을 변화시키는 방식이다(사실 아직 이 기술은 아직 더 많이 연구되어야 한다). 아직 과학자들이 기술적인 어려움을 풀려고 애쓰는 중이긴 하지만(가령 유전자를 뇌에 주입하는 것은 다른 신체에 주입하는 것보다 어렵다. 그리고 뇌가 새로운 유전자를 받아들이도록 하는 것은 더 어렵다) 그래도 언젠가는 줄기세포 이식과 유전자 치료가 육체와 정신의 장애를 치료하는 데 사용될 수 있을 것이다.

유전자 치료가 유전자 접합 기술과 결합될 미래에는 의사들이 사라진 유전자를 보완하는 것을 넘어 새로운 기능을 심을 수 있을지도 모른다. 예를 들어, 주문 제작된 IF와 THEN을 한데 접합하여 필요한 대로 특정 단백질을 생산하는 맞춤형 유전자를 이식하는 것도 가능할지 모른다. 스탠퍼드 대학의 생물학자 로버트 사폴스키는 발작에서 뉴런을 보호하는 산소 민감형 유전자나 필요할 때에만 특정 신경전달물질 수용기를 생산하는 스트레스 민감형 유전자 등이 언젠가 만들어질 것이라고 전망했다.[6]

유전자는 의사들의 약제 처방 방식에 조용히, 그러나 큰 영향을 미쳐왔다.[7] 어떤 종양학자들은 골수 이식 환자의 효소를 암호화한 특정 유전자 배열을 보고 특정한 약을 처방한다. 효율이 떨어지는 효소를 암호화한 유전자가 두 쌍 있는 환자는 부작용에 노출되기 쉬우므로 다른 치료법을 선택하게 된다. 유전형에 대한 정보가 없다면 의사는 다수의 사람들에게 효과적일 수 있는 약제를 소수의 사람들에게 위험하다는 이유로 포기해야 할 것이다. 약물유전학이라는 분야가 급속히 발전하고 있으므로 각 환자의 특수한 생물학적 조건에 맞춘 약제를 처방하는 날이 곧 올 것이다.[8]

앞으로 몇십 년 안에 정신장애 또한 이런 식으로 다뤄질 것이다. 즉 특정 유전형에 맞춤 제작된 처방이 내려질 것이다.[9] 가령 주의력 결핍장애(ADD)가 있는 몇몇 환자에게는 리탈린이 효과적인 치료제가 될 수 있지만, 또다른 환자들에게는 별 효과가 없을 수 있다. 한 시험적인 연구에 의하면 이것은 도파민 수용기 유전자가 다르기 때문이라고 한다.[10] 유전적인 실험을 거치면 향후 치료법에 도움이 될 수 있을 것이다.

일반적으로 정신장애는 단 한 가지 유전적 이상에서 오는 것은 아니지만, 연구자들은 유전적 기술을 활용하여 특정 장애가 효소의 변화 때문에 생긴 것인지, 수용기 변화로 생긴 것인지, 신경전달물질 흐름을 담당한 단백질의 이상으로 생긴 것인지 등을 가려낼 수 있을 것이다. 이런 지식을 갖게 되면 의사는 개개인의 유전 생리학 조건에 맞추어 치료할 수 있다. 20세기 의학은 뇌와 신체를 별개로 취급했다. 21세기에는 양자가 동일한 유전적 도구들을 통해 만들어진 산물로서 더욱 가깝게 다뤄질 것이다.

뇌와 신체가 비슷한 방식으로 조립되었으므로, 동일한 기술을 사용하여 양자를 변화시키는 것도 가능하게 된다. 과학자들은 이미 인공적으로 합성된 게놈을 가진 박테리아를 만들어내려고 노력하고 있다.[11] 거기서 조금 더 나아가면 그 박테리아의 원시적인 정신 활동을 최적화해볼 수 있을 것이고, 박테리아의 인지 및 행동 방식이 바뀌도록 신호와 수용기를 개조하는 것도 가능하다. 과학자들이 유전자 개조된 토마토를 만들 때 썼던 바로 그 유전자 접합절단 기술이 뇌에 작용하는 유전자들을 변형시키는 데도 쓰일 수 있다. '똑똑한 쥐' 만들기 실험은 이미 한창 진행중이다(6장에서 살펴보았다). 그리고 모든 유전자 변형에는 위험이 따르게 마련이지만, 언젠가 과학자들은 보통 소보다 통증을 덜 느끼며 겁도 덜 먹는 변형 소를 만들게 될지도 모르고, 새끼 골든 리트리버 종보다 성품이 다정한 개를 만들게 될지도 모른다. 최후의 전선, 즉 인간의 마음을 조작하는 일도 그리 먼 일간은 아닐 것이다. 유전자와 기능 사이에는 간단한 대응 관계가 성립하지 않으므로 '순수한' 유전자 변형은 드물 것이다. 우리는 똑똑한 쥐를 만들기 위해 NMDA 수용기를 조작한 경우 쥐들이 통증을 더 잘 느끼는 부작용도 따라온다는 것을 이미 보았다. 언어를 더 잘 배우는 아이들(또는 나이가 들어도 언어를 배우는 능력을 잃지 않는 아이들)을 만들어내려면 오랜 시간이 필요하겠지만, 모든 포유류가 공유하고 있는 비교적 간단한 속성들을 변형하게 되기까지는 그리 오랜 시간이 걸리지 않을 것이다. 쥐의 바소프레신 유전자에 손질을 가해 더 사교적인 쥐를 만드는 것이 가능하다면 인간에게도 똑같은 일이 가능하리라는 가정을 할 수 있다.

앞으로 우리 모두는 사회 전체가 생물공학의 이런저런 점들을, 어떤 기술은 허용하고 어떤 것은 허용하지 않을지 결정해야 한다. 클론이나 줄기세포 연구 등에 대해 현재 우리가 벌이고 있는 논쟁은 유전자 조작 기술이 발전하는 미래에 벌이게 될 논쟁들에 비한다면 단순한 것이다. 이미 배아 상태에서 몇몇 치명적인 질병의 존재를 검사해낼 수 있는 단계에 이르러 있다. 게놈에 대해 점점 파고들수록 출생 전에 알아낼 수 있는 장애(또는 장애를 일으킬 경향성)의 종류도 많아질 것이다. 결국 배아의 게놈을 직접 조작하는 것도 가능해질지 모른다. 이 유전자는 더하고, 저 유전자는 삭제하는 식으로 말이다. 아이가 타고나는 유전자는 우연의 문제라기보다 선택의 문제가 될지도 모른다.

『인간을 다시 만들다』를 쓴 그레고리 스톡이나 『부자의 유전자,

『가난한 자의 유전자』를 쓴 프랜시스 후쿠야마와 마찬가지로, 나 역시 이러한 문제에 대한 선택의 시점이 매우 빨리 닥칠 것이라고 믿는 편이다. 스톡이 지적한 대로, 몇몇 경우에는 합리적인 논증이 아니라 두려움에 기반하여 선택이 이루어질 수도 있다. 가령 클론에 대해서 사람들이 하는 대부분의 걱정은 오해이다. 사람들이 가장 두려워하는 것은 한 사람을 복제하는 오싹한 일이 일어날까 하는 것인데, 실제로 우리가 복제할 수 있는 것은 사람이 아니라 게놈이다.[12] 이 책 전체를 통해서 알아본 바대로, 게놈은 사람을 만드는 재료 중 일부일 뿐이다. 핵심적인 요소이지만 유일한 요소는 아니다. 두 사람이 동일한 게놈을 갖고 있다고 해도 그들은 여전히 다른 사람들이다. 내 생각에 클론은 일란성 쌍둥이와 크게 다르지 않을 것이다.

우리는 그보다도 인위적으로 '더 나은 인간'을 만들어내기 위한 '유전자 향상' 노력에 대해서 더 고민해야 할 것이다. 이 점에서 나는 후쿠야마의 의견에 동의한다. 유전자 향상을 위한 기술은 사실 거의 완성되어가는 단계이지만 막대한 위험이 도사리고 있다. 위험이 발생하는 이유 중 한 가지는 기술의 기저에 놓인 생물학이 너무나 복잡하다는 것이다.[13] 앞서 보았듯, 유전자가 작동하는 기본적인 논리는 간단하다—조절 영역의 IF가 단백질 주형인 THEN과 손을 잡고 있다. 그래서 원칙적으로는 유전자 향상이 가능할 수 있다. 하지만 3만 개 유전자들이 혼합하여 발휘하는 효과는 우리의 예상을 뛰어넘는다. 일반적인 원칙을 알고 있어도 세부적인 사항들은 모른다. 무지가 우리를 해칠 수도 있다.

다시 컴퓨터 프로그램에 비유해보자. 각각의 지침은 완벽히 이해할 수 있다. '레지스터 A의 내용이 레지스터 B의 내용보다 크면 서브루틴 C를 수행하라'는 식의 컴퓨터 프로그램 한 줄에는 특별히 신비롭거나 모호한 구석이 없다. 하지만 복잡한 프로그램 전체를 보면, 레지스터 A와 B가 언제나 제대로 된 값을 가지라는 법도 없고, 운이 나쁘면 서브루틴 C가 프로그램을 다운시킬 수도 있다. 컴퓨터 프로그램은 각각의 명령에 흠이 있어서가 아니라 그 여러 개의 명령들이 서로 어떤 상호작용을 일으킬지 완벽히 예측할 방법이 없기 때문에 간혹 다운되곤 한다. 우리는 수년 내에 좋아하는 IF나 THEN들을 합쳐서 원하는 유전자를 마음대로 합성할 수 있게 될지 모른다. 하지만 이 유전자들이 서로 어떻게 상호작용할지 제대로 알게 되기까지는 수십 년, 아니 수백 년이 더 걸릴 것이다. 결론은 앞으로도 수년간은 어떠한 유전자 변형의 부작용들을 전부 예측하기가 어려우리라는 것이다. 불가능하지는 않다고 해도 말이다. 버그가 많은 새 소프트웨어의 베타 버전을 사용할 수는 있어도, 내 아이를 재부팅하고 싶지는 않다.

그런데 모든 사람들이 나처럼 위험을 꺼리는 것은 아니다. 아마도 10년 혹은 100년 내에, 과학자들은 지능이나 운동 능력, 외모의 아름다움에 기여하는 유전자들에 대한 정보를 충분히 끌어 모을 것이고, 유전자 조작 기법도 충분히 세련되게 될 것이다. 그리고 위험을 감수할 가치가 있다고 생각하는 용감한 부모들이 있을지도 모른다. 언젠가는 유전자의 작동에 대한 지식이 지금과는 비교가 안 될 정도로 쌓여서 위험도 줄어들지 모르는 일이다. 현재에도 능력을 향상시켜주는 약이라면 (부작용이 있는 것을 알더라도) 기꺼이 섭취하려 하는 사람들이 있다. 그 사람들이 미래에 자기 아이에게 돈으로 살 수 있는 최고로 좋은 게놈을 물려주려 하지 않겠는가. 이 시나리오가 언제 현실로 나타나든 우리는 지금 당장 이 문제에 대해서 깊이 생각해보아야 한다.

우리의 운명을 바꾸는 것

유전자와 불가피성에 대해서 몇 마디 덧붙이고자 한다. 아직도 어떤 특성—IQ, 공격성, 바람기 또는 질투심 등등—이 '유전적'이면 바꿀 수 없는 것이라고 믿는 사람들이 많다. 나는 유전자의 작동 원리에 대해 더 많은 연구가 진행되기를 바라지만, 이러한 지식이 축적될수록 사람들이 자신의 삶에 대해 통제력을 잃어간다고 느낄까봐 걱정이 된다. 영국 철학자 존 그레이의 말대로 우리가 "유전자의 파도 속에 이리저리 떠내려가는 흐름에 불과하다"고 생각할까봐 두려운 것이다.[14] 영국의 SF 작가 케난 말릭에 따르면 "많은 사람들이 인간 본성에 대한 진화적 발견들을 인간의 한계에 대한 증거로 여긴다. 우리의 뿌리 깊은 문제들을 사회적으로 풀어가는 것이 불가능하다는 과학적 증명으로 여기는 것이다".[15]

사실 우리가 청사진에 따라 만들어졌거나 마음을 재배선할 내적 기제가 없다면, '유전적인'이란 단어는 '불가피한'이라는 단어와 동격이 될 수도 있다. 하지만 유전자는 청사진이 아니고, THEN에는 언제나 IF가 따라다니기 때문에, 생물학적 발견들이 우리에게서 변화의 여지를 앗아간다고 생각할 이유가 없다. 유전자가 인간을 규정하면 다른 방식은 불가능해질 것이라는 생각은 사람이 1마일을 4분 안에 주파할 수 없을 것이라고 믿었던 1950년대의 통념과 비슷한 것이다.[16] 이 통념은 1954년 5월 로저 배니스터가 벽을 깸으로써 부서졌다. 그로부터 46일이 지나서 다른 선수도 이 벽을 깼고, 1957년 말경에는 기록을 깰 수 있는 주자가 16명이나 되었다. 요즘에는 거의 당연한 일이다. 달리기 선수들이 점점 더 빨라지듯 아이들은 점점 더 똑똑해지고 있다(왜 그런지는 아무도 모르지만 말이다). 지난 백 년간의 IQ 검사 결과를 보면 수치가 서서히 상승하고 있음을 알 수 있다. '레이븐 누적 행렬'이라는 영국 IQ 검사에서 1967년 검사를 받은 사람들 대부분은 (하위 5퍼센트를 제외하고는) 1877년 검사를 받은 사람들보다 수치가 높았다. (가장 신뢰성 있는 데이터가 수집되고 있는) 네덜란드의 경우 1942년에서 1982년까지 IQ가 평균 20점 이상 올라갔다.[17] 전 세계적으로 영아 사망률과 문맹률도 낮아지고 있다. 진보가 필연적인 것은 아니라 하더라도 모든 사회와 개인은 변화할 수 있고, 선조들은 불가능하다고 여겼던 목표까지 도달할 수도 있다.[18]

발달인지신경과학이라는 새로운 학문은 본성과 양육 간의 복잡한 상호작용의 정확한 내용을 알게 하여 새로운 길을 열어줄 것이다. 예를 한 가지만 들어보자. 2002년 유명 저널인 『사이언스』에 발표된 한 논문은 어떤 정신적 속성을 특정 유전자와 환경의 상호작용과 연결지어 설명하려는 시도를 꾀했다. 심리학자 압살롬 카스피, 테리 모핏과 그 동료들은 'MAO-A'라는 효소(세로토닌이나 도파민 등의 신경전달물질의 신진대사를 관장한다)를 생성하는 유전자의 특정 형태를 가진 어린이들은 공격성이 높은 경향을 보인다는 사실을 발견했다. 물론 어린 시절에 제대로 양육되지 못했을 경우에만이다. 이것은 인간의 행동도 뱀눈나비(*B. Anyana*)의 몸과 비슷하다는 한 증거인 셈이다.[19] 카스피-모핏의 연구 결과는 유전자와 환경 간의 관련성을 입증했을 뿐 인과 관계가 성립된 것은 아니다. 하지만 이 결과는 학문적으로 주목받을 만하다. 인간을 포함한 많은 생명체는 스트레스를 다루는 유전자를 다수 갖고 있다. 그리고 MAO-A 같은 효소의 생산을 통제하는 조절 IF 영역도 스트레스에 직간접적으로 민감하게 반응하는 것일 수 있다.

유전자와 환경의 관계에 대해 더 연구해가면 언젠가는 어느 아이가 더 위험할 가능성이 높은가(폭력성이든 다른 사회적 문제든)를 알아내는 방법이 생길지도 모른다. 그래서 특수 탁아 프로그램이나 사회봉사자들의 가정 방문이 더 필요한 아이를 가려낼 수 있을지도 모른다. 약물유전학자들이 독특한 유전적 생리 조건에 맞는 약을 만들기 위해 노력하듯, 치료유전학(더 좋은 단어가 없어서 쓴 말이다)이라는 새로운 분야는 개개인의 유전학 자료를 통해 사회적 맞춤 서비스를 처방해줄 수 있을 것이다. 이제 우리는 유전자를 엄격한 운명의 지시자가 아닌 풍부한 기회의 제공자로 보게 되었으므로, 본성에 대한 지식을 축적하여 환경을 최고로 이용하는 데에 사용할 수 있을 것이다.

(부록)

게놈을 해독하는 기법들

건축가 미스 반 데어 로에의 유명한 말처럼 "신은 모든 곳에 있다". 각각의 유전자는 특정 단백질의 합성을 지시하는 자율적인 행위자일지라도, 그들을 한 자리에 모았을 때 나타나는 결과는 어떤 것들을 모았느냐에 따라 크게 달라질 수 있다.

인간 게놈 프로젝트—특히 인간 게놈을 구성하는 30억 개의 DNA 뉴클레오티드들의 리스트(다른 말로 '염기서열')—는 세부 사항들을 이해하기 위한 첫 걸음이다. 하지만 게놈 염기서열 분석의 성공을 소개하는 기사들은 많은 오해를 일으키고 있다. 단지 게놈의 염기서열만을 알아냈을 뿐인데(즉 모든 아데닌, 시토신, 구아닌, 티민의 배열을 알아낸 것뿐인데) 마치 그 뉴클레오티드들의 의미가 무엇인지 알아낸 듯이 보도하고 있는 것이다. '동물의 모든 유전자 청사진을 해독해내다'[1] 류의 기사 제목은 마치 모든 ACGT들의 의미를 밝혀냈다는 것처럼 들린다. 하지만 게놈은 청사진이 아니다. 그리고 더 큰 문제는 우리의 게놈을 구성하는 30억 개 DNA 뉴클레오티드들의 긴 가닥[2]은 그 자체로는 아무것도 아니라는 점이다. 문학잡지『맥스위니즈』[3]에서는 "인간 게놈 프로젝트의 가장 놀라운 발견 10가지는 'GAGA' 'CAAT' 'GAGG' 'AGGA' 'TATT' 'TACA' 'GATT' 'TAAC' 'CATA' 그리고 'AAAA'"라고 풍자하기도 했다. 진짜 문제는 이 글자들이 과연 무엇을 의미하는지 알아내는 것이다.

물론 우리는 DNA 암호 영역(THEN) 언어의 '단어들'이 세 문자로 이루어져 있다는 것 정도는 알고 있다(위의 예에서처럼 네 문자로 이루어지지 않았다. 하지만『맥스위니즈』편집자들의 자유로운 문학적 표현이므로 용서하도록 하자). 그리고 또 암호 영역 '단어들'이 단백질 문장으로 번역되는 방법도 알고 있다. 하지만 단백질들의 의미는 무엇인지, 그들은 자신의 IF 영역과 어떤 관계를 맺고 있는지 등에 대해서는 여전히 연구할 것이 많다. 특히나 마음에 대해서는 더욱 그렇다.

정신분열증을 예로 들어보자. 유전자가 모종의 역할을 한다는 사실을 의심하는 사람은 거의 없으나—일란성 쌍둥이 중 한쪽이 정신분열증을 보이면 다른 쪽도 그럴 가능성이 45퍼센트나 된다. 이란성 쌍둥이보다 3배나 높은 수치다[4](일반인 평균과 비교하면 45배나 높다)—병의 발달에 실제로 유전자가 무슨 역할을 하는지 아는 사람은 아무도 없다. 실비아 나자르가 1998년에 쓴 책『뷰티풀 마인드』[5]와 동명의 2002년 영화의 주인공이자 노벨 경제학상 수상자인 존 내시는 정신분열증 환자였다. 그의 아들도 마찬가지였다. 하지만 과학자들은 아직 유전자 쪽에서 '확실한 증거'를 자신 있게 내놓지 못했다. 1988년 최초로 정신분열증에 '대한' 유전자를 발견했다는 발표가 나왔지만,[6] 그로부터 15년이 지나고 그 동안 수많은 그럴싸한 발견들이 이어져온 지금에도 정신분열증의 유전적 기반에 대해서는 이해되지 않는 부분이 많다. 유전학적 돌파구를 이뤄냈다고 주장한 연구들 중 다수는 그저 오류였다. 실제로 정신분열증에 영향을 미치는 유전자를 발견했다 하더라도 이것은 많은 유전자들 중 하나에 불과할 가능성이 크며, 사람들이 각자 갖고 있는 유전자와 그들이 노출된 환경에 따라서 이들은 서로 다른 효과를 나타낼 수 있다.

과학자들은 지금까지 한 가지 특성에 대한 유전자들을 찾아내는 데 놀라운 성공을 거둬왔다. 그러나 자폐증, 우울증, 알코올 중독, 기타 수십 가지의 정신적 장애들에는 모두 위와 같은 문제가 남아 있다. 과학자들은 복잡한 정신적 특성에 대한 유전자를 '찾아내는 데' 능하지만 발견된 결과를 재확인하는 데는 무능한 것이다. 마치 마크 트웨인의 오래된 농담과 같다. "금연은 쉬운 일이다. 나는 천 번도 넘게 해봤다." 나중에 설명하겠지만, 유전자가 담겨 있을 대강의 영역(유전자 자리)을 찾는 것은 유전자의 정확한 위치를 찾는 것보다는 한결 쉽다. 복잡한 특성들에 대한 유전자 추적은 언제나 어려운 도전이다.

특정 유전자와 특정 성질(또는 장애) 간의 관계를 이해하기 위해 과학자들은 주로 두 가지 접근법을 사용한다. 알려진 유전자에서 출발해 그 기능을 밝혀내는 방법이 있고, 거꾸로 알려진 특성(또는 장애)에서 출발해 어느 유전자가 이에 연관되어 있는지 밝혀내는 방법이 있다. 이중 먼저 도입된 것은 후자의 방법이다. 약 90년 전, 그러니까 왓슨과 크릭의 발견, 심지어 애버리의 발견도 이루어지기 전에 당시 19세 대학생이었던 앨프리드 스터터번트가 고안한 것이다. 컬럼비아 대학에 있는 토머스 헌트 모건의 명망 높은 초파리 실험실에서 연구하던 스터터번트는 멘델의 법칙에 대해 관찰하기 시작했다. 만약 서로 다른 두 특성이 서로 다른 두 유전자와 짝지어져 있다면 그들은 '통계적으로 서로 무관하다'고 말할 수 있다. 즉 한 특성을 가졌다고 해서 다른 특성을 가졌거나 가지지 않았을 것이라는 추측을 전혀 할 수 없다는 뜻이다. 가령, 완두의 색깔이 초록색인지 노란색인지 알고 있더라도 그것의 표면이 매끄러울지 주름졌을지 아는 데에는 도움이 안 된다. 노란 완두도 초록색 완두와 마찬가지로 (그 이상도 이하도 아니다) 주름질 수 있고, 키가 작은 완두는 큰 완두나 마찬가지로 매끄러울 수 있다. 멘델은 이런 관찰을 통해 '독립의 법칙'을 제시했다.

하지만 스터터번트는 어떤 경우에는 독립의 법칙이 정확히 들어맞지 않는다는 것을 알아냈다. 가끔은 겉보기에 서로 아무 연관이 없는 듯한 두 특성이 늘 함께 등장하는 것 같았다. 스터터번트의 조언자인 모건은 두 종류의 초파리를 교배시키려 하고 있었다. 하나는 정상적인 날개를 가진 (정상적인) 갈색 초파리로 '자연형'이었고, 다른 하나는 작게 '퇴화된' 날개와 검은 몸체를 가진 비정상적인 파리였다. 멘델의 법칙에 따르면, 몸체의 색깔과 날개의 크기는 서로 무관할 것이라고 예측된다. 한 가지가 나타날 가능성은 다른 한 가지가 나타날 특성과는 별개라는 것이다.[7] 그러나 멘델 법칙에 따른 예측과는 반대로, 실제로 몸체의 색깔과 날개의 크기라는 두 가지 특성은 한데 묶여 있었다. 두 특성이 동일한 유전자의 통제를 받기 때문이 아니라 종종 함께 전달되는 두 유전자의 통제를 받기 때문이다. 몸체의 색깔과 날개의 크기라는 특성은 '연관되어' 있기 때문에 몸체가 검은 파리들은 몸체가 갈색인 파리들보다 퇴화된 날개를 가질 가능성이 높고, 정상적인 날개를 가진 파리들은 퇴화된 날개를 가진 파리들보다 갈색 몸체를 가질 가능성이 높다.

연구를 진행하던 스터터번트는 가끔은 특성들이 완벽히 독립적이기도 하고(두 개의 동전을 던질 때처럼), 가끔은 밀접히 연관되어 있으며(몸체 색깔과 날개 크기처럼), 또한 가끔은 그 중간 상태라는 것을 알게 되었다. 바로 이 지점에 스터터번트의 뛰어난 통찰력이 발휘되었다. 서로 다른 두 유전자들의 영향을 받는 두 가지 특성은 그 유전자들이 동일한 염색체에 있을 때에만 '함께 전달될' 것이며, 또 한 특성에서 다른 특성을 예측할 수 있는 정도는 그 두 유전자들이 한 염색체 위에서 얼마나 가깝게 자리잡고 있느냐에 달려 있을 것이라는 가정을 세운 것이다. 두 유전자가 가까이 있을수록 한 특성이 다른 특성을 더 잘 예측할 수 있게 된다. 스터터번트는 이 관찰을 바탕으로 사상 최초의 유전자 지도를 짜맞추었다. 여섯 개의 파리 유전자들이 하나의 염색체상에 어떤 순서로 자리잡고 있는지 꽤 정확하게 추측해낸 지도였다.[8] (유전자가 DNA로 구성되어 있다는 사실을 애버리가 밝혀내기 30년 전이었음을 고려할 때 상당히 뛰어난 성과이다).

어떻게 이 일이 가능했을까? 염색체들이 결합하는 과정이 단서이다. 신체의 모든 세포에는 염색체가 두 개씩 있다. 하나는 어머니에게, 하나는 아버지에게 물려받은 것이다. 하지만 당신은 이 두 개를 모두 자식에게 물려주는 게 아니라 이중 무작위로 선택한 하나만을 물려준다. 두 염색체가 하나로 수렴되는 과정, 즉 감수분열에서는 모계 염색체와 부계 염색체가 다양한 부분에서 접합된 후 염색체의 일부가 교환된다. 이렇게 혼성 염색체 가닥이 만들어진다. 두 유전자가 염색체 상에서 가까이 있다면 함께 전달될 가능성이 크며, 멀리 있다면 염색체 가닥 교환 과정에서 떨어질 가능성이 크다. 이런 식으로 두 유전자가 함께 전달될 가능성을 알면 그들의 유전자 상의 위치를 추측할 수 있다.

하나의 유전자에 의해 통제되는 장애에서는 스터터번트의 계산법, 즉 '연관도' 측정이 신기할 정도로 잘 들어맞는다. 스터터번트가 연구하던 때에는 정확히 알고 있는 유전자 좌표가 한줌밖에 안 되었지만, 오늘날의 과학자들은 방대한 양의 참고 지점, 즉 표지 유전자들을 알고 있다(의식하든 못 하든, 당신은 이미 이 용어를 들어본 적이 있을 것이다. 표지 유전자는 유전자 추적 외에 현재 널리 사용되는 DNA 유전자 감식에도 쓰이기 때문이다[9]). 한 특성이 하나의 유전자에 결부된 것으로 보이지만 그 유전자가 어디 있는지 모른다면, 과학자들은 다양한 표지 유전자를 가진 사람들에게서 그 특성이 얼마나 자주 나타나는지 살펴본다. 만약 어떤 표지 유전자와 문제의 특성을 갖고 있는 것 사이에 아무 관련이 없다면 과학자들은 자신들이 찾는 유전자가 표지 유전자와는 다른 염색체에 있다고 가정한다. 반대로 특정 표지 유전자를 갖고 있는 것과 어떤 특성을 보이는 일 사이에 관련이 나타난다면 과학자들은 그 표지 유전자와 추적중인 유전자는 같은 염색체 위에 있다고 가정한다. 여기에 스터터번트의 계산법을 동원하면 곧 추적중인 유전자의 위치를 대강 어림해 짐작할 수 있게 된다.

연관도 측정으로 할 수 있는 추적은 여기까지이다.[10] 추적중인 유전자가 정확히 어디에 있는지 알아낼 정도로 염색체 교차가 자주 일어나는 것도 아니다. 연관도 측정을 통해 알 수 있는 것은 대강의 인접 지역뿐으로 보통 전체 게놈 중 1000분의 1 규모의 영역까지이다. 이 정도만 해도 인상적인 성과이기는 하지만 뉴클레오티드에 수십만 또는 수백만 개의 영역이 있으므로 그리 정확한 결과는 아니다. 이 때문에 어떤 특성이 정확히 하나의 유전자에 연계되어 있다고 말하는 대신 (수백 개의 유전자들을 포함하는) 7번 염색체의 짧은 팔 부분과 연계되어 있다는 식의 보고도 흔하다. 정확히 어떤 유전자가 문제가 되는지 알고 싶다면 이런 수준의 결과가 실망스럽겠지만, 애초에 3만 개의 유전자에서 시작했다는 점을 생각해보면 꽤 훌륭한 결과라고도 할 수 있다. 연관도 측정은 '마지막 한 걸음'까지 딛게 해주지는 못하지만 그래도 하나의 유전자에 의한 장애들의 유전적 배경을 탐구하는 데 무척 유용한 기술이다. 온라인 인간 멘델 유전(Online Mendelian Inheritance in Human)[11]이라는 이름의 데이터베이스에는 수천 가지의 유전적 장애가 등재되어 있다. 그중 많은 수가 단 하나의 돌연변이, 즉 단 하나의 결실이나 삽입 때문에 일어난 재앙이다. 낭포성 섬유증이나 두첸 근영양실조 등이 이런 종류의 질병으로, 이와 관련이 있는 유전자를 찾아가는 데에는 연관도 측정이 중요한 역할을 한다.

나쁜 소식은, 연관도 측정이 잘 먹히지 않는 때가 있다는 것이다. 다수 유전자의 영향을 받는 장애나 개인마다 다른 유전적 이상으로 일어나는 장애의 경우 별도의 유전자 추적 기법을 (가끔은 연관도 측정법과 병행하여) 동원해야 한다. 약간 단순화시켜 말하자면, 스터터번트의 계산법은 하나의 특정 염색체에 대해서만 결과를 제시할 뿐이다. 하나 이상의 유전자가 관계된 상황은 적절히 다루지 못한다. 또 특정 유전자를 가졌다는 것만으로는 장애가 일어나리라고 확신할 수 없는 상황에서도 힘을 발휘하지 못한다. 가령 매우 드문 환경적 조건에 의해서만 증상이 유발되는 장애의 경우가 그렇다.

이처럼 더욱 복합적인 상황에 대처하기 위해 유전학자들은 연계법이라고 알려진 또다른 전략을 개발했다. 이는 DNA 뉴클레오티드 자체를 조사중인 특정 장애와 직접 연결짓는 것이다(스터터번트가 원래 사용했던 연관도 측정 기술은 두 가지 특성이 동시에 발생하는가만을 참고했을 뿐 실제 DNA 뉴클레오티드는 전혀 참조하지 않았다. 윗슨과 크릭이 DNA를 발견하기도 전에 파리의 가계도를 이용해 연구를 했기 때문이기도 하다. 현재의 연관도 분석학자들은 DNA 뉴클레오티드 자체를 표지로 사용한다). 예를 들어 17번 염색체의 긴 팔 쪽에 ACGTAAT라는 염기서열을 가진 사람이 TCGTAAT라는 서열을 가진 사람보다 어떤 질병, 예컨대 미스테리미아라는 이름의 병에 걸릴 가능성이 더 높은지 측정해볼 수 있다. 만약 전자가 30퍼센트의 확률로 질병을 나타냈는데 후자는 20퍼센트였다면 유전학자들은 방향을 제대로 잡았다고 볼 수 있을 것이다. 그런데 연계법의 문제는 단순한 우연을 과대해석할 소지가 많다는 점이다. 어느 날 밤 ABC 뉴스를 보던 사람들이 NBC 뉴스를 보던 사람들보다 심장발작을 더 많이 일으켰다고 하자. 그래도 ABC 뉴스가 심장발작을 일으켰다고 해석할 수는 없다(ABC 담당 변호사들에게 한마디—이것은 순전히 가상적인 예랍니다). 그날 밤 유독 나이 든 사람들이 ABC를 많이 봤을 수도 있고, 그야말로 순전한 우연일 수도 있다. 그 방송사 프로그램의 결과로 심장발작이 많아졌을 가능성은 희박하다. 인간 게놈 지도 작성을 위한 컨소시엄을 지도했던 MIT 과학자 에릭 랜더의 말이 핵심을 잘 짚어준다. "유전학자가 되고자 하는 사람이 샌프란시스코 인구를 대상으로 젓가락으로 음식을 먹는 능력이라는 '특성'을 HLA 복합체(면역 체계에 필수적인 단백질들이다)와 연계하여 연구한다고 가정해보자. 대립 유전자 HLA-A1(HLA 유전자의 형태의 하나)는 젓가락 사용 능력과 긍정적인 연관이 있을지도 모른다. 하지만 이것은 면역물질이 손놀림에 어떤 역할을 하기 때문이 아니라 단지 HLA-A1 대립 유전자가 백인보다 아시아인에게서 흔하기 때문이다."[2)]

이런 문제가 있으나 연계법은 가치 있는 도구이다. 유전적으로 균일한 인구(핀란드나 아이슬란드처럼 역사적으로 고립되어온 나라의 인구)에 한정하여 연구하거나 스터터번트의 오래되고 믿을 만한 연관도 기법과 병행하여 사용함으로써 문제도 최소화할 수 있다. 이 기법의 잠재력은 대단하다. 언젠가 정신분열증이나 우울증처럼 복잡한 장애에 대한 유전자의 역할을 마침내 완벽히 이해할 수 있게 된다면, 바로 이 연계성 연구 덕택일 것이다. 그래서 기다려볼 가치가 있다. 간혹 이 기법이 말도 안 되게 실패하는 경우가 있더라도 포기하지 말고 참을성을 가져야 할 것이다.

게놈에서 시작하는 방법

두번째 전략은 반대 방향으로 거슬러 올라가는 것이다. 특성이나 장애에서 시작하여 그에 상응하는 유전자를 추적하는 대신 유전자 후보를 골라놓고 그 기능을 알아내는 것이다. 잠시 뒤에 살펴볼 텐데, 게놈의 염기서열 분석이 되어 있으면 도움이 된다. 그러나 설령 염기서열을 안다고 해도 DNA에서 단백질의 기능을 알아보는 일은 언제나 대단히 어렵다. 첫째, 몇몇 DNA는 눈에 띄는 기능이 없다. 아마도 진화의 부산물에 불과한 듯 보이며, 현대 인간에게서는 특정 단백질로 변환되지 않는 것 같다[13][그러나 '정크(junk) DNA'라 불리는 이들은 사실상 쓰레기(junk)가 아닐지도 모른다. 몇몇 정크 DNA들은 유전자 조절에 기여할지도 모르고,[14] 앞으로의 진화에 필요한 부품들을 제공해주는 '유전적 폐품장'으로 기능할지도 모른다[15]]. 기능이 없는 DNA를 다 제거했다고 해도 주어진 유전자의 암호 (단백질 주형) 영역이 어디부터 시작하는 것인지가 분명치 않다. 유전자의 IF 조절 영역의 경계를 알아내는 것은 더 어렵다.

그 다음으로 만들어진 단백질의 기능이 무엇인가 하는 더욱 어려운 문제가 남는다. 선택적 접합절단(하나의 DNA 서열이 여러 가지의, 그러나 서로 연관된 단백질로 번역되는 기교) 같은 복잡한 과정들을 차치하자면, DNA 뉴클레오티드 배열에서 단백질의 아미노산 배열을 알아내는 것은 간단한 일이다. 즉 뉴클레오티드 서열 분석 과정은 이제 거의 자동화되었다. 그러나 단백질의 기능을 알아내는 데는 아직 아무런 공식도 없다.

전통적으로 생물학자들은 돌연변이—날개를 하나 더 가진 파리, 척추가 하나 더 있는 쥐 등등—를 연구하는 방법을 사용해왔다. 이것은 무한한 인내심을 요하는 작업이다. 어떤 돌연변이는 결함이 치명적이라 자궁 밖으로 살아 나오지도 못한다. 이처럼 연구할 대상 자체가 없는 경우가 많아 어려움은 더하다. 반대로 조작된 게놈을 갖고 잘 태어난 동물에게서 아무런 이상 현상을 발견하지 못할 때도 있다.[16] 아마도 다른 단백질이 빈 자리를 대신 채웠기 때문일 것이다. 주의를 기울일 만한 (그리고 대단한 과학적 발전을 이뤄내는) 괴물 돌연변이들은 흔하지 않으며 오히려 예외적인 것들이다. 유전자(와 그에 상응하는 단백질 결과물) 넉아웃이 영향을 미치더라도 매우 사소할 때가 많다. 돌연변이를 찾아내는 일은 거의 예술의 경지라 할 만큼 어렵다. NIH의 과학자 재클린 크롤리가 젊은 생물학도들을 위한 책을 쓰면서 제목을 『도대체 내 생쥐의 문제는 뭐야?』라고 지었을 정드이다.[17]

이런 난관에도 과학자들은 개별 단백질의 기능을 이해하는 데 엄청난 진전을 이뤘다. 한 가지 전략은 에드워드 비들과 조지 테이텀이 '한 유전자에는 한 가지 효소'라는 것을 증명하기 위해 썼던 방사선 요법에서 나온 것인데, 가히 '무차별적' 접근법이라 부를 만하다. 생화학적 물질들을 적용하여 돌연변이를 대규모로 만들어내는 것이다. 가령 MIT 생물학자 낸시 홉킨스는 수십만 가지의 제브라다니오 물고기 돌연변이를 무작위로 만들어내기 위해 RNA 종양 바이러스를 사용했다. 그후 비정상적인 몸체 구조, 신경계 손상, 이상 행동들을 가진 돌연변이를 찾아보는 것이다.[18]

더욱 집중된 전략을 사용하여 특정 목적에 맞는 돌연변이를 소수만 만들어내는 과학자도 있다. 우선 특정 단백질 하나를 골라서 그 단백질이 없으면 어떤 일이 일어나는지 살펴보는 것이다. 앞서 보았던 여러 넉아웃 쥐들은 모두 이 전략으로 만들어졌다. 두 가지 전략 모두 필수적이다. 초점을 확실히 맞춘 넉아웃 기법으로는 특정 유전자의 기능을 알아보기 쉽고, 종양 바이러스로 무작위 생성한 돌연변이를 '훑어보는' 것은 유전자들이 어떤 과정에 연관되어 있는가 하는 큰 그림을 그리는 데 도움을 준다.

단백질의 기능을 밝히는 또다른 접근법은 그 형태를 알아보는 것이다. 앞서 살펴보았듯, 단백질은 복잡하게 생긴 3차원 구조물이며 그 휘고 굽은 모양에서 기능이 어느 정도 결정된다. 따라서 단백질의 모양을 직접 볼 수 있다면 좋을 것이다. 그러나 단백질은 머리카락 굵기의 1천분의 1 정도로 매우 작아서 과학자들은 간접적인 방법으로 살펴본다. X레이 결정분광학―힘겹게 마련한 단백질 결정체에 X레이를 쬐는 방법이다―등의 기법을 사용하면 두루뭉술하나마 정보를 얻을 수 있다. 정교한 영상을 얻는 것은 불가능하지만.

다행스럽게도 대부분의 단백질들은 무에서 솟아난 것이 아니다. 진화의 결과로서, 비슷한 단백질들끼리 일종의 가계를 이룬다. 인간의 가계와 마찬가지로 개개의 단백질 구성원들은 서로 다르긴 하지만 가계끼리 몇 가지 특성을 공유한다. 인간의 가계에 비유하자면 눈썹 모양이나 코 모양 따위일 것이다. 단백질 가계는 짧은 아미노산 배열을 공유하는데, 이것을 모티프라고 부른다. 가령 '징크 핑거(zinc finger)' 계통에 속하는 단백질들은 모두 자신의 단백질 몸체를 다른 단백질이나 다른 DNA 조각에 결합시키는 아미노산 조각을 갖고 있다. 이 모티프들 덕분에 단백질의 구조와 기능을 밝혀내는 작업이 꽤 간단해진다. 최신 컴퓨터 데이터베이스가 인터넷을 통해 자유롭게 공유되고 있으므로, 결정 구조를 보고 단백질이 공유하는 부분을 찾아내거나 반대로 단백질의 공유 부분을 보고 결정 구조를 알아내는 일이 점점 쉬워지고 있다. 최종적인 목표는 DNA

염기서열을 입력하면 중첩된 단백질 구조가 결과로 출력되는 프로그램을 만드는 것이다(자연은 이 부분에서도 과학자들을 저만치 앞서고 있다. 생물학자들이 화학법칙과 물리법칙들을 총동원하여 단백질 중첩 과정을 컴퓨터로 시뮬레이션하려 애쓰고 있지만, 현재의 시뮬레이션은 단백질들이 자연스럽게 구부러지고, 뒤틀리고, 접히는 모양을 다만 초보적인 수준에서 추측할 수 있을 뿐이다. 컴퓨터는 단순히 물리법칙을 시뮬레이션한다. 실제의 아미노산도 물리법칙에는 복종할 수밖에 없기 때문이다).

오늘날의 과학자들은 모두 동등한 기회를 갖고 있다. 유전자, 단백질, 기능 사이의 복잡한 연결을 알아내기 위해서 연관도나 연계성 측정, X레이 결정분광학, 녹아웃 기법, 뇌영상 기법 등 모든 기술을 동원할 수 있다. 유전자와 단백질은 정상적인 발달 과정이나 장애를 이해하는 데 너무나 중요한 요소이기 때문에 이 모든 노력이 가치가 있음은 물론이다. 하지만 앞으로도 오랜 시간이 필요하다. 인간 게놈 프로젝트 다음으로 인간 프로테옴* 프로젝트가 진행될 것인데, NIH가 지원하는 이 프로젝트의 목적은 인체에 있는 모든 단백질의 목록을 작성하는 것이다.[19] 프로젝트를 위한 첫 회의의 제목은 이러했다. '인간 프로테옴 프로젝트: 유전자가 가장 쉬웠어요.'[20]

---

* proteome, 1994년 호주 생물학자 마크 윌킨스가 처음 쓴 용어로, 생물체 내에서 생성되고 사용되는 단백질(protein)의 총체를 가리킨다. 생물학자들의 관심은 이미 유전자를 넘어 그 산물인 단백질이 인체 곳곳에서 작용하는 방식과 역할에 쏠리고 있으며, 이 연구 영역은 유전학(genomics)에 대비하여 단백체학(proteomics)이라고 불린다.

유전자에서 행동으로?

뇌의 발달은 많은 면에서 신체의 발달과 비슷하지만, 행동에 관한 유전학을 이해하는 데에는 몇 가지 특별한 문제점들이 있다. 예를 들자면 날개 크기나 완두의 모양 같은 겉으로 보이는 속성과는 달리 행동장애는 진단하기 어려울 때가 많다.

멘델이 작업 대상을 완두로 잡은 것은 행운이었다. 행동장애에서는 증상이 매일매일 그날의 기분이나 처방에 따라 달라질 수 있고, 증상이 꾸준할 때에도 정신장애(또는 쥐의 행동적 이상현상들)를 알아차리는 데는 파리의 날개 길이를 잴 때보다 훨씬 시간이 많이 소요된다. 게다가 신체를 연구하는 데 널리 쓰이는 넉아웃 기법은 (출생 이후까지 살아남은 돌연변이만을 대상으로 적용되는 것은 아니지만) 현실적으로 출생 이후 살아남지 못한 돌연변이들의 행동을 연구할 방도는 없다.

또한 단순한 반사행동이 아닌 행동들을 연구할 때는 더욱 심각한 문제가 있다. 반사행동이 아닌 경우 하나의 행동은 여러 인지 체계가 협력한 결과이다.

유명한 이야기 속의 닭*—이름을 헨리에타라고 부르자—이 왜

---

* '왜 닭은 길을 건넜는가?(Why did the chicken cross the road?)' 라는 질문에 유명인의 행태를 빗대 답변하는 농담을 거론하는 것이다. 이 질문에, 예를 들어 유치원 교사는 "길 건너편에 가기 위해서", 플라톤은 "더 큰 이득을 바라고", 아리스토텔레스는 "길을 건너는 것이 닭의 본성"라고 답한다. 최근 나온 농담 중 조지 부시 대통령의 것은 다음과 같다. "우리는 왜 닭이 길을 건넜는지 개의치 않는다. 우리는 단지 닭이 길 이쪽에 있는지 저쪽에 있는지 궁금할 뿐이다. 즉 닭이 우리 편인가 남의 편인가가 문제다. 여기에 중간은 없다."

길을 건너지 않았을까 생각해보자. 헨리에타는 앞을 보지 못해서 길을 건너지 않았을 수도 있고, 본 것을 인식하지 못해서〔보긴 하지만 얼굴을 인식하지 못하는 얼굴 실인증(失認症) 환자처럼〕, 길을 무사히 건널 수 있을 거라는 자신이 없어서, 길 건너에 무엇이 있는지 몰라서, 길을 건너고자 하는 욕구를 근육 활동으로 제대로 옮기지 못해서(파킨슨 병 같은 질병의 탓으로)일 수도 있다. 유전자와 행동에 대해 연구할 때 이 모호함은 큰 문제가 된다. 우리가 유전자와 행동에 대해 알고 있는 것들은 모두 정상 행동을 하지 않는 돌연변이를 연구해서 얻었기 때문이다. 대부분의 행동은 다수의 하부 체계에 의해 생긴 것이기 때문에 정상 행동을 하지 않는다는 사실은 여러 가지를 의미할 수 있다.

어떤 특성에 대해 '동물 실험'을 할 수 없을 때에는 인지 및 행동에 대한 유전적 기반을 연구하는 것이 한층 어려워진다. 알비노 쥐*는 알아보기 쉽다. 하지만 '신경질적인' 쥐가 정말 신경질적인지 알아보기는 쉽지 않으며, 나아가 특수 언어장애가 있는 쥐가 대체 어떤 쥐일지는 더 상상하기 힘들다.

몇 년 전까지만 해도 이 점을 깊이 인식하는 생물학자는 그리 많지 않았다. 쥐가 이전에 한번 간 적 있는 미로에서 길을 잘 찾지 못하면(미로에서 길 찾기는 기억력 시험에 널리 쓰이는 방법이다) 생물학자는 쥐가 음식 있는 곳을 기억하지 못해서 실패한 것이라고 가정했다. 이제는 생물학자들도 대부분 심리학자들이 그 동안 죽 믿어왔던 것을 깨닫고 있다. 즉 '실패'는 기억과는 아무 상관이 없을

---

* 온 몸이 하얀 쥐.

수도 있다는 사실이다.

쥐는 스트레스를 받아서 실패했을 수도 있고(가령 '수중 미로'라고 불리는 기억력 시험의 주된 기법 중 하나는 땅에서 사는 쥐들에게 수영을 강요하는 것인데, 쥐류는 수영을 그다지 좋아하지 않는다), 앞이 보이지 않아서 실패했을 수도, 또는 몇몇 쥐들이 그러하듯 수영을 하느니 빠져 죽는 것을 택해서 실패했을 수도 있다. 실패라는 것(촘스키가 능력과 실행력을 구분했던 것이 떠오르는 부분이다)은 언제나 해석하기 어려운 현상이다. 설령 유전자 조작 쥐들이 시험에 성공하더라도, 실험자는 그들이 정말 기억에 의존해 성공한 것인지 아니면 실험자가 알아채기에는 미약한 어떤 냄새에 의존해 성공한 것인지 조심스럽게 살펴보아야 한다.

우리가 흥미롭게 생각하는 행동들은 대부분 인지, 주의, 의사 결정, 동기 부여 등등의 다양한 신경 체계들이 실로 복잡하게 상호작용한 결과이다. 그러므로 유전자와 행동을 연결 짓는 작업은 결코 쉬울 수가 없다.

앞으로의 발전은, 그 무엇보다도, 다양한 학문 영역의 과학자들이 협력함으로써 이루어질 것이다. 개개의 유전자를 넉아웃시키는 기법에서 '초파리 게놈의 유전자 중에 *FOXP2* 유전자와 닮은 것이 있는가?' 같은 질문에 답하는 BLAST(Basic Local Alignment Search Tool, 기초국지지도탐색도구)[21] 등의 컴퓨터 공유 프로그램까지, 여러 가지 기술들이 점점 향상되고 있다. 3차원 구조에 대한 데이터베이스도 있어서 연구자들이 연관된 단백질들 간의 물리적 차이점을 쉽게 이해할 수도 있다.[22]

그러나 이 모든 기술들보다 중요한 것은 협력이다. 행동, 뇌, 게놈의 복잡한 상호작용을 밝히려는 탐구의 노정에 협력을 대신할 만한 도구는 없다. 이 목표를 달성하기 위해 유전학자, 분자생물학자, 신경과학자, 심리학자, 언어학자 그리고 화학자와 물리학자까지, 모두가 힘을 합쳐야 할 것이다.

(**감사의 말**)

철학자 피터 싱어는 사회적 접촉이 "동심원으로 커진다"라고 이야기한 적이 있다. 사람은 자신의 윤리적 관심사를 더 큰 사회로 넓혀가게 된다는 것이다. 처음엔 가족, 다음엔 친지, 또 그 밖의 사람들과 다른 동물에게로, 그리하여 모든 살아 있는 것들에게로. 이 책은 바로 그 여러 종류의 커져가는 동심원의 결과물이다. 다양한 학문 분야 사이에 다리를 놓고자 애쓰는 과학자들의 사회 말이다. 이 책은 내 자신이 속한 조직의 도움 없이는 씌어지지 못했을 것이며, 내가 접촉하고 있는 더 큰 학문 조직, 나아가 한번도 만나본 적은 없지만 유전자 계산법에서 (영화 〈스타워즈〉의) 레아 공주의 미래에 이르기까지 잡다한 나의 질문들에 정성껏 답해준 이메일 과학자 친구 조직의 도움도 컸다.

특히 네 사람에게 고마움을 표한다.

사이먼 피셔는 단어 하나까지 꼼꼼하게 읽고 이것저것 손질하라고 충고해주었다. 완성본 직전의 초고에 그가 덧붙여준 코멘트는 거의 탈무드 주석 수준으로 그 분량이 원고량과 맞먹을 정도였다(아니면 그냥 그렇게 보였을 뿐인가?). 사귄 지 오래지 않아 옛 동무처럼 된 그에게 최고의 수업을 받은 것이다.

아테나 볼루마노스는 모든 교정쇄의 모든 단어를 일일이 다 읽어주었다. 초고의 첫 단어를 쓸 때부터 완성본의 찾아보기를 만들 때까지 나와 함께해주었다. 만족스럽지 않은 것에 대해서는 한마디도 칭찬하지 않는 성격의 그녀는 한 줄 한 줄이 자기 맘에 들 때까지 수없이 고쳐 쓰도록 했다. 그녀는 여신의 이름을 갖고 있지만, 내게는 뮤즈였다.

스티븐 핀커 역시 꼼꼼히 읽어주었다. 1990년대 초에, 나는 그의 수업을 들으며 이 책에 담긴 질문들에 관심을 가지게 되었다. 그의 어깨너머로 글 쓰는 법과 생각하는 법을 배울 수 있었다는 것은 진정 축복이었다. 학생으로서 그 이상을 바랄 수는 없으리라.

아버지 필 마커스는 나의 첫 스승이기도 하다. 그의 끈질기고 예민한 지성, 그리고 종합적인 그림을 그리기 위해서는 현재의 나를 넘어서는 폭넓은 시야를 가져야 한다던 충고는 이 책의 갈피마다 찍혀 있다.

그 밖에도 인지발달학, 진화학, 의학, 행동유전학, 생화학 등 여러 분야에 정통한 수십 명의 조력자들이 원고를 읽고 상세한 조언을 해주었으며, 실수를 바로잡아주고, 모호한 점을 짚어주고, 그들의 분야에 대해서 많은 정보를 주었다. 빼먹은 사람이 없길 바란다. 유리 아샤브스키, 쇼바 반디 라오, 데렉 비커튼, 루카 보나티, 롭 보이드, 톰 클랜디닌, 바버라 핀레이, 피터 그든, 조지 하지파브로, 앨런 마크맨, 리컨 루오, 프랭크 라무스, 라스무스 스토르죄한, 헤더 반 데어 렐리, 에시 비딩 등이다.

에번 밸러번, 아이리스 베렌트, 이스트반 보드나 베스 브롬리, 앤더스 에릭손, 주디트 게바인, 크리스턴 혹스, 레이 재킨도프, 캐슬리 무크, 이반 사그, 댄 세인즈, 랠프 쇼퍼, 마크 터너, 바버라 트베르스키, 페이 추 등도 몇몇 장을 읽고 조언을 주었다.

애리조나, 버클리, CMU, 코넬, CUNY, 옥스퍼드, 로체스터, 스탠퍼드, UBC, UC 데이비스, UCL, UCLA, 토론토, 예일 대학 등에서의 수십 명의 청중들, 그리고 피터 캐루더스, 스티브 스티치, 스티븐 로렌스가 주최한 선천성에 대한 여러 워크숍이 생각을 다듬는 데에 도움을 주었다. 브루스 베이커, 놈 촘스키, 마이클 쿡, 사라 던롭, 더글러스 프로스트, 랜디 갈리스텔, 릴라 글라이트만, 저스틴 할베르다, 마크 하우저, 제니퍼 리, 캐시 노르딘, 라즐로 패시, 새뮤얼 퍼프, 산도르 폰고르, 토드 프로이스, 롭 샘슨, 그렉 서드클리프, 마이클 토마셀로, 아지트 바르키, 마이클 벨리키, 알 요나스, 그리고 ensembl.org의 문의 담당자 등이 나의 질문에 참을성 있게 대답해주었다.

뉴욕 대학은 내게 2년간 휴가를 주었다. 내가 책을 쓰는 동안 케이스 페르난데스가 연구실을 잘 운영해줬다. 스탠퍼드 대학의 행동학 연구센터는 이따금 캘리포니아에 비가 내리는 날이면 머물 곳을 제공해주었고, 마크 터너와 그의 멋진 동료들, 특히 이반 사그, 앤더스 에릭손, 이스트반 보드나, 밥 브랜덤, 말카 라파퍼트 호바브 다니엘 맥베스, 크리스턴 혹스 등을 만나는 기회를 주었다. 같은 다학의 수많은 뛰어난 언어학자, 심리학자, 컴퓨터 과학자, 생물학자들은 말할 것도 없다.

국립건강연구소(NIH), 인간 탐사 과학 프로그램(HFSP, Human Frontier Science Program), 맥아더 재단은 재정적으로 나를 지원해주었다.

카틴카 맷슨은 원고의 출판을 성사시켜주었다. 조 앤 밀러는 대중적으로 글 쓰는 법을 도왔다. 캐시 스트렉퍼스는 원고를 매끄럽게 다듬었다. figs.ca의 팀 페닥은 삽화를 도와주었다. 그리고 리치 레인과 필리서티 터커와 그 동료들이 원고를 이 멋진 책으로 탈바꿈시켜주었다.

마지막으로, 어머니 마릴린 마커스, 의붓어머니 린다, 동생 줄리, 에스더 이모와 테드 삼촌에게, 언제나 내 일을 격려해주신 데 감사드린다.

모두에게 감사를! 한마디만 더 하겠다, 모두가 이 책의 공저자인 셈이다!

(**옮긴이의 말**)

2004년 7월 28일, 향년 88세의 나이로 프랜시스 크릭이 타계했다. 1953년에 그는 동료인 제임스 왓슨과 함께 DNA가 이중나선 구조임을 발견했다. 2003년에는 전 인류가 그와 함께 DNA 구조 발견 50주년을 기념했다. DNA의 대부가 세상을 떠났다는 소식을 듣고 새삼 깨달은 것은 대부를 비롯한 수많은 과학자들로부터 시작된 폭풍우를 거친 유전공학의 역사가 고작 50년밖에 되지 않았다는 사실이다.

반세기도 안 되는 기간에 생명에 대한 인류의 관점은 극적으로 바뀌었다. 인간 게놈 프로젝트가 완성된 1999년에는 인류가 생명을 '정복'했다는 다분히 고의적인 착각조차 만연했다.

그러나 시간이 50년이나 주어졌는데도 우리네 보통 사람들은 이 혁명에 대해 껄끄러운 기분을 거두지 못했다. 처음에는 우리 몸이 유전자의 명령에 따라 만들어진 것임을 인정했다. 다음에는 우리의 존재 의의도 유전자의 의지에 달린 것이라는 가설에 직면했다. 그래도 여기까지는 좋았다. 우리의 마음도 유전자가 찍어낸 것이라고? 남보다 따뜻한 내 성격, 옆집 아이의 총명함도 다 유전자가 만들어준 대로일 뿐이라고? 이쯤 되면 의연하기가 쉽지 않다.

개리 마커스는 바로 이런 의문에 답하기 위해『마음이 태어나는 곳』을 썼다. 마커스는 '본성이냐 양육이냐'라는 이분법적인 질문이 일반인들에게는 여전히 문제가 된다는 것을 잘 안다. 또한 이 질문이 마음의 영역에 적용될 때는 더욱 극렬한 문제가 되리라는 것을 안다. 그래서 그는『마음이 태어나는 곳』에서 다음과 같이 대답하였다. 첫째, '본성이냐 양육이냐'라는 질문은 '본성과 양육은 어떻게 협조하는가'로 바뀌어야 한다. 둘째, 마음의 유전적 연구는 육체의 유전적 연구보다 특별할 이유가 없지만 그렇다고 마음의 중요한 가치가 격하되는 것은 아니다.

지은이가 '유전자와 환경, 어느 쪽이냐' 대신 '유전자와 환경은 어떻게 상호작용하는가'를 묻자고 하는 것은 어려운 질문을 피하겠다는 심산에서가 아니다. 지은이는 책의 전반부에서 왜 이러한 질문의 변화가 필연적인지 설명한다. 인간은 탁월한 학습자이지만 선천적 기제가 없으면 학습 자체가 불가능하다. 선천적 능력과 후천적 능력 중 오직 하나만을 믿고 싶어하는 사람에게는 안 될 말이지만, 설령 앞으로 50년을 더 대결한다 하더라도 둘의 싸움에는 종점이 없다. 둘 다 중요하기 때문이다. 둘은 서로 '의존'하기 때문이다.

이것을 마커스는 '사전 배선'과 '재배선'이라는 용어로 깔끔하게 설명해낸다. 유전자는 인간을 '사전 배선'하여 세상에 내보낸다. 환경은 인간을 '재배선'한다(실은 이처럼 단순한 것은 아니지만 굳이 정리하자면 그렇다). 유전자가 인간을 사전 배선한다는 사실에 절망할 필요는 없다. 인간이 영겁의 세월을 진화해오면서 발견한 최고의 학습 도우미가 바로 유전적 사전 배선이기 때문이다. 환경은 꽤 자유롭게 인간을 재배선한다. 환경의 중요성은 변하지 않는다. 다만 유전자라는 파트너 없이는 힘들다.

책의 후반은 두번째 주제, 즉 '마음'의 유전적 연구에 집중한다. 뇌라는 물리적 실체가 활동한 결과 생성되는 것이 마음이므로 마음의 유전적 연구가 인체의 유전적 연구와 다를 까닭이 없다는 주장이 전제된다.

다만 마음은 연구된 바가 적은 영역이다. 인체에 순환계, 신경계 등의 활동 모듈이 있듯 마음(뇌)의 작용에도 여러 가지 모듈이 있는가? (지은이는 그렇다고 주장하는 쪽인데) 만약 그렇다면 그 모듈 각각을 생성하고 유지하는 '정신 유전자'를 가려낼 수 있는가? (지은이는 그런 식의 '정신 유전자'는 없으리라고 생각하는 쪽인데) 만약 가려낼 수 없다고 한다면 우리가 마음의 유전적 연구에서 집중해야 할 점은 무엇인가? 마음의 유전적 연구의 사회적 함의는 무엇인가? 지은이는 이런 질문들을 던진다.

이 두 가지 주제가 완벽히 새로운 것은 아니다. 전자에 대해서는 이미 많은 과학자들이 여러 글을 통해 설명하였다. 후자에 대해서도 개리 마커스보다 전문적인 의견을 펼칠 수 있는 과학자가 많을 것이다. 그런 가운데 돋보이는 이 책『마음이 태어나는 곳』의 장점은 그러한 내용을 어떤 책보다도 쉽게, 간결하게, 최신 소식까지 더해서 보여준다는 것이다. 마커스는 생물학자와 심리학자 사이에서 다리 역할을 훌륭하게 해낸다. 대립하는 여러 의견들에 동등하게 귀를 기울이면서 용케 균형을 유지한다. 마커스가 명민하게 발견해낸 이 균형은 생물학과 심리학 양쪽에 생산적인 발전 방향을 제안하는 듯하다. 결코 우유부단하다거나 '회색론자'라 폄하할 수 없다.

『마음이 태어나는 곳』은 따라서 '본성이냐 양육이냐'라는 질문을 처음 던져보는 사람에게 권할 수 있는 책인 동시에, 이 분야가 현재까지 이룬 성과가 궁금한 연구자들에게도 권할 수 있는 책이다.

이 얇은 책의 의미에 대해 이러쿵저러쿵했지만 결국 중요한 것은 읽어주실 분들께 잘 전해지도록 옮겼느냐 하는 것이다. 볼 때마다 부족한 부분이 새롭게 눈에 띄므로 실은 그다지 안심하지 못하는 형편이다. 다만 마커스의 용감한 글에 (그렇다, 이런 이야기를 쓴다는 것은 아직도 용기를 필요로 할 것이다) 최소한의 방해만을 했기를 바란다. 좋은 책을 옮길 수 있도록 도와주신 해나무 출판사에 감사한다.

2005년 봄에
김명남

(용어 설명)

개인차 한 종의 구성원 사이에 나타나는 차이. 가령 사람끼리의 키의 차이, 몸무게의 차이, IQ의 차이 등.

게놈 특정 생물체가 가진 유전자들의 총체.

겸상 적혈구성 빈혈 sickel-cell amnesia 적혈구가 낫과 같은 모양이 되어 서로 뭉쳐져 혈액 순환을 방해하는 장애. 헤모글로빈에 대한 유전자에 있는 특정 뉴클레오티드가 변형되어 생긴다.

계획적 세포사 아포토시스(apotosis)라고 한다. 정상적인 발달 과정에 정해진 대로 세포가 죽도록 유도하는 과정. 배아의 손가락 사이 갈퀴막이 사라지는 것이 한 예이다.

고정 배선 hardwired 미리 만들어졌으며 또한 변형 불가능한.

그래디언트 gradient 장소에 따라 농도가 다르게 분포된 표지 분자로서 자라나는 세포들에 공간적 지표가 된다. 이 책에 소개된 예로는 피질의 발달과 전문화에 기여하는 *Emx*, 형세 분포도의 발달에 기여하는 *Eph* 등이 있다.

근영양실조 골격 근육의 점진적 퇴화를 가져오는 장애. 이 장애 중 한 종류는 특정 유전자에 생긴 결실 현상에 기인하는 것으로 밝혀졌다.

근위축증(루게릭 병) amyotropic lateral sclerosis(Lou Gehrig's disease) 진행성 신경발생 장애로 운동 뉴런에 이상이 생겨 운동 능력이 감소된다.

난독증 dyslexia 심각한 독서 기능 장애로, 여타 인지장애, 기억장애, 동기부여 장애로는 설명되지 않는다.

내측무릎핵 달팽이관에서 들어온 청각 정보를 피질로 전달해주는 시상 부위.

뇌영상 기능성 자기 공명 영상(fMRI)나 양성자 방출 단층 촬영(PET)과 같은 기술들로서 생명체의 뇌 구조와 기능을 시각화해보는 방법이다.

뇌량 corpus callosum 대뇌의 좌반구와 우반구를 연결하는 두꺼운 신경섬유 뭉치. 이것이 손상되면 분할 뇌 현상이 나타난다.

뇌저 basal ganglia 뇌의 아래쪽에 있는 피질 하부 뉴런들. 운동 통제 기능에 관련이 있다고 알려져 왔으나, 최근에는 언어에도 중요한 것으로 밝혀졌다.

뇌회 convolution 피질의 여러 층 중의 한 가지이다.

뇌회결손증 '평평한 뇌.' 뇌에 정상적인 뇌회가 생기지 않는 장애로 정신지체를 보인다.

뉴런 계산과 의사소통에 전문화되어 있는 세포. 뇌와 척수를 구성하는 기본 단위이다.

뉴로트로핀 neurotrophins 축색돌기의 이동을 유도하고 신경 세포 생장에 영향을 미치는 장거리 신호 분자들.

뉴클레오티드 염기(아데닌, 구아닌, 티민, 시토신)로 구성된 DNA의 기본 '단어'. 당이자 인산 분자이다.

능력 competence 사람에게 내재된 문법 지식을 가리키는 놈 촘스키의 용어. 여기서는 사람이 실제 행하는 행위가 아닌 추상적인 능력을 가리키는 말로 사용되었다.

단기기억 short-term memory 초나 분 단위 짧은 시간 동안 기억을 저장하는 신경 인지 체계.

단백질 세포의 가장 기본적인 구성 단위 중 하나. 길게 이어진 아미노산의 가닥이 구부러지거나 접혀 3차원 구조를 이룬 것이며, 복잡한 기능을 수행한다. 인슐린, 콜라겐, *Pax6* 등의 전사인자 등이 그 예이다.

단백질 주형 유전자가 발현할 때 합성될 단백질을 지시하는 유전자의 암호 영역.

단백질 합성 DNA에서 RNA로, RNA에서 단백질로 전환되는 과정.

담낭 섬유종 cystic fibrosis 허파와 췌장에 영향을 주는 장애. 보통 나트륨과 염소 이온의 소통에 관여된 단백질의 유전적 실수 때문에 발생한다.

대뇌피질 cerebral cortex (그 자체가 전뇌의 주요 부분을 이루는 것으로서) 대뇌의 바깥 표면. 언어와 고차원 인지 기능에 필수적이다. 포유류의 대뇌피질은 고피질(변연계 등을 포함하고 있다)과 신피질로 이루어져 있다.

대장균 E. coli*(Escherichia coli)* 생물 유전자 연구의 모델로 널리 연구되어 온 장 내의 박테리아.

덮개 tectum 중뇌의 감각 정보 정거장.

THEN 주형 영역 유전자의 한 부분으로서 단백질 주형으로 기능하는 영역.

돌연변이 유전 암호에 일어난 무작위적 변화. 복사할 때의 실수로 생겨난다. 치명적일 수도 있고 유용할 수도 있으며, 아무 영향이 없을 수도 있다.

동등 잠재력 뇌세포나 뇌 영역이 그 어떤 기능이라도 가질 수 있다는, 명백히 잘못된 이상론.

동물 모델 보다 복잡하고 연구하기 어려운 다른 생물을 연구하기 위해 대신 사용되는 실험실용 동물. 가령, 과학자들은 흡연이 인간에게 미치는 영향을 알기 위해서 실험실에서 쥐를 상대로 연구한다.

되부름 recursion 컴퓨터 공학에서, 프로그램이나 절차가 스스로를 불러낼 수 있는 능력. 여기서는 단순한 요소들(가령 문장들)로부터 점차 복잡한 요소가 생겨나는 과정을 가리킨다. 이 복잡한 요소들은 한층 더 복잡한 요소를 만드는 입력 정보로 사용될 수 있다.

DNA(deoxyribonucleic acid) 유전 정보의 주 저장소 역할을 하는 이중나선 형태의 분자. 두 줄의 당인산 가닥 뼈대를 DNA 뉴클레오티드 쌍들이 사다리처럼 잇고 있다.

레틴산 사지 발달과 (도마뱀 같은 종에 있어서는) 사지 재생성에 중요한 성장 요소. 신경 재생성에도 역할을 하고 있을 가능성이 있다.

***Robo* 유전자** 축색돌기가 중선을 따라 가도록 돕는 일군의 유전자들.

릴린 reelin 척추동물에게서만 발견되는 단백질로 축색돌기 가지 뻗기나 시냅스 발생 과정에 기여하는 것으로 보인다. 술에 취한 듯 비틀거리며 돌아다니는 돌연변이 쥐의 모습을 본떠서 이름 지었다.

망막 빛을 전기적 활동으로 변환하는 눈의 한 부분.

모듈 이론 modularity hypothesis 신경계나 인지 체계의 상당 부분은 특정 기능들에 할당된 회로들(또는 뇌의 영역들)로 구성되어 있다는 가설.

모트너 세포 Mauthner neurons 펄쩍 뛰거나 빠져나가는 반사작용에 관계된 뉴런으로 보통 크기가 크다(따라서 실험하기에 적합하다). 어류와 그 연관 동물들에게서 발견된다.

물질대사 생명체가 생명을 유지하는 데 중요한 화학작용들로 물질을 분해하여 에너지와 영양분을 만들거나 반대로 물질을 합성한다.

물체 인식 망막에 투사된 빛의 형태를 통해 형체를 인식하는 신경 인지적 능력.

미엘린 myelin 단백질과 지방으로 만들어진 하얀 절연 물질로 대부분의 척추동물의 축색돌기를 둘러싸고 있다.

미토콘드리아 세포 내의 에너지 생성 발전소.

바소프레신 뇌하수체에서 분비되는 호르몬으로 신장에 작용하며 사회성에 영향을 미친다.

반사행동 입력이 가해지면 즉각적으로 행동이 뒤따르는 자동 반응. 슬개건(무릎) 반사, 아기의 헤적이(설근) 반사 등이 있다.

방위 측정 체계 azimuth system 지평선과 태양의 각도를 정보로 하여 방향을 탐지하는 동물(가령 굴벌)의 기능.

방향성 지도 orientation map 선의 방향성에 민감하게 반응하는 신경회로들.

배아 embryo 여기서는 수정에서 출생(또는 부화)까지 기간의 생명체를 가리킨다. 간혹 발달의 초기 단계만을 가리키기도 한다. 가령 사람에게서는 수정으로부터 8주째까지를 말한다(그 이후에는 태아라고 부른다).

백색질 주로 미엘린 절연된 신경섬유들로 구성된 뇌의 한 부분.

보편문법 Universal Grammar(UG) 모든 언어, 모든 사람이 공통으로 갖고 있는 언어의 속성. 놈 촘스키는 언어의 선천적 속성을 말하기 위해 이 용어를 쓴다.

사상족 filopodia 성장뿔의 손가락처럼 생긴 끄트머리로 세포 바깥을 휘젓고 다닌다.

사전 배선 상태 여기서는 경험에 선행하여 생겨난 뇌 구조로, 이후의 발달 과정에서 변형될 수도 있고, 되지 않을 수도 있는 부분을 말한다.

사회적 인지 사람들 간의 상호작용을 이해하고, 예측하고, 유도하는 일을 하는 신경 인지 체계.

상소구 superior colliculus 중뇌 맨 윗부분의 층진 구조. 망막으로부터 들어오는 시각 입력 정보를 받는다.

상피 세포 epithelial cell 폐나 창자 등 다양한 기관을 보호하는 층의 일부로 있는 세포. 신체의 겉면에도 있다.

선조체 striatum 뇌저의 일부.

선천론 nativism 어떤 복잡한 인지나 지각 구조가 사전 배선되어 있다고 믿는 것.

선천적 congenital 출생시부터 존재하는(그러나 반드시 유전적이지는 않은).

선택적 접합절단 alternative splicing 한 줄의 DNA 암호가 서로 다른 여러 RNA 가닥으로 번역되는 과정. 그 RNA들은 각기 서로 다른 단백질을 조립한다.

성도 vocal tract 발성에 관한 기관들. 가령 입술, 혀, 목젖, 기도 등.

성장뿔 growth cone 축색돌기의 일부로 이리저리 움직이며 축색돌기가 목표지점을 찾아가도록 돕는다.

세로토닌 serotonin 기분, 식욕, 각성 등의 조절에 영향을 끼치는 신경전달물질.

세포 생물 구조의 기본 단위. 일반적으로 핵, 세포막, 그외 다양한 세포소기관들로 구성되어 있다.

세포 부착 분자 cell adhesion molecules 뉴런(축색돌기와 수상돌기)이 목적지를 찾아가도록 도와주는 끈적끈적한 분자. 뉴런이 아닌 다른 종류 세포의 이동을 돕는 데도 사용된다.

세포 분화 cell differentiation 세포가 전문적인 정체성을 갖게 되는 과정.

세포 이동 cell migration 세포가 원래 자리를 떠나 최종 목적지로 가는 과정.

세포골격 cytoskeleton 세포의 구조를 지지해주는 섬유망.

세포분열 세포가 자손을 낳는 과정. 대칭적이거나(두 개의 동일한 자손을 낳는다), 비대칭적일 수 있다(서로 다른 두 자손을 낳는다. 줄기세포가 자신처럼 역할이 정해지지 않은 줄기세포 하나와 그보다 더 분화된 딸세포 하나를 낳는 경우가 그렇다).

세포소기관 organelle 미토콘드리아, 핵, 소포체 등 전문화된 세포 하부 구조.

수상돌기 dendrite 뉴런의 입력 부분. 시냅스로부터 입력 정보를 받아 세포체 안으로 전달한다.

수용기 세포의 막을 따라 보초를 서는 단백질. 세포 바깥에서 온 신호를 받아 그 내용을 세포 안으로 전달한다. 각 수용기는 호르몬이나 신경전달물질 등 특정한 신호만 받도록 전문화되어 있다.

습관화 생물체가 계속되는 자극을 무시하는(익숙해지는) 법을 배우는 과정. 또한 인간의 아기 같은 생명체의 지각 및 인지 능력을 시험해보기 위한 실험 방법을 가리키기도 한다.

시각피질 visual cortex 시각 정보 처리에 할당된 후두엽의 일부.

시각우세기둥 ocular dominance columns(stripes) 뉴런이 번갈아가며 잇달아 띠 모양으로 형성된 피질 영역. 특정 띠에 있는 뉴런들은 주로, 또는 전적으로 한쪽 눈에 의해 움직인다.

시냅스 synapse 뉴런 사이의 연결. 시냅스에서는 한 세포가 다른 세포와 거의 맞닿아 있어 신경전달물질이 가로질러 갈 수 있다.

시냅스 강화 뉴런 사이의 연결이 강화되는 과정.

시상 thalamus 감각 체계와 그로부터 들어온 감각 입력 정보를 분석하는 뇌의 피질 영역 중간에 있는 신경의 정거장. 외측무릎핵과 내측무릎핵을 포함하고 있다.

시신경 눈에서 뇌로 정보를 전달하는 신경섬유 뭉치.

신경 교세포 glia(glial cell) (뉴런을 절연하는 미엘린 덮개에 기여하는) 희소돌기아교세포(oligodendrocytes)와 (기계적이고 물질대사적인 지원을 하는) 별아교세포(astrocytes, 또는 성상세포)를 만드는 신경 지원 세포. 뉴런 이동을 돕는다.

신경망 nerve net 서로 연결된 뉴런들이 넓게 퍼져 있는 것. 해파리 등에서 나타난다. 이들에게는 척추동물과 같은 중앙 집중 신경계가 없다.

신경섬유종 neurofibromatosis 유전자에 관련이 있는 학습장애.

신경전달물질 neurotransmitter 세로토닌이나 도파민 등의 화학 전령으로 신경 세포들 간에 신호를 전달한다.

신피질 neocortex 포유류의 대뇌피질의 바깥층으로 여섯 겹으로 이루어져 있다.

실행 performance 어떠한 체계가 내재된 지식이나 능력을 제대로 표현하는 데 한계를 줄 가능성이 있는 실재적인 요소들. 가령 기억력이나 주의력 등을 가리키는 놈 촘스키의 용어.

CpG 섬 CpG islands 뉴클레오티드 CG가 반복해서 나타나는 비중이 상당히 높은 작은 DNA 영역. 유전자의 규제 영역과 관련이 있다.

아드레날린 adrenaline 혈압과 심박을 자극하는 호르몬.

아미노산 발린이나 세린 등등 단백질을 구성하고 있는 스무 가지 종류의 유기산.

RNA(ribonucleic acid) 단백질 합성 과정에서 임시 분자 주형으로 기능하는 DNA 대응체.

알캅톤뇨증 alkaptonuria 사이먼 개로드가 발견한 선천적 신진대사 장애 중 하나로 오줌이 검은 증상이 있다.

압축 컴퓨터 공학에서 특정 파일을 저장할 때 정보의 양을 줄이는 기술. 여기서는 어떻게 작은 게놈이 복잡한 표현형을 나타낼 수 있는가 하는 비유로 쓰였다.

언어 습득 언어를 배우는 과정.

FOXP2 언어장애에 직접적인 연관이 있다고 알려진 최초의 유전자. 여러 종에서 발견되는데 인간에서는 상당히 다른 형태로 나타난다.

FGF8(fibroblast growth factor 8) 여러 가지 단백질을 만들어내는 유전자로, 이 단백질은 피질의 기초적 구도를 형성하는 데 중요한 역할을 한다.

X 결함 증후군 X염색체 특정 유전자(*FMR1*)에 일어난 비정상적 뉴클레오티드 반복으로 인한 정신지체로, 유전적으로 대물림되는 흔한 장애이다.

NMDA 수용기 글루타민 수용기의 한 종류로 학습과 기억에 중요한 역할을 하는 것으로 보인다. 글루타민 신호를 받을 때 특정 전기적 변화(감극)가 동반되는 경우에만 칼슘 이온을 흐르도록 하는 '동시 사건 탐지자'로 기능하는 듯하다.

Emx 특정 뇌 영역의 정체성을 구축하는 데 중요한 유전자군.

연계법 association(유전학에서) 특정 유전자(또는 표지 유전자)가 어떤 특성과 연계되어 있는지 알아보기 위해 사용하는 연구 방법.

연관 학습 associative learning 동시에 일어나는 자극과 반응 사이의 관계에 대해서 학습하는 과정.

연관도 linkage 추적중인 문제의 유전자가 잘 알려진 다른 유전자들과 함께 나타나는 정도를 측정함으로써 그 유전자의 위치를 찾아내는 기법.

연관화 association(심리학에서) 자극(가령 벨 소리)과 반응(가령 음식) 사이의 연계.

연속적 분화 succesive approximation 점진적인 세련화 과정. 점차 정교해지는 일련의 단계를 거쳐 최종 생성물로 수렴해가는 과정을 말한다.

연쇄 고리 cascade 연계된 유전자들의 집합. 가령 *Pax6* 유전자가 자극하는 안구 형성 유전자들의 집합 등.

염색체 DNA 가닥들이 꼬여서 뭉친 것으로서 세포의 핵 속에 들어 있다.

예쁜꼬마선충 *Caenorhabditis elegans* 1밀리미터 정도 길이로 반투명한 선충. 현대 생물학에서 즐겨 사용하는 연구 모델 중 하나이다.

예정 세포 presumptive cell 정상적인 환경에서라면 특정한 방식으로 발달하도록 운명 지어진 원시 세포 또는 조직. 가령 '안구 예정 세포'이라는 식으로 말한다.

Otx 뇌 발달에 중요한 호메오복스 영역 포함 유전자들이다.

Y염색체 두 개의 성(性) 염색체 중의 하나로서 '남성' 염색체. 여성 염색체는 X염색체이다. 여성은 두 개의 X염색체를, 남성은 X염색체와 Y염색체 하나씩을 갖고 있다.

우반구 대뇌의 오른쪽 절반. 뇌량을 거친 연결을 통해 신체의 왼쪽 절반을 통제한다.

운동 뉴런 motor neuron 근육 등의 작동 세포를 움직이는 뉴런.

운동 통제 motor control 근육(또는 다른 기관)을 조정하고 통제하는 인지 체계.

원통 영역 barrel fields 쥐류에 있으며 수염 자극에 반응하는 감각피질 영역.

윌리엄스 증후군 Williams syndrome 정상 능력과 이상 능력이 복잡하게 나타나는 정신지체의 한 유형. 7번 염색체의 작은 영역에서 결실이 일어나 생겨난다.

유전력 heritability 어떤 특성에 있어서의 개인차와 유전적 밀접성 사이의 연관을 측정하는 것.

유전자 단백질의 주형 및 그 주형을 통한 단백질 생산 조건을 규정하는 IF와 THEN 논리의 합성체. 가령 인슐린을 만드는 방법을 알려주면서 동시에 어느 조건에 그 방법이 사용되어야 할지 알려주는 역할도 한다.

유전자 발현 유전자가 (RNA로 전사된 후에) 단백질로 전환되는 과정.

유전자 부족 gene shortage 유전자의 수는 상대적으로 적은 반면 뉴런의 수는 상대적으로 많다는 불일치 현상을 가리키기 위해 폴 에를리히가 만든 용어.

유전자 조절 gene regulation 어떤 유전자의 발현을 통제하는 과정.

유전자 중복 gene duplication 한 유전자(또는 염색체 전체)의 DNA가 우연히 반복 복사되어 추가의 유전자나 염색체가 생기는 변형 과정. 진화에서 변화를 일으키는 주된 요소이다.

유전형 genotype 한 생명체의 게놈. 생명체의 외관이나 행동, 즉 표현형과 대비되는 개념이다.

이란성 쌍둥이 fraternal twin 서로 다른 태반 속의 서로 다른 수정란에서 자란 쌍둥이.

ELH 유전자 군소해삼에게 있는 유전자로 복잡한 배란(Egg-laying hormone) 단계를 촉발시키는 단백질을 만든다.

IF-THEN 유전자가 만드는 단백질 결과물을 결정하는 암호 영역(THEN)과 그 단백질이 합성될 조건을 제시하는 조절 영역(IF)의 결합.

인간 게놈 프로젝트 인간 게놈의 모든 뉴클레오티드까지 알아내고자 했던 20

세기 후반의 프로젝트.

인슐린 혈액 속의 글루코스 농도를 조절하는 췌장 호르몬.

일대일 대응 두 체계 사이에 성립되는 관계로, 하나의 입력 개체에는 이에 대응하는 하나의 출력 개체가 존재한다. 수학 함수 $f(x)=x$가 한 예이다. 또한 망막의 한 점과 덮개에 하나의 상응하는 점을 가지게 되는 형세 분포도 한 예이다.

일란성 쌍둥이 identical twin 하나의 수정란에서 자라난 쌍둥이(하지만 언제나 하나의 태반에 있는 것은 아니다).

입력 input 뇌로 들어가는 정보. 또는 계산식에 들어가는 정보.

자극 환경으로부터 들어온 입력 신호로서, 이것을 단서로 하여 동물은 또 다른 행동을 구성한다.

자기 공명 영상 Magnetic Resonance Imaging(MRI) 생물의 뇌나 신체의 영상을 생성하는 기술. fMRI(Functional MRI)는 뇌 활동의 한 지표로서 혈류의 변화를 추적하는 뇌영상 기술이다.

자율적 행위자 autonomous agent 개개의 유전자가 자신만의 IF 조절을 통해 발현된다는 사실을 강조하는 비유.

자폐증 autism 사회적 인지 기능에 영향을 미치는 장애.

장기기억 long-term memory 몇 달 또는 몇 년의 긴 시간 동안 기억을 저장하는 인지 체계.

적응 상대적인 우세 덕분에 진화한 특성이나 성질. 가령 영국 산업혁명 시기 나방의 색깔이 검게 된 것 등이다.

전기적 자극 있거나 없거나(all-or-nothing)의 두 상태를 가지는 전기적 신호로 뉴런을 통해 전달된다. 행동 전압(action potential)이라고도 한다.

전뇌 뇌의 앞부분으로 대뇌반구들을 포함하고 있고 시상과 해마 등의 구조를 갖고 있다.

전달 통로 뇌의 한 영역에서 다른 영역으로 이어지는 신경 연결.

전두엽 피질 prefrontal cortex 피질의 맨 앞쪽 부분. 추론, 의사 결정, 감정에 관련되어 있다.

전문화된 학습기제 specialized learning mechanism 언어나 사회적 관계 등 특정 종류의 정보를 습득하는 데에만 초점이 맞춰진 신경 인지적 도구.

전사 transcription 유전자 발현의 첫 단계. DNA가 RNA 대응체로 복사된다.

접합체 zygote 수정된 난세포.

정신분열증 schizophrenia 사고 기능 장애의 일종. 종종 환각, 편집증, 사회로부터의 격리 등의 증상을 동반한다.

정신 활동 사고, 신념, 욕구, 의도, 목적 등을 포함하는 생명체의 인지 활동.

정중선 대뇌의 왼쪽과 오른쪽 또는 신체의 왼쪽과 오른쪽의 반으로 가르는 가상의 면.

조절 영역 regulatory (IF) region 유전자 발현의 조건을 지시하는 유전자 부분.

정크 DNA Junk DNA 기능이 알려져 있지 않은 DNA. 소위 말하는 쓰레기 DNA들 중 일부는 진화 과정의 초기 단계에서는 모종의 역할이 있었을지도 모르는, 과거의 유물들이다. 또한 현재 단계에서 단지 기능이 밝혀지지 않았을 뿐인 것들도 있다.

정형화된 행동양식 stereotyped behavior 변화가 없는, 정해진 방식으로 진행되는 복잡한 행동.

좌반구 대뇌의 왼쪽 절반. 뇌량을 거친 연결을 통해 신체의 오른쪽 절반을 통제한다. 언어나 분석적 사고 능력과 연관되어 있다.

주 통제 유전자 master control gene 유전자 연쇄 작용의 정점에 있는 *Pax6* 같은 유전자.

줄기세포 stem cell 자기 자신을 재생산할 수 있고 다양한 종류의 자손 세포를 만들어낼 수 있는 원시 세포.

중뇌 midbrain 뇌의 중앙 부분. 시각과 청각 자극을 조정하며 안구 활동 같은 기능을 통제한다.

중앙신경계 central nervous system 뇌와 척수.

창고기 amphioxus 작고, 납작하고, 턱이 없는 동물로 플고기처럼 생겼다. 척추동물의 최초의 모습과 관련이 있다고 여겨진다.

채널 channel(ion channel) 이온이 통과할 수 있는 단백질의 구멍.

척추동물 등뼈를 갖고 있는 모든 동물. 어류, 양서류, 조류, 파충류, 포유류.

청각 영역 auditory area 측두엽의 한 부분으로 소리를 처리한다.

청사진 여기서는 게놈을 완성될 물질에 대한 상세한 그림 또는 계획도로 파악하는 것에 대한 비유로 쓰인 말이다.

체성감각피질 somatosensory cortex 촉각, 압력, 온도, 통증의 감각 정보 처리에 할당된 피질 영역.

초기 반응 유전자 early-response gene 특정 종류의 자극에 빠르게 반응하는 일군의 유전자들. 결국 다른 유전자들의 발현을 야기시킨다.

축색돌기 axon 길고 가늘게 생긴 뉴런의 한 부분으로서 뉴런의 몸체에서 나온 전기적 자극을 목적지까지 전달한다.

축색돌기 유도 분자 axon guidance molecule 발달하는(또는 재발달중인) 축색돌기가 목표지를 잘 찾아가도록 돕는 화학적 단서들.

출력 output (신경) 계산의 생성물.

측두평면 planum temporale 측두엽의 위쪽 면으로 언어 정보 처리에 관계되어 있는 듯하다. 보통 뇌의 오른쪽보다 왼쪽에서 더 크다.

칼맨 증후군 Kallman syndrome 선천적 시상하부 장애로 후각과 성적 능력 발달에 이상이 온다.

CaM 키나아제 II 에너지 전달에 관련된 효소로서 시냅스 강화에 중요한 역할을 하는 듯하다.

클론 clone 다른 생명체(또는 세포)의 DNA를 복사하여 탄생된 생명체(또는 세포).

통계적 정보 개체들의 특성을 묘사하는 정량적 정보. 가령 두 사건이 얼마나 밀접하게 연관되어 있는가, 한 특징이 인구 중에 얼마나 자주 나타나는가 등을 정량적으로 측정한 정보 등이다.

트리 구조 tree structure (언어학에 있어서) 문장의 위계적 표현.

특수 언어장애 Specific-Language Impairment 여타 인지, 기억, 청각 장애와 관련이 없는 듯한 언어장애.

파킨슨 병 Parkinson's disease 진행성 운동 기능 장애. 중뇌의 특정 부분에서 도파민을 생성하는 뉴런이 점진적으로 퇴화함으로써 일어난다.

Pax6 안구 발달과 뇌 형성에 중요한 역할을 맡은 유전자로, 다른 유전자들을 조절하는 DNA인 '호메오복스' 영역을 갖고 있다.

페닐케톤뇨증 phenylketonuria(PKU) 페닐알라닌이라는 아미노산을 흡수하는 능력이 부족해 생기는 정신지체 장애.

편도체 amygdala 뇌의 측두엽에 있는 아몬드 모양의 구조이다. 감정 반응에 관련되어 있다.

표현형 생물의 외관 및 행동. 유전형의 반대 개념이다.

프로토카데린 protocadherin 뇌 발달에 중요한 역할을 하는 듯한 세포 부착 분자의 한 종류.

***Fru* 유전자** 초파리의 구애행위에 여러 방식으로 기여하는 듯한 유전자.

해마 hippocampus 측두엽의 피질 구조로 단기 기억과 공간 지각에 중요한 역할을 한다고 알려져 있다.

헌팅턴 병 Huntington's disease 뉴런의 퇴화로 생기는 성인 장애로 경련이나 마비, 감정 교란, 지적 기능 손상 등이 유발된다.

헤모글로빈 적혈구 세포의 이온 운반 단백질로, 허파에서 신체 여러 조직으로 산소를 운반한다.

형세 분포도 topographic map 뇌의 한 영역에서 다른 영역으로 이어지는 잘 정돈된 연결들. 망막에서 덮개로, 또는 망막에서 시각 시상으로의 연결 등이다.

Hox **유전자** 세포 분화를 통제하여 기본적인 신체 설계를 하는 데 중요한 역할을 하는 호메오복스 유전자의 특정 종류. 초파리나 인간 등에게서 발견된다.

회색질 주로 신경 세포체로 구성되어 있는 뇌나 척수의 한 부분.

효소 특정 생화학 반응을 촉진하는 촉매 역할을 하는 단백질(또는 RNA 가닥, 또는 단백질과 당 등의 다른 요소들이 함께 결합된 단백질 복합체).

후각 체계 olfactory system 냄새를 감지하는 체계.

후뇌 hindbrain 뇌의 뒷부분. 뇌교, 연수, 소뇌를 포함하고 있다.

후성설 epigenesis 여기서는 연속적 분화 과정을 가리키는 말로 쓰였다. 유전자 발현이 보충되거나 변형되는 과정을 가리키는 용어로도 널리 쓰인다.

(주註)

1_ 본성 대 양육

1. Crick, 1993.
2. Pinker, 1997.
3. Zatorre, 2001.
4. Phan, Wager, Talylor, & Liberzon, 2002.
5. Tiihonen et al., 1994.
6. Ehrlich, 2000.
7. Ibid.
8. Menand, 2002.
9. Watson, 1925.
10. DeFries, Gervais, & Thomas, 1978.
11. http://abcnews.go.com/sections/world/DailyNews/finland020306.html.
12. Thompson et al., 2001.
13. Posthuma et al., 2002.
14. Bartley, Jones, & Weinberger, 1997; Lohmann, von Cramon, & Steinmetz, 1999.
15. 뇌량에 대해서: Scamvougeras, Kigar, Jones, Weinberger, & Witelson, 2003; 보다 일반적인 뇌 구조에 대해서: Pennington et al., 2000.
16. Kaschube, Wolf, Geisel, & Lowel, 2002.
17. Meltzoff & Moore, 1977.
18. Morrongiello, Fenwick, & Chance, 1998.
19. Ramus, Hauser, Miller, Morris, & Mehler, 2000.
20. Farroni, Csibra, Simion, & Johnson, 2002.
21. Pinker, 1994.
22. Dehaene, 1997.
23. Pinker, 2002.

24. Nelkin, 2001.
25. Bateson, 2001.
26. Hogenesch et al., 2001; International Human Genome Sequencing Consortium, 2001; Venter et al., 2001.
27. Kandel, Schwartz, & Jessell, 2000.
28. Goodman, 1978; Loer, Steeves, & Goodman, 1983.
29. Biondi et al., 1998; Bonan et al., 1998; Thompson et al., 2001.
30. http://www.boyakasha.co.uk/women.mp3.
31. Plomin, 1997.
32. 일란성 쌍둥이의 경우 어떤 특성에 대한 유전력 계산을 하는 것이 쉽다. 일란성 쌍둥이의 연관도와 이란성 쌍둥이의 연관도 사이의 차이를 측정하여 2를 곱하면 된다. 가령, 일란성 쌍둥이 중 한 쪽의 키가 다른 쪽의 키와 밀접한 연관을 보이고(가령 0.8 정도), 이란성 쌍둥이 중 한 쪽의 키는 다른 쪽의 키와 중간 정도의 연관을 보인다고 하면(0.6 정도), 일란성 쌍둥이와 이란성 쌍둥이 사이의 연관도 차이는 0.2이다. 여기에 2를 곱하면 0.4가 되는데, 그것이 바로 유전력이다(40퍼센트). Plomin, 1997.
33. Bouchard, 1994; Plomin, 1997.
34. Bouchard & McGue, 1981; Rowe, 1994.
35. Lykken, 1982.
36. Bouchard & Loehlin, 2001; Plomin, DeFries, McClearn, & McGuffin, 2001.
37. Block, 1996.
38. Ibid.
39. J. Halberda, 2003년 2월 개인적 취재를 통해.
40. 유전력 수치는 또한 측정 대상 인구가 갖고 있는 유전적 다양성의 범위를 어쩔 수 없이 반영하게 된다. 만약 X라는 유전자가 등장하는 정도가 A1이라는 유전자의 그것과 비례하지만 A2라는 유전자와는 반비례한다면, 유전자 X의 유전력 예상치는 A1의 A2에 따른 분포 함수에 따라 달라지게 된다. 유전자 X의 유전력은 단순히 유전자 X의 활동에 따른 함수가 아니라, X가 A1, A2와 어떻게 상호작용하는가에 따른 함수가 된다.
41. Medawar, 1981.
42. Bateson, 2002.
43. 수백억 개의 뉴런에 대해서: Blinkov & Glezer, 1968; 3만 개의 유전자에 대해서: International Human Genome Sequencing Consortium, 2001; Venter et al.,

2001.
44. King & Wilson, 1975.

2_ 천재로 태어나다

1. *Rock Hill Herald*: 1999년 1월 1일.
2. http://www.theonion.com/onion3119/stupidbabies.html.
3. Chomsky, 2000; Chomsky, 1965.
4. Piaget, 1954.
5. Ibid.
6. Fantz, 1961.
7. Baillargeon, Spelke, & Wasserman, 1985.
8. Bogartz, Shinskey, & Speaker, 1997; Rivera, Wakeley, & Langer, 1999.
9. Wynn, 1992; Cohen & Marks, 2002; Wynn, 2002.
10. Munakata, McClelland, Johnson, & Siegler, 1997.
11. Marcus & Clifton, 준비중인 논문; Smith, Thelen, Titzer, & McLin, 1999.
12. Martin, 1998.
13. Clifton, Perris, & McCall, 1999; Clifton, Rochat, Litovsky, & Perris, 1991.
14. Goren, Sarty, & Wu 1975; Johnson & Morton, 1991.
15. Farroni et al., 2002.
16. Nazzi, Floccia, & Bertoncini, 1998; Nazzi, Bertoncini, & Mehler, 1998; Ramus et al., 2000.
17. Vouloumanos & Werker, 제출 단계인 논문.
18. 모든 능력 향상이 경험의 결과인 것은 아니다. 6개월 된 아기들은 익숙한 얼굴과 낯선 얼굴을 구별할 줄 알게 된다. 그러나 꼭 인간의 얼굴에만 국한되는 것은 아니라서, 원숭이의 얼굴도 마찬가지로 인지할 줄 안다. 이 놀라운 능력은 아마도 인간의 이전 진화 단계에서 남은 부분으로 보이며, 나이가 들면 사라진다(Pascalis, de Haan, & Nelson, 2002).
19. Regolin, Vallortigara, & Zanforlin, 1995.
20. Regolin, Tommasi, & Vallortigara, 2000.
21. Coppinger & Coppinger, 2001.
22. Hall, 1994.
23. Baker, Taylor, & Hall, 2001.
24. Sachs, 1988.

25. Fentress, 1973.
26. Greer & Capecchi, 2002.
27. Larsen, Vestergaard, & Hogan, 2000.
28. Hauser, 2002.
29. Marler, 1991.
30. Kandel, 1979; Rankin, 2002.
31. 윗슨은 이런 간단한 학습 기술이 인간에게도 통한다는 것을 증명한 (또는 증명했다고 주장하는) 것으로 유명하다. 전설처럼 전해지는 이야기로, 윗슨은 앨버트라는 11개월 된 아기가 쥐가 있는 쪽으로 다가가려 할 때마다 아이의 머리 뒤에 걸려 있는 (120센티미터 정도 길이의) 철봉을 망치로 쾅 하고 때려 큰 소리를 냈다. 그랬더니 아이는 흰 쥐에 대해서 엄청난 공포를 갖게 되었다고 한다. 하지만 최근에는 이 실험이 믿을 만한 것인지에 대해 의문을 갖는 사람들이 많다(Harris, 1979; Paul & Blumenthal, 1989).
32. Gallistel, 1990; Gallistel, Brown, Carey, Gelman, & Keil, 1991.
33. Emlen, 1975.
34. '가상 현실'이라는 용어가 생기기 10여 년 전에, 코넬 대학의 생태학자 스티븐 엠렌은 한 무리의 북미멋쟁이새를 특별히 고안해낸 천문관 속에서 키웠다. 이 천문관의 천체들은 북극성(실제 하늘의 중심인)을 중심으로 회전하지 않고 베텔기우스(남반구에서 가장 밝은 별 중의 하나이다)를 중심으로 회전하게 되어 있었다. 불쌍한 새들은 베텔기우스 쪽을 북쪽으로 착각하는 듯하였으며, 딱 그만큼 뒤쪽으로 방향을 조정했다. 이것은 북미멋쟁이새들이 내재된 나침반이 아니라 실제 천구의 회전에 의존하여 움직인다는 증거이다.
35. Gallistel, 1990; Renner, 1960.
36. Marler, 1984.
37. http://www.stanfordalumni.org/birdsite/text/species/Willow_Flycatcher.html.
38. Kroodsma, 1984.
39. http://www.bird-friends.com/NorthernMockingbird.html.
40. Smith, King, & West, 2000.
41. Saffran, Aslin, & Newport, 1996.
42. Marcus, 2000; Marcus, Vijayan, Bandi Rao, & Vishton, 1999, 비슷한 실험으로 Gomez & Gerken, 1999.
43. Hauser, Weiss, & Marcus, 2002.

44. Rizzolatti, Fadiga, Gallese, & Fogassi, 1996.
45. Tomasello, 1999; Caldwell & Whiten, 2002.
46. Meltzoff & Moore, 1977.
47. Whiten et al., 1999.
48. Van Schaik et al., 2003.
49. Richerson & Boyd, 2004.
50. Hare, Brown, Williamson, & Tomasello, 2002; Povinelli, 2000.
51. Bloom, 2000.
52. Cheney & Seyfarth, 1990; Seyfarth, Cheney, & Marler, 1980.
53. Savage-Rumbaugh et al., 1993.
54. Fenson et al., 1994.
55. Bloom, 2000; Dromi, 1987.
56. Carey, 1978; Pinker, 1994.
57. Liittschwager & Markman, 1994; Markman, 1989.
58. Brown, 1957.
59. Pinker, 1994.
60. Savage-Rumbaugh et al., 1993.
61. Heath, 1983; Ochs & Schieffelin, 1984.
62. Huttenlocher, 1998.
63. Chomsky, 1975; Pinker, 1994.

3_ 뇌 속의 폭풍

1. DeCasper & Spence, 1986.
2. Moon & Fifer, 2000.
3. Ibid.
4. Hubel & Wiesel, 1962; Wiesel & Hubel, 1963.
5. Hubel, 1988. 이 조정기제에는 경쟁적인 면이 있다. 한쪽 눈만 없어지면 원래 그 눈에 할당되었던 피질의 영역을 다른 쪽 눈이 점거해버린다. 따라서 시각우세기둥의 단정한 줄 무늬가 거의 없어지게 된다. 하지만 두 눈 모두 없어지면 경쟁할 것이 없으므로 시각우세기둥은 모양이 그대로 살아남는다.
6. Godecke & Bonhoeffer, 1996.
7. Law & Constantine-Paton, 1981.

8. Dunlop, Lund, & Beazley, 1996.
9. 내부적으로 생성된 활동과 세눈 개구리에 대해서: Reh & Constantine-Paton, 1985.
10. Crowley & Katz, 1999.
11. Miyashita-Lin, Hevner, Wasserman, Martinez, & Rubenstein, 1999.
12. Verhage et al., 2000.
13. Molnar et al., 2002; Washbourne et al., 2002.
14. O'Leary & Stanfield, 1989; Stanfield & O'Leary, 1985.
15. Deacon, 2000; Isacson & Deacon, 1997.
16. Webster, Ungerleider, & Bachevalier, 1995.
17. Sur & Leamey, 2001; Sur, Pallas, & Roe, 1990.
18. Rebillard, Carlier, Rebillard, & Pujol, 1977.
19. Rauschecker, 1995.
20. Bavelier & Neville, 2002; Neville & Lawson, 1987.
21. Alho, Kujala, Paavilainen, Summala, & Naatanen, 1993; Kujala, Alho, & Naatanen, 2000.
22. Sadato et al., 1996.
23. Vargha-Khadem, Isaacs, & Muter, 1994.
24. De Bode & Curtiss, 2000; Vicari et al., 2000.
25. Merzenich et al., 1984.
26. Bates, 1999.
27. Quartz & Sejnowski, 1997.
28. Gould, Reeves, Graziano, & Gross, 1999; Rakic, 1998.
29. Goldman-Rakic, Bourgeois, & Rakic, 1997; Huttenlocher, 1990.
30. Thulborn, Carpenter, & Just, 1999.
31. Saunders, 1982.
32. Bjornson, Rietze, Reynolds, Magli, & Vescovi, 1999.
33. Angelucci, Clasca, & Sur, 1998.
34. Ibid.
35. Bates, 1999.
36. Balaban, 1997.
37. Levitt, 2000.
38. Johnson, 1997; Pinker, 2002.
39. Ledoux, 1996.

40. Damasio, 1994.
41. Sur & Leamey, 2001.
42. Kandel, Schwartz, & Jessell, 2000.
43. Pinker, 2002.
44. Kaas, 2002; Pinker, 2002.
45. Scoville & Milner, 1957.
46. Vargha-Khadem et al., 1997.
47. Maruishi et al., 2001.
48. Ballaban-Gil, Rapin, Tuchman, & Shinnar, 1996.
49. Shaywitz et al., 1999.

4_ 아리스토텔레스 가든 시대

1. 배아 발달에서의 연속적 분화에 대해서: O'Rahilly, Müler, & Streeter, 1987; http://embryo.soad.umich.edu/resources/morph.mov; http://www.visembryo.com/
2. Gould, 1977.
3. Spock, 1957.
4. Gould, 1977; Richardson et al., 1998; http://zygote.swarthmore.edu/evo5.ntml.
5. Shell, 2002
6. http://www.sonic.net/~nbs/projects/anthro201/disc/.
7. 멘델의 '인자' 라는 것은 특정 유전자의 '성질' 을 가리키는 '대립 형질' 에 좀더 가까울 것이다. 가령, 과학자들이 낭포성 섬유증 유전자라고 말할 때는 모든 사람들이 갖고 있는 한 유전자가 그 개인에게서는 손상되었다는 뜻이다.
8. Oetting & Bennett, 2003.
9. Purves, Sadava, Orians, & Heller, 2001.
10. Gasking, 1959.
11. Garrod 1923.
12. Beadle & Tatum, 1941; Morange, 1998.
13. 하나의 유전자가 또 하나의 단백질을 만든다고 생각하기 쉽지만, 8장에서 살펴볼 '선택적 접합절단' 이라는 과정이 있기 때문에, 사실은 게놈에 있는 유전자 수보다 10배나 많은 단백질이 우리 몸에 있을 수 있다.
14. Alberts et al., 1994.

15. Tanford & Reynolds, 2001; Walsh, 2002.
16. Judson, 1979.
17. Olby, 1994.
18. Chargaff, 1950.
19. Ibid.
20. Hershey & Chase, 1952.
21. Judson, 1979.
22. http://www.geocities.com/jenaith/DNA1.html.
23. Klug, 1974; Sayre, 1975.
24. Watson & Crick, 1953; Judson, 1979.
25. Watson & Crick, 1953.
26. Judson, 1979.
27. Nesse & Williams, 1994; Rensberger, 1996.
28. 대장균의 평판은 상당히 나쁘지만, 사실 대부분의 종류는 오히려 유용하다. 장출혈은 대장균이 너무 많아서가 아니라 $O157:H7$이라는 대장균의 특정 종류가 너무 많아서 생기는 것이다. 이 대장균은 식품산업의 주적이자, 육류를 취급한 후에는 반드시 손을 씻어야 하는 이유이기도 하다.
29. Jacob & Monod, 1961; Judson, 1979.
30. Wilmut, Schnieke, McWhir, Kind, & Campbell, 1997.
31. Hsiao et al., 2001.
32. Alberts et al., 1994; Davidson, 2001; Furlow & Brown, 1999; Marks, Iyer, Cui, & Merchant, 1996.
33. Beldade & Brakefield, 2002; Brakefield et al., 1996.
34. Sydney Brenner, Gehring의 인용에서 재인용, 1998.
35. Gilbert, 2000; Kimble & Austin, 1989.
36. Saunders, Gasseling, & Cairns, 1959.

5_ 코페르니쿠스의 복수

1. Restak, 1979.
2. Rose, 1973.
3. Davis, 1997.
4. Restak, 1979.

5. Montgomery, 1999; Seeman & Madras, 2002.
6. Kandel, Schwartz, & Jessell, 2000.
7. McIlwain & Bachelard, 1985.
8. Koch & Segev, 2000.
9. Feldman & Ballard, 1982; Kandel, Schwartz, & Jessell, 2000; Oram & Perrett, 1992.
10. Hall, 1992.
11. Kandel & Schwartz, & Jessell, 2000.
12. Alberts et al., 1994.
13. Lequin & Barkovich, 1999; Ross & Walsh, 2001.
14. Masland, 2001.
15. Anderson, 1992.
16. 자연이 처음부터 '정확한' 수의 세포를 만드는 대신 왜 이런 전략을 택했는지 아는 사람은 아무도 없다. 생성했다가 지우는 이 전략은 그저 진화의 잔존물일지도 모른다. 공학자들이라면 알겠지만, 때로는 완전히 새로 만드는 것보다는 기존에 있던 체계를 조금 변형하는 쪽이 쉬울 때도 있기 때문이다. 하지만 이것은 발달상의 유연성을 만들기 위한 방법일지도 모른다. 수백만 또는 수십억 개의 뉴런들이 있는 복잡한 생명체에서는 특정 뉴런이 특정한 역할을 완벽히 해내기를 바라는 것이 무리일 수도 있다. 뉴런이 만들어지는 과정과 그 뉴런이 자신의 운명을 부여받는 과정을 분리시킴으로써, 자연은 수준 높은 유연성과 강인함을 얻었을지도 모른다.
17. Ikonomidou et al., 2001.
18. Rakic, 1972.
19. Marin & Rubenstein, 2003.
20. Harris, Honigberg, Robinson, & Kenyon, 1996.
21. Maynard Smith & Szathmáry, 1995.
22. Chenn & Walsh, 2002.
23. Stuhmer, Anderson, Ekker, & Rubenstein, 2002.
24. Marin, Yaron, Bagri, Tessier-Lavigne, & Rubenstein, 2001.
25. Fukuchi-Shimogori & Grove, 2001.
26. Crossley, Martinez, Ohkubo, & Rubenstein, 2001.
27. Bishop, Goudreau, & O'Leary, 2000; Mallamaci, Muzio, Chan, Parnavelas, & Boncinelli, 2000; Tole, Goudreau, Assimacopoulos, & Grove, 2000.
28. Ross & Walsh, 2001; Webb, Parsons, & Horwitz, 2002.

29. Hsiao et al., 2001; Warrington, Nair, Mahadevappa, & Tsyganskaya, 2000.
30. Mattson, 2002; Ross & D'sa, 2001.
31. International Human Genome Sequencing Consortium, 2001; Patthy, 2003; Venter et al., 2001.
32. Hsiao et al., 2001; Warrington, Nair, Mahadevappa, & Tsyganskaya, 2000.
33. 유전학과 발달신경학에서 사용되고 있는 기술들에 대해 좀더 자세히 보려면 부록을 참고하라.
34. Sokolowski, 1998.
35. Young, Nilsen, Waymire, MacGregor, & Insel, 1999.
36. Murphy et al., 2001.
37. Gross et al., 2002.
38. Greer & Capecchi, 2002.
39. Lefebvre et al., 1998.
40. Gainetdinov et al., 1999.
41. Grimsby et al., 1997.
42. Sillaber et al., 2002.
43. http://www.ncbi.nlm.nih.gov/omim/.
44. Fisher & DeFries, 2002; Plomin & McGuffin, 2003.
45. Egan et al., 2003.
46. Caspi et al., 2002.
47. Hariri et al., 2002.
48. Tecott, 2003; Waterston et al., 2002.
49. Waterston et al., 2002.
50. International Human Genome Sequencing Consortium, 2001; Venter et al., 2001.
51. Gehring, 2002.
52. Kooy, 2003.
53. 인간의 유전자는 쥐에게서도 그 대응 부분을 찾을 수 있는 경우가 많지만(역의 경우도 마찬가지다), 그렇다 해도 그 유전자는 인간에서는 쥐에서와는 다른 영향을 미칠 때가 많다. 가령 세로토닌은 인간과 쥐 모두에게서 불안을 조정하는 역할을 하지만, 사람의 뇌에는 쥐의 뇌에는 없는 다른 추가적인 불안 조정 체계가 있을 수 있다. 동물 실험을 통해 특정 유전자가 인간에서 어떻게 기능하는지 귀중한 단서를 얻을 수는 있지만, 그 유전자가 인간에서도 똑같이 기능하리라는 보장은 없다.

54. Pennartz, Uylings, Barnes, & McNaughton, 2002.
55. Bernheim & Mayeri, 1995; Scheller & Axel, 1984.
56. Anand et al., 2001; Baker, Taylor, & Hall, 2001; Emmons & Lipton, 2003.
57. Anand et al., 2001; Baker, Taylor, & Hall, 2001; Song et al., 2002.
58. Lykken, McGue, Tellegen, & Bouchard, 1992.
59. Karmiloff-Smith, 1998.
60. Liu, Dwyer, & O'Leary, 2000.
61. Fukuchi-Shimogori & Grove, 2001; O'Leary & Nakagawa 2002.
62. Nakagawa & O'Leary, 2001; Sestan, Rakic, & Donoghue, 2001; Skeath & Thor, 2003.
63. Bessa, Gebelein, Pichaud, Casares, & Mann, 2002; Flores et al., 2000.
64. 성 보나벤투라의 『프란시스코의 삶 Life of Francis』에서 재인용.

6_ 사전 배선 대 재배선

1. Buchsbaum et al., 1998; Kumar & Cook, 2002.
2. Gazzaniga, 1998; Sperry, 1961.
3. http://www.indiana.edu/~pietsch/split-brain.html.
4. Kullander et al., 2003
5. Emmons & Lipton, 2003.
6. White, Southgate, Thomson, & Brenner, 1986.
7. Sanes, Reh, & Harris, 2000.
8. Hibbard, 1965.
9. Harris, 1986.
10. Harris, Holt, & Bonhoeffer, 1987.
11. Goodhill, 1998.
12. Clandinin & Zipursky, 2002; Redies, 2000.
13. Rajagopalan, Vivancos, Nicolas, & Dickson, 2000 Simpson, Bland, Fetter, & Goodman, 2000.
14. 한 수궁기와 성장뿔들과의 관계는 고정된 것은 절대 아니다. 가령, 파리의 축색돌기 중 다수에서(아마도 인간의 축색돌기들도 그럴 것이다), *Robo* 수용기의 수는 처음에는 적다. 하지만 축색돌기가 좌우 분할선을 건넌 다음에는 수용기의 수가 급격히 증가한다. 성장뿔이 가는 길을 여러 개의 단위로 나누어 조정을 쉽게 하는

기교이다.
15. Sharma, Leonard, Lettieri, & Pfaff, 2000.
16. Komiyama, Johnson, Luo, & Jefferis, 2003.
17. Kaas, 2002; Welker, 2000.
18. Welker, 2000.
19. Kaas, 2002; Welker, 2000.
20. Huffman et al., 1999.
21. Sherry, Jacobs, & Gaulin, 1992.
22. Finlay, Darlington, & Nicastro, 2001.
23. Davis & Squire, 1984; Fields, Eshete, Stevens, & Itoh, 1997; Flexner, Flexner, & Stellar, 1965; Kaczmarek, 1993; Kandel & O'Dell, 1992; Wallace et al., 1995.
24. Castren, Zafra, Thoenen, & Lindholm, 1992; Kaczmarek, Zangenehpour, & Chaudhuri, 1999; Rosen, McCormack, Villa-Komaroff, & Mower, 1992.
25. Hofmann, 2003.
26. Fields, Eshete, Dudek, Ozsarac, & Stevens, 2001; Kaczmarek, 2000.
27. Behar et al., 2001; Hannan et al., 2001; Lopez-Bendito et al., 2002; Metin, Denizot, & Ropert, 2000; Zhang & Poo, 2001.
28. Al-Majed, Brushart, & Gordon, 2000; Morimoto, Miyoshi, Fujikado, Tano, & Fukuda, 2002; Song, Zhao, Forrester, & McCaig, 2002.
29. Hebb, 1947; Klintsova & Greenough, 1999.
30. Rampon et al., 2000.
31. Gustafsson & Kraus, 2001.
32. Black, Isaacs, Anderson, Alcantara, & Greenough, 1990.
33. Dubnau, Chiang, & Tully, 2003; Martin, Grimwood, & Morris, 2000.
34. Sanes & Lichtmann, 1999.
35. Rose, 2000.
36. Dubnau, Chiang, & Tully, 2003; Kandel, 2001.
37. Tsien, Huerta, & Tonegawa, 1996.
38. Silva, Paylor, Wehner, & Tonegawa, 1992; Silva, Stevens, Tonegawa, & Wang, 1992.
39. Rose, 2000.
40. Chew, Mello, Nottebohm, Jarvis, & Vicario, 1995.
41. Tang et al., 1999.

42. Dubnau, Chiang, Grady et al., 2003.
43. Wei et al., 2001.
44. Dubnau, Chiang, & Tully, 2003.
45. Gallistel, 2002.
46. Ibid.; Martin, Grimwood, & Morris, 2000; Pena De Ortiz & Arshavsky 2001; Shors & Matzel, 1997.
47. Dietrich & Been, 2001; Holliday, 1999; Pena De Ortiz & Arshavsky, 2001.
48. Buckner, Kelley, & Petersen, 1999; Fuster, 2000.
49. Ledoux, 1996.
50. Schacter, 1996.
51. Ramos, 2000.
52. Ledoux, 1996.
53. Mayford et al., 1996.
54. Bolhuis & Honey, 1998; Horn & McCabe, 1984; Johnson, Bolhuis, & Horn, 1985.
55. Bottjer, Miesner, & Arnold, 1984.
56. Nottebohm, Stokes, & Leonard, 1976; Wild, 1997.
57. Mello, Vicario, & Clayton, 1992.
58. Morrison & van der Kooy, 2001.
59. Hobert, 2003; Rankin, 2002.
60. Morrison, Wen, Runciman, & van der Kooy, 1999.
61. Hobert, 2003.
62. Costa et al., 2002.
63. Coppinger & Coppinger, 2001.
64. Johnson & Newport, 1989; Lenneberg, 1967.
65. Gregersen, Kowalsky, Kohn, & Marvin, 2001; Schlaug, 2001.
66. Knudsen & Knudsen, 1990; Linkernhoker & Knudsen, 2002.
67. Merzenich et al., 1984.
68. Daw, 1994.
69. Pizzorusso et al., 2002.
70. Bradbury et al., 2002.
71. Penn & Shatz, 1999.
72. Galli & Maffei, 1988.

73. Katz & Shatz, 1996; Penn & Shatz, 1999; Stellwagen & Shatz, 2002; Wong, 1999.
74. Katz & Shatz, 1996; Mastronarde, 1983.
75. Meister, Wong, Baylor, & Shartz, 1991.
76. Penn & Shatz, 1999.
77. Garaschuk, Linn, Eilers, & Konnerth, 2000; Momose-Sato, Miyakawa, Mochida, Sasaki, & Sato, 2003; Nedivi, Hevroni, Naot, Israeli, & Citri, 1993.
78. Schmidt & Eisele, 1985.
79. Weliky & Katz, 1997.
80. Stellwagen & Shatz, 2002.

7_ 정신 유전자

1. Seidl, Cairns, & Lubec, 2001.
2. Bowmaker, 1998.
3. Jameson, Highnote, & Wasserman, 2001.
4. De Duve, 1995; Holland, 1997.
5. Lacalli, 2001; Shu et al., 1992.
6. Lawn, Mackie, & Silver, 1981; Leys, Mackie, & Meech, 1999.
7. 이온 채널은 아마도, 한 번에 하나씩의 이온을 감싸 세포막을 통과하게 해주는 방식으로 이온의 흐름을 통제하는 '전달' 단백질 종류로부터 파생되었을 것이다(Harris-Warwick, 2000).
8. Jegla & Salkoff, 1994.
9. Harris-Warwick, 2000.
10. Ortells & Lunt, 1995; Wo & Oswald, 1995; Xue, 1998.
11. Harris-Warwick, 2000; Wessler, Kirkpatrick, & Racke, 1999.
12. 스티븐 제이 굴드의 독자라면 내가 이 부분을 다소 거칠게, 그리고 인간 중심적으로 묘사했음을 알 것이다. 진화는 특정 목적을 갖고 진행되어온 것이 아니며, 인간이나 마찬가지로 박테리아도 계속 진화해왔다. 인간의 진화 과정에서 신호 체계는 개선되어왔을지라도 다른 부분은 더 나빠졌을지도 모른다. 우리는 너무나 복잡한 내적 신호 체계에 의존하여 살아가고 있지만, 그렇다고 다른 생명체들도 다 그러리라고 기대할 수는 없다. 무언가가 개선되었다 혹은 진화되었다, 라는 말은 많은 생물종들 중에서 특정 종의 과정에 대해서만 적용되는 것이다.

13. Allman, 1999.
14. Jegla & Salkoff, 1994.
15. Ruiz-Trillo, Riutort, Littlewood, Herniou, & Baguna, 1999.
16. Sarnat & Netsky, 1985.
17. Younossi-Hartensteins, Jones, & Hartenstein, 2001.
18. Bullock, Moore, & Fields, 1984.
19. Richardson, Pringle, Yu, & Hall, 1997.
20. Wells, 1966.
21. Allman, 1999.
22. Oksenberg, Barcellos, & Hauser, 1999.
23. Carroll, Grenier, & Weatherbee, 2001; Gehring, 1998; Gerhart & Kirschner, 1997.
24. Garcia-Fernandez & Holland, 1994; Lacalli, 2001.
25. Allman, 1999; Manzanares et al., 2000.
26. Schad, 1993.
27. Butler & Hodos, 1996.
28. De Winter & Oxnard, 2001.
29. Simeone, Puelles, & Acampora, 2002; Williams & Holland, 2000.
30. Simeone, Puelles, & Acampora, 2002.
31. Mombaerts, 1999.
32. Costagli, Kapsimali, Wilson, & Mione, 2002; Patthy, 2003.
33. Rice & Curran, 2001.
34. Fatemi, 2002.
35. Jaaro, Beck, Conticello, & Fainzilber, 2001.
36. Frank & Kemler, 2002; Hilschmann et al., 2001; Pena De Ortiz & Arshavsky, 2001.
37. Patthy, 2003; Venter et al., 2001.
38. Kaas, 1987.
39. Krubitzer & Huffman et al., 2001.
40. Kaas, 1987.
41. Tavare, Marshall, Will, Soligo, & Martin, 2002.
42. Krubitzer, 2000.
43. Clancy, Darlington, & Finlay, 2001.

44. Carruthers & Boucher, 1998; Gumpertz & Levinson, 1996; Levinson, Kita, Haun, & Rasch, 2002; Whorf, 1975[1956].
45. Darwin, 1874.
46. Fodor, 1975; Pinker, 1994.
47. Pinker, 1994.
48. Li & Gleitman, 2002.
49. Gleitman, Gleitman, Miller, & Ostrin, 1996; Tversky & Gati, 1982.
50. Ellis & Hennelly, 1980; Hoosain & Salili, 1987.
51. Davidoff, Davies, & Roberson, 1999; Roberson, Davies, & Davidoff, 2000.
52. 언어와 사고의 관계에 대한 연구들 중에서는, 만약 사고의 일부가 언어에 의해 수행되는 것이라면 서로 다른 언어를 쓰는 사람들은 세상을 개념화하는 방식도 다를 것이라는 가정을 깔고 있는 것들이 많다. 하지만 (여러 근거들이 제안하는 바대로) 모든 언어가 동일한 범위의 사고를 표현하는 것이라면, 서로 다른 언어를 쓰는 사람 사이에 심대한 인지적 차이는 없을 것이다.
53. Morgan, 1995; Verhaegen, 1988.
54. Corballis, 1992.
55. Lieberman, 1984.
56. Gould, 1979.
57. Pinker & Bloom, 1990.
58. Dunbar, 1996.
59. Miller, 2000.
60. Goodglass, 1993.
61. Embick, Marantz, Miyashita, O'Neil, & Sakai, 2000; Goodglass, 1993; Stromswold, Caplan, Alpert, & Rauch, 1996.
62. Goodglass, 1993; Wise et al., 2001.
63. Koelsch et al., 2002.
64. Friederici, 2002; Kaan & Swaab, 2002.
65. Crosson, 1992; Lieberman, 2002; Nadeau & Crosson, 1997.
66. Damasio, Grabowski, Tranel, Hichwa, & Damasio, 1996; Martin, Haxby, Lalonde, Wiggs, & Ungerleider, 1995; Martin, Wiggs, Ungerleider, & Haxby, 1996.
67. Pulvermuller, 2002.
68. Dronkers, 2000.

69. Rilling & Insel, 1999; Semendeferi & Damasio, 2000.
70. Jerison, 1979.
71. Coppinger & Coppinger, 2001; Coren, 1994.
72. Stephan, Frahm, & Baron, 1981.
73. Wickett, Vernon, & Lee, 2000.
74. Hedges & Nowell, 1995.
75. Kranzler, Rosenbloom, Martinez, & Guevara-Aguirre, 1998; Lenneberg, 1967; Skoyles, 1999.
76. Finlay, Darlington, & Nicastro, 2001.
77. Coppinger & Coppinger, 2001.
78. Cantalupo & Hopkins, 2001; Gannon, Holloway, Broadfield, & Braun, 1998.
79. Rilling & Insel, 1999.
80. Ibid.
81. Jeeves & Temple, 1987.
82. Geschwind & Levitsky 1968; Ojemann, 1993; Shapleske, Rossell, Woodruff, & David, 1999.
83. Buxhoeveden, Switala, Litaker, Roy, & Casanova, 2001.
84. 엄격하게 말하자면 모듈로 이루어지지 않은 선천적인 마음 기제라는 것도 가능하다. 하지만 현재 시점에서 마음의 선천적 구조를 설명하는 가장 그럴싸한 가설은 선천적 모듈 구조를 타고난다는 것이기 때문에, 전공 문헌에서는 이 두 가지 가설이 종종 연관되어 등장한다.
85. Logan & Tabin, 1999; Margulies, Kardia, & Innis, 2001; Takeuchi et al., 1999.
86. Hauser, Weiss, & Marcus, 2002.
87. Postle & Corkin, 1993.
88. Gilbert, 2000.
89. Fisher & DeFries, 2002; Ramus et al., 2003.
90. Stein, 2001.
91. Temple et al., 2003.
92. van der Lely, Rosen, & McClelland, 1998.
93. van der Lely & Stollwerck, 1996.
94. 여기서 발생하는 복잡한 문제 한 가지는, 설령 언어용 회로에만 선택적으로 영향을 미치는 이상이 있다 하더라도 그런 손상을 입은 사람들의 뇌는 자연스럽게 일반적인 인지 회로들을 사용하여 그 빈 자리를 메꾸려 하리라는 점이다. 이런 '보

충' 전략은 인간 심리학 연구가 다루는 주된 문제들 중 하나이다.
95. Hare, Brown, Williamson, & Tomasello, 2002.
96. Bloom, 2001.
97. Baldwin, 1991.
98. Baron-Cohen, Leslie, & Frith, 1985; Wimmer & Perner, 1983.
99. Onishi & Baillargeon, 2002.
100. Call & Tomasello, 1999.
101. Tomasello, Call, & Hare, 2003.
102. Marcus, 2001a.
103. Hauser, Chomsky, & Fitch, 2002.
104. Fauconnier & Turner, 2002.
105. Liebermann, 2002.
106. Fitch, 2000.
107. Bickerton, 1990; Deacon, 1997; Jackendoff, 2002; Pinker & Bloom, 1990.
108. Jackendoff, 2002
109. Chen & Li, 2001; Brunet et al., 2002.
110. Tavare, Marshall, Will, Soligo, & Marin, 2002.
111. Mojzsis et al., 1996.
112. Wilson & Sarich, 1969.
113. Diamond, 1992.
114. Hall et al., 1990.
115. Sagan & Druyan, 1992.
116. Ebersberger, Metzler, Schwartz, & Paabo, 2002.
117. Ibid.
118. Ioshikhes & Zhang, 2000.
119. Fauconnier & Turner, 2002; Klein & Edgar, 2002; Mithen, 1996.
120. Fisher, Vargha-Khadem, Watkins, Monaco, & Pembrey, 1998; Lai, Fisher, Hurst, Vargha-Khadem, & Monaco, 2001.
121. Gopnik & Crago, 1991; Vargha-Khadem, Watkins, Alcock, Fletcher, & Passingham, 1995; Watkins, Dronkers, & Vargha-Khadem, 2002.
122. Vargha-Khadem, Watkins, Alcock, Fletcher, & Passingham, 1995.
123. Lai, Fisher, Hurst, Vargha-Khadem, & Monaco, 2001.
124. Shu, Yang, Zhang, Lu, & Morrisey, 2001.

125. Enard et al., 2002; Zhang, Webb, & Podlaha, 2002.
126. Enard et al., 2002; Zhang, Webb, & Podlaha, 2002.
127. Boyd & Silk, 2000; Klein & Edgar, 2002.

8_ 유전자 부족이란 없다

1. Aubi, Dery, Lemieux, Chailler, & Jeannotte, 2002.
2. 이런 종류의 유연성에 대가가 없는 것은 아니다. 가령 이미 성장을 마친 세포들이 다시 한 번 자신들의 발달 프로그램을 진행시키는 실수 때문에 몇몇 암이 생기기도 한다.
3. Brockes, 1997.
4. Mey, 2001.
5. Cebria, Kobayashi et al., 2002; Cebria, Nakazawa et al., 2002.
6. Dunlop, Tran, Tee, Papadimitriou, & Beazley, 2000.
7. Dunlop et al., 2002.
8. Watkins & Barres, 2002.
9. 진화적 관점에서 볼 때 복잡한 포유류에서는 신경 재생장의 효과가 상대적으로 덜 했던 듯하다. 최근까지도 심각한 뇌 손상을 입은 생명체가 살아나는 경우는 거의 없었기 때문이다.
10. Profet, 1992.
11. Cruz, 1997.
12. http://www.tidbits.com/netbits/nb-issues/NetBITS-003.html.
13. http://www.amara.com/IEEEwave/IW_fbi.html.
14. Pentland, 1997.
15. http://www.nhgri.nig.gov/educationkit/basicGenetics.html.
16. 인간의 유전자 개수에 대한 가장 최근의 정보를 알고 싶으면 http://www.ensemble.org/Homo_sapiens/stats/를 참고하라. 생쥐의 유전자 개수를 알려주는 http://www.ensemble.org/Mus_musclus/stats/도 가보면 약간 겸손해지리라.
17. Hogenesch et al., 2001; International Human Genome Sequencing Consortium, 2001; Venter et al., 2001; 그리고 2003년 5월 앙상블(Ensemble)의 문의 담당자와 마이클 쿠크(Michael Cooke)와 나눈 개인적 대화로부터.
18. Modrek, Resch, Grasso, & Lee, 2001.
19. Schmucker et al., 2000.

20. Brown et al., 2000.
21. Goodhill & Richards, 1999.
22. Marcus, 2001b.
23. 뉴런의 컴퓨터 시뮬레이션과 실제 뉴런과의 관계는 게임 〈심시티〉 속의 사람들과 실제 사람들의 관계와 같다. 심하게 단순화된 형태이지만 여전히 과학자들에게는 실제 뉴런의 작동 방식에 대한 좋은 통찰을 준다.
24. Marcus, 2001b.

9_ 진실의 최전선

1. Godwin, Luckenbach, & Borski, 2003.
2. Bishop, 2001; Johnson & Carey, 1998; Korenberg et al., 2000; van der Lely, Rosen, & McClelland, 1998.
3. 학습을 위한 유전자들은 뇌 성장을 위한 유전자들과 같으리라는 초보적인 근거들이 이미 밝혀지고 있다. 마치 도마뱀의 손상된 사지를 재생시키는 유전자들이 도마뱀의 최초의 사지 성장 유전자와 같듯이 말이다. 경험이 입력되기 이전의 시냅스 발달 과정에 사용되었던 시냅스 형성 유전자를, 초기 반응 유전자들이 다시 한 번 발현시키는 것인지도 모른다. 같은 유전자를 사용한다고 해서 학습과 뇌 성장이 구분할 수 없는 활동인 것은 아니다(도마뱀의 성장과 손상된 사지 재생이 같은 활동이 아니듯이 말이다). 이는 자연이 이미 만들어낸 기제들을 최선으로 활용한다는 것을 보여준다. 유용한 도구가 있으면 다양한 상황에 여러 번 사용하는 것이다.
4. Rossi & Cattaneo, 2002.
5. Hunt & Vorburger, 2002; Sapolsky, 2003.
6. Sapolsky, 2003.
7. Hutchinson, 2001.
8. Evans & Relling, 1999; Pagliarulo, Datar, & Cote, 2002; Tsai & Hoyme, 2002; http://www.nigms.nih.gov/pharmacogenetics/.
9. Mancama & Kerwin, 2003; Cacabelos, 2002; Basile, Masellis, Potkin, & Kennedy, 2002.
10. Winsberg & Comings, 1999.
11. Goho, 2003.
12. 현재 생명공학자들은 포유류의 클론을 만드는 기법을 완벽히 알고 있다. 하지만 여전히 심각한 오류들이 존재한다. 이는 아마도 염색체의 끝 부분에 있는, 노화와

관련 있는 텔로미어와 연관되어 있을 것이다. 그리고/또는 모계 유전되며 발달 초기에 어떤 유전자가 발현되고 어떤 것은 발현되지 말아야 하는지를 알려주는 '비DNA' 적 정보와 연관되어 있을 것이다. 상세한 논의를 위해서는 Hochedlinger & Jaenisch, 2002를 참고하라.
13. 후쿠야마는 또한 우리의 윤리적 가치들은 인간이란 어때야 한다는 통념의 영향을 받는데 이런 식으로 인간의 본성을 다루면 곧 윤리적 혼란 상태에 빠질 것이라고 주장했다(2002). 상세한 논의에 대해 알려면 그의 책을 참고하라.
14. Gray, 2002.
15. http://www.kenanmalik.com/essays/pinker_gray.html.
16. http://www.sptimes.com/News/121799/Sports/Bannister_stuns_world.sthml.
17. Dickens & Flynn, 2001; Flynn, 1999.
18. Moore & Simon, 2000.
19. Caspi et al. 2002.

부록_ 게놈을 해독하는 기법들

1. Encarta, 1999 ed.
2. International Human Genome Sequencing Consortium, 2001; Venter et al., 2001.
3. Lebon, 2001.
4. Plomin & Crabbe, 2000.
5. Nasar, 1998.
6. Sherrington et al., 1988.
7. 어째서 노란 완두와 초록 완두를 대상으로 한 멘델의 실험에서처럼 우성 형질이 열성 형질의 3:1 비율로 많이 나타나는 것이 아니고 1:1로 나타나야 한다는 것인지 궁금할 수도 있겠다. 멘델은 순종-잡종 형질이 낳은 후손들로 계속 번식을 시켰기 때문이다. 므건은 이와 달리 이형접합체(즉 한 개의 정상 유전자와 한 개의 돌연변이 유전자를 갖고 있는 파리)들의 후손을 번식시켰다.
8. Sturtevant, 1913.
9. Lee, Ladd, Bourke, Pagliaro, & Tirnady, 1994.
10. 여기에는 여론조사원들이 항상 마주치는 통계적인 문제도 있다. 하나의 특성(특정한 표지를 갖는)과 다른 것(가령 조울증)의 연관을 측정한다고 하더라도 이것이

유효한 것은 조사한 샘플에 한해서다. 당신이 택한 표본 집단 중에서 72퍼센트가 듀이를 찍겠다고 대답했더라도 트루만이 이길 수도 있는 것이다. 표본 집단 이외의 인구들이 표본 집단과 얼마나 비슷할 것인가 예측하기 어렵듯이, 당신의 샘플에서 추출된 통계가 인구 전체를 얼마나 잘 나타낼 것인가도 예측하기 어렵다. 샘플에서의 한 특성의 분포와 인구 전체에서의 한 특성의 분포 간의 차이는 아무리 적더라도 결과의 정확도에 영향을 미칠 것이다.

11. http://www.ncbi.nlm.nih.gov/omim/.
12. Lander & Schork, 1994.
13. Ohno, 1970.
14. Eddy, 2001; Hirotsune et al., 2003.
15. Makalowski, 2000.
16. Morange, 2001.
17. Crawley, 2000.
18. Golling et al., 2002.
19. Hopkins, 2001; Husi & Grant, 2001; O'Donovan, Apweiler, & Bairoch, 2001.
20. '유전자가 가장 쉬웠어요'는 2001년 4월 2일에서 4일까지 미국 버지니아 주 맥린에서 열렸던 회의의 부제였다.
21. http://www.ncbi.nlm.nih.gov/BLAST/.
22. Carugo & Pongor, 2002; http://www.ncbi.nlm.nih.gov/entrez/query.fcgi db=Structure.

〔 참고문헌 〕

Al-Majed, A. A., Brushart, T. M., & Gordon, T. (2000). Electrical stimulation accelerates and increases expression of BDNF and trkB mRNA in regenerating rat femoral motoneurons. *Eur J Neurosci*, 12(12), 4381-4390.

Alberts, B., Bray, D., Lewis, J., Raff, M., Roberts, K., & Watson, J. D. (1994). *Molecular biology of the cell*, 3d ed. New York: Garland.

Alho, K., Kujala, T., Paavilainen, P., Summala, H., & Naatanen, R. (1993). Auditory processing in visual brain areas of the early blind: evidence from event-related potentials. *Electroencephalogr Clin Neurophysiol*, 86(6), 418-427.

Allman, J. M. (1999). *Evolving brains*. New York: Scientific American Library distributed by W. H. Freeman.

Anand, A., Villella, A., Ryner, L. C., Carlo, T., Goodwin, S. F., Song, H. J., et al. (2001). Molecular genetic dissection of the sex-specific and vital functions of the Drosophila melanogaster sex determination gene fruitless. *Genetics*, 158(4), 1569-1595.

Anderson, D. J. (1992). Molecular control of neural development. In Z. W. Hall (ed.), *An introduction to molecular neurobiology*, pp. 355-387. Sunderland, Mass: Sinauer Associates.

Angelucci, A., Clasca, F., & Sur, M. (1998). Brainstem inputs to the ferret medial geniculate nucleus and the effect of early deafferentation on novel retinal projections to the auditory thalamus. *J Comp Neurol*, 400(3), 417-439.

Aubin, J., Dery, U., Lemieux, M., Chailler, P., & Jeannotte, L. (2002). Stomach regional specification requires Hox5-driven mesenchymal-epithelial signaling. *Development*, 129(17), 4075-4087.

Baillargeon, R., Spelke, E. S., & Wasserman, S. (1985). Object permanence in five-month-old infants. *Cognition*, 20(3), 191-208.

Baker, B. S., Taylor, B. J., & Hall, J. C. (2001). Are complex behaviors specified by dedicated regulatory genes? Reasoning from Drosophila. *Cell*, 105(1), 13-24.

Balaban, E. (1997). Changes in multiple brain regions underlie species differences in a complex congenital behavior. *Proc Natl Acad Sci USA*, 94, 2001-2006.

Baldwin, D. (1991). Infant's contribution to the achievemnet of joint reference. *Child Dev*, 62, 875-890.

Ballaban-Gil, K., Rapin, I., Tuchman, R., & Shinnar, S. (1996). Longitudinal examination of the behavioral, language, and social changes in a population of adolescents and young adults with autistic disorder. *Pediatr Neurol*, 15(3), 217-223.

Baron-Cohen, S., Leslie, A. M., & Frith, U. (1985). Does the autistic child have a "theory of mind"? *Cognition*, 21(1), 37-46.

Bartley, A. J., Jones, D. W., & Weinberger, D. R. (1997). Genetic variability of human brain size and cortical gyral patterns. *Brain*, 120 (Pt 2), 257-269.

Basile, V. S., Masellis, M., Potkin, S. G., & Kennedy, J. L. (2002). Pharmacogenomics in schizophrenia: the quest for individualized therapy. *Hum Mol Genet*, 11(20), 2517-2530.

Bates, E. (1999). Plasticity, localization, and language development. In S. H. Broman & J. M. Fletcher (eds.), *The changing nervous system: neurobiological consequences of early brain disorders*. New York: Oxford University Press.

Bateson, P. (2001). Where does our behaviour come from? *J Biosci*, 26(5), 561-570.

_____. (2002). The corpse of a wearisome debate. *Science*, 297(5590), 2212-2213.

Bavelier, D., & Neville, H. J. (2002). Cross-modal plasticity: where and how? *Nat Rev Neurosci*, 3(6), 443-452.

Beadle, G. W., & Tatum, E. L. (1941). Genetic control of biochemical reactions in Meurospora. *Proc Natl Acad Sci USA*, 27, 499-506.

Behar, T. N., Smith, S. V., Kennedy, R. T., McKenzie, J. M., Maric, I., & Barker, J. L. (2001). GABA(B) receptors mediate motility signals for migrating embryonic cortical cells. *Cereb Cortex*, 11(8), 744-753.

Beldade, P., & Brakefield, P. M. (2002). The genetics and evo-devo of butterfly wing patterns. *Nat Rev Genet*, 3(6), 442-452.

Bernheim, S. M., & Mayeri, E. (1995). Complex behavior induced by egg-laying hormone in Aplysia. *J Comp Physiol* [A], 176(1), 131-136.

Bessa, J., Gebelein, B., Pichaud, F., Casares, F., & Mann, R. S. (2002).

Combinatorial control of *Drosophila* eye development by eyeless, homothorax, and tearshirt. *Genes Dev*, 15(18), 2415-2427.

Bickerton, D. (1990). *Language & species*. Chicago: University of Chicago Press.

Bijeliac-Babic, R., Bertoncini, J., & Mehler, J. (1993). How do four-day-old infants categorise multisyllabic utterances? *Dev Psychol*, 29, 711-721.

Biondi, A., Nogueira, H., Dermont, D., Duyme, M., Hasboun, D., Zouaoui, A., et al. (1998). Are the brains of monozygotic twins similar? A three-dimensional MR study. *Am J Neuroradiol*, 19(7), 1361-1367.

Bishop, D. V. (2001). Genetic and environmental risks for specific language impairment in children. *Philos Trans R Roc Lond B Biol Sci*, 356(1407), 369-380.

Bishop, K. M., Goudreau, G., & O'Leary, D. D. (2000). Regulation of area identity in the mammalian neocortex by *Emx2* and *Pax6*. *Science*, 288(5464), 344-349

Bjonson, C. R., Rietze, R. L., Reynolds, B. A., Magli, M. C., & Vescovi, A. L. (1999). Turning brain into blood: a hematopoietic fate adopted by adult neural stem cells in vivo. *Science*, 283(5401), 534-537.

Black, J. E., Isaacs, K. R., Anderson, B. J., Alcantara, A. A., & Greenough, W. T. (1990). Learning causes synaptogenesis, whereas motor activity causes angiogenesis, in cerebellar cortex of adult rats. *Proc Natl Acad Sci USA*, 87(14), 5568-5572.

Blinkov, S. M., & Glezer, I. I. (eds.). (1968). *The human brain in figures and tables*. New York: Basic Books.

Block, N. (1996). How heritability misleads about race. *Boston Review*, 20(6), 30-35.

Bloom, P. (2000). How children learn the meanings of words. Cambridge: MIT Press.

_____. (2001). Precis of How children learn the meanings of words. *Behav Brain Sci*, 24(6), 1095-1103; discussion 1104-1134.

Bogartz, R. S., Shinskey, J. L., & Speaker, C. J. (1997) Interpreting infant looking; the event set X event set design. *Dev Psychol*, 33, 408-412.

Bolhuis, J. J., & Honey, R. C. (1998). Imprinting, learning and development from behaviour to brain and back. *Trends Neurosci*, 21(7), 306-311.

Bonan, I., Argenti, A. M., Duyme, M., Hasboun, D., Dorion, A., Marsault, C., et al. (1998). Magnetic resonance imaging of cerebral central sulci: a study of monozygotic twins. *Acta Genet Med Gemellol*, 47(2), 89-100.

Bottjer, S. W., Miesner, E. A., & Arnold, A. P. (1984). Forebrain lesions disrupt development but not maintenance of song in passerine birds. *Science*, 224(4651), 901-903.

Bouchard, T. J., Jr., & Loehlin, J. C. (2001). Genes, evolution, and personality. *Behav Genet*, 31(3), 243-273.

Bouchard, T. J., Jr., & McGue, M. (1981). Familial studies of intelligence: a review. *Science*, 212(4498), 1055-1059.

Bowmaker, J. K. (1998). Evolution of colour vision in vertebrates. *Eye*, 12 (Pt 3b), 541-547.

Boyd, R., & Silk, J. (2000). *How humans evolved*, 2d ed. New York: W. W. Norton.

Bradbury, E. J., Moon, L. D., Popat, R. J., King, V. R., Bennett, G. S., Patel, P. N., et al. (2002). Chondroitinase ABC promotes functional recovery after spinal cord injury. *Nature*, 416(6881), 636-640.

Brakefield, P. M., Gates, J., Keys, D., Kesbeke, F., Wijngaarden, P. J., Monteiro, A., et al. (1996). Development, plasticity, and evolution of butterfly eyespot patterns. *Nature*, 384, 236-243.

Brockes, J.P. (1997). Amphibian limb regeneration: rebuilding a complex structure. *Science*, 276(5309), 81-87.

Brown, A., Yates, P. A., Burrola, P., Ortuno, D., Vaidya, A., Jessell, T. M., et al. (2000). Topographic mapping from the retina to the midbrain is controlled by relative but not absolute levels of EphA receptor signaling. *Cell*, 102(1), 77-88.

Brown, R. W. (1957). Linguistic determinism and the part of speech. *J Abnorm & Soc Psychol*, 55, 1-5.

Brunet, M., Guy, F., Pilbeam, D., Mackaye, H. T., Likius, A., Ahounta, D., et al. (2002). A new hominid from the Upper Miocene of Chad, Central Africa. *Nature*, 418(6894), 145-151.

Buchsbaum, M. S., Tang, C. Y., Peled, S., Gudbjartsson, H., Lu, D., Hazlett, E. A., et al. (1998). MRI white matter diffusion anisotropy and PET metabolic rate in schizophrenia. *Neuroreport*, 9(3), 425-430.

Buckner, R. L., Kelly, W. M., & Petersen, S. E. (1999). Frontal cortex contributes to human memory formation. *Nat Neurosci*, 2(4), 311-314.

Bullock, T. H., Moore, J. K., & Fields, R. D. (1984). Evolution of myelin sheaths: both lamprey and hagfish lack myelin. *Neurosci Lett*, 48(2), 145-148.

Butler, A. B., & Hodos, W. (1996). *Comparative vertebrate neuroanatomy: evolution and adaptation*. New York: Wiley-Liss.

Buxhoeveden, D. P., Switala, A. E., Litaker, M., Roy, E., & Casanova, M. F. (2001). Lateralization of minicolumns in human planum temporale is absent in non-human primate cortex. *Brain Behav Evol*, 57(6), 349-358.

Cacabelos, R. (2002). Pharmacogenomics for the treatment of dementia. *Ann Med*, 34(5), 357-379.

Caldwell, C. A., & Whiten A. (2002). Evolutionary perspectives on imitation: is a comparative psychology of social learning possible? *Anim Cong*, 5(4), 193-208.

Call, J., & Tomasello, M. (1999). A nonverbal false belief task: the performance of children and great apes *Child Dev*, 70(2), 381-395.

Cantalupo, C., & Hopkins W. D. (2001). Asymmetric Broca's area in great apes. *Nature*, 414(6863), 505.

Carey, S. (1978). The child as word-learner. In M. Halle, J. Bresnan, & G. A. Miller (eds.), *Linguistic theory and psychological reality*. Cambridge: MIT Press

Carroll, S. B., Grenier, J. K., & Weatherbee, S. D. (2001). *From DNA to diversity: molecular genetics and the evolution of animal design*. Oxford and Malden, Mass.: Blackwell Science.

Carruthers, P., & Boucher, J. (1998). *Language and thought: interdisciplinary themes*. Cambridge and New York: Cambridge University Press.

Carugo, O., & Pongor, S. (2002). The evolution of structural databases. *Trends Biotechnol*, 20(12), 498-501.

Caspi, A., McClay, J., Moffitt, T. E., Mill, J., Martin, J., Craig, I. W., et al. (2002). Role of genotype in the cycle of violence in maltreated children. *Science*, 297(5582), 851-854.

Castren, E., Zafra, F., Thoenen, H., & Lindholm, D. (1992). Light regulates expression of brain-derived neurotrophic factor mRNA in rat visual cortex. *Proc Natl Acad Sci USA*, 89(20), 9444-9448.

Cebria, F., Kobayashi, C., Umesono, Y., Nakazawa, M., Mineta, K., Ikeo, K., et al. (2002). FGFR-related gene nou-darake restricts brain tissues to the head region of planarians. *Nature*, 419(6907), 620-624.

Cebria, F., Nakazawa, M., Mineta, K., Ikeo, K., Gojobori, T., & Agata, K. (2002). dissecting planarian central nervous system regeneration by the expression of neural-specific genes. *Dev Growth Differ*, 44(2), 135-146.

Chargaff, E. (1950). Chemical specificity of nucleic acids and mechanism of their enzymatic degradation. *Experientia*, 6, 201-209.

Chen, F. C., & Li, W. H. (2001). Genomic divergences between humans and other hominids and the effective population size of the common ancestor of humans and chimpanzees. *Am Hum Genet*, 68(2), 444-456.

Cheney, D. L., & Seyfarth, R. M. (1990). *How monkeys see the world: inside the mind of another species*. Chicago: University of Chicago Press.

Chenn, A., & Walsh, C. A. (2002). Regulation of cerebral cortical size by control of cell cycle exit in neural precursors. *Science*, 297(5580), 365-369.

Chew, S. J., Mello, C., Nortebohm, F., Jarvis, E., & Vicario, D. S. (1995). Decrements in auditory responses to a repeated conspecific song are long-lasting and require two periods of protein synthesis in the songbird forebrain. *ProNatl Acad Sci USA*, 92(8), 3406-3410.

Chomsky, N. A. (1965). *Aspects of a theory of syntax*. Cambridge: MIT Press.

_____. (1975). *Reflections on language*. New York: Pantheon.

_____. (2000). *New horizons in the study of language and mind*. Cambridge and New York: Cambridge University Press.

Clancy, B., Darlington, R. B., & Finlay, B. L. (2001). Translating developmental time across mammalian species. *Neurosci*, 105(1), 7-17.

Clandinin, T. R., & Zipursky, S. L. (2002). Making connections in the fly visual system. *Neuron*, 35(5), 827-841.

Clifton, R. K., Perris, E. E., & McCall, D. D. (1999). Does reaching in the dark for unseen objects reflect representation in infants? *Infant Behav & Dev*, 22(3), 297-302.

Clifton, R. K., Rochat, P., Litovsky, R. Y., & Perris, E. E. (1991). Object representation guides infants' reaching in the dark. *J Exp Psychol: Hum Percept & Perform*, 17(2), 323-329.

Cohen, L. B., & Marks, K. S. (2002). How infants process addition and subtraction events. *Dev Sci*, 5(2), 186-201.

Coppinger, R., & Cpooinger, L. (2001). *Dogs: a startling new understanding of canine origin, behavior, and evolution*. New York: Scribner.

Corballis, M. C. (1992). On the evolution of language and generativity. *Cognition*, 44(3), 197-126.

Coren, S. (1994). *The intelligence of dogs: canine consciousness and capabilities*. New York: Free Press.

Costa, R. M., Federov, N. B., Kogan, J. H., Murphy, G. G., Stern, J., Ohno, M., et al. (2002). Mechanism for the learning deficits in a mouse model of neurofibromatosis type 1. *Nature*, 415(6871), 526-530.

Costagli, A., Kapsimali, M., Wilson, S. W., & Mione, M. (2002). Conserved and divergent patterns of Reelin expression in the zebrafish central nervous system. *J Comp Neurol*, 450(1), 73-93.

Crawley, J. N. (2002). *What's wrong with my mouse? behavioral phenotyping of transgenic and knockout mice*. New York: Wiley-Liss.

Crick, F. (1993). *The astonishing hypothesis: the scientific search for the soul*. New York: Scribner.

Crossley, P. H., Martinez, S., Ohkubo, Y., & Rubenstein, J. L. (2001). Coordinate expression of *Fgf8*, *Otx2*, *Bmp4*, and Shh in the rostral prosencephalon during development of the telencephalic optic vesicles. *Neurosci*, 108(2), 183-206.

Crosson, B. (1992). *Subcortical functions in language and memory*. New York: Guilford. ; 『놀라운 가설』, 과학세대 옮김, 한뜻, 1996.

Crowley, J. C., & Katz, L. C. (1999). Development of ocular dominance columns in the absence of retinal input. *Nature Neurosci*, 2(12) 1125-1130.

Cruz, Y. P. (1997). Mammals. In S. F. Gilbert & A. M. Raunio (eds.), *Embryology: constructing the organism*, pp.459-489. Sunderland, Mass.: Sinauer Associates.

Damasio, A. R. (1994). *Descartes' error: emotion, reason, and the human brain*. New York: Putnam.『데카르트의 오류』, 김린 옮김, 중앙문화사, 1999.

Damasio, H., Grabowski, T. J., Tranel, D., Hichwa, R. D., & Damasio, A. R. (1996). A neural basis for lexical retrieval. *Nature*, 380(6574), 499-505.

Darwin, C. (1874). *The descent of man and selection in relation to sex*, 2d ed. New York: D. Appleton.

Davidoff, J., Davies, I., & Roberson, D. (1999). Colour categories in a stone-age tribe. *Nature*, 398(5724), 203-204.

Davidson, E. H. (2001). *Genomic regulatory systems: development and evolution*.

San Diego: Academic Press.

Davis, H. P., & Squire, L. R. (1984). Protein synthesis and memory: a review. *Psychol Bull*, 96(3), 518-559.

Davis, J. (1997). *Mapping the mind: the secrets of the human brain and how it works*. Secaucus, N. J,: Carol Pub. Group.

Daw, N. W. (1994). Mechanisms of plasticity in the visual cortex. The Friedenwald Lecture. *Invest Ophthalmol Vis Sci*, 35(13), 4168-4179.

de Bode, S., & Curtiss, S. (2000). Language after hemispherectomy. *Brain Cogn*, 43(1-3), 135-138.

de Duve, C. (1995). The beginnings of life on earth. *Am Scient*, 83, 428-437.

de Winter, W., & Oxnard, C. E. (2001). Evolutionary radiations and convergences in the structural organization of mammalian brains. *Nature*, 409(6821), 710-714.

Deacon, T. W. (1997). *The symbolic species: the co-evolution of language and the brain*. New York: W. W. Norton.

_____. (2000). Evolutionary perspectives on language and brain plasticity. *J Commun Disord*, 33(4), 273-290.

DeCasper, A. J., & Spence, M. J. (1986). Prenatal maternal speech influences newborns' perception of speech sounds. *Infant behav & Dev*, 9(2), 133-150.

DeFries, J. C., Gervais, M. C., & Thomas, E. A. (1978). Response to 30 generations of selection for open-field activity in laboratory mice. *Behav Genet*, 8(1), 3-13.

Dehaene, S. (1997). *The number sense: how the mind creates mathematics*. New York: Oxford University Press.

Diamond, J. M. (1992). *The third chimpanzee: the evolution and future of the human animal*. New York: HarperCollins.:『제3의 침팬지』, 김정흥 옮김, 1996, 문학사상사.

Dickens, W. T., & Flynn, J. R. (2001). Heritability estimates versus environmental effects: the IQ paradox resolved. *Psychol Rev*, 108(2), 346-369.

Dietrich, A., & Been, W. (2001). Memory and DNA. *J Theor Biol*, 208(2), 145-149.

Dromi, E. (1987). *Early lexical development*. New York: Cambridge University Press.

Dronkers, N. F. (2000). The pursuit of brain-language relationships. *Brain Lang*, 71(1), 59-61.

Dubnau, J., Chiang, A. S., Grady, L., Barditch, J., Gossweiler, S., McNeil, J., et al.

(2003). The staufen/pumilio pathway is involved in Drosophila long-term memory. *Curr Biol*, 13(4), 286-296.

Dubnau, J., Chiang, A. S., & Tully, T. (2003). Neural substrates of memory: from synapse to system. *J Neurobiol*, 54(1), 238-253.

Dunbar, R. I. M. (1996). *Grooming, gossip, and the evolution of language*. Cambridge: Harvard University Press.

Dunlop, S. A., Lund, R. D., & Beazley, L. D. (1996). Segregation of optic input in a three-eyed mammal. *Exp Neurol*, 137(2), 294-298.

Dunlop, S. A., Rodger, J., King, C., Stirling, R. V., Tee, L., Ziman, M., et al. (2002). Molecular events during optic nerve regeneration. *Int J Dev Neurosci*, 19(1), 693.

Dunlop, S. A., Tran, N., Tee, L. B., Papadimitriou, J., & Beazley, L. D. (2000). Retinal projections throughout optic nerve regeneration in the ornate dragon lizard, Ctenophorus ornatus. *J Comp Neurol*, 416(2), 188-200.

Ebersberger, I., Metzler, D., Schwarz, C., & Paabo, S. (2002). Genomewide comparison of DNA sequences between humans and chimpanzees. *Am J Hum Genet*, 70(6), 1490-1497.

Eddy, S. R. (2001). Non-coding RNA genes and the modern RNA world. *Nat Rev Genet*, 2(12), 919-929.

Egan, M. F. Kojima, M., Callicott, J. H., Goldberg, T. E., Kolachana, B. S., Bertolino, A., et al. (2003). The BDNF val66met polymorphism affects activity-dependent secretion of BDNA and human memory and hippocampal function. *Cell*, 112(2), 257-269.

Ehrlich, P. R. (2000). *Human natures: genes, cultures, and the human prospect*. Washington, D.C.: Island Press/Shearwater Books.

Ellis, N. C., & Hennelly, R. A. (1980). A bilingual word-length effect: implications for intelligence testing and the relative ease of mental calculation in Welsh and English. *Brit J Psychol*, 71(1), 43-51.

Embick, D., Marantz, A., Miyashita, Y., O'Neil, W., & Sakai, K. L. (2000). A syntactic specialization for Broca's area. *Proc Natl Acad Sci USA*, 97(11), 6150-6154.

Emlen, S. T. (1975). The stellar-orientation system of a migratory bird. *Sci Am*, 233(2), 102-111.

Emmons, S. W., & Lipton, J. (2003). Genetic basis of male sexual behavior. *J Neurobiol*, 54(1), 93-110.

Enard, W., Przeworski, M., Fisher, S. E., Lai, C. S., Wiebe, V., Kitano, T., et al. (2002). Molecular evolution of *FOXP2*, a gene involved in speech and language. *Nature*, 418(6900), 869-872.

Evans, W. E., Relling, M. V. (1999). Pharmacogenomics: translating functional genomics into rational therapeutics. *Science*, 286(5439), 487-491.

Fantz, R. L. (1961). The origin of form perception. *Sci Am*, 204, 66-72.

Farroni, T., Csibra, G., Simion, F., & Johnson, M. H. (2002). Eye contact detection in humans from birth. *Proc Natl Acad Sci USA*, 99(14), 9602-9605.

Fatemi, S. H. (2002). The role of Reelin in pathology of autism. *Mol Psych*, 7(9), 919-920.

Fauconnier, G., & Turner, M. (2002). *The way we think: conceptual blending and the mind's hidden complexities*. New York: Basic Books.

Feldman, J. A., & Ballard, D. H. (1982). Connectionist models and their properties. *Cogn Sci*, 6, 205-254.

Fenson, L., Dale, P. S., Reznick, J. S., Bates, E., Thal, D. J., & Pethick, S. J. (1994). Variability in early communicative development. *Monogr Soc Res Child Dev*, 59(5), 1-173; discussion 174-185.

Fentress, J. C. (1973). Development of grooming in mice with amputated forelimbs. *Science*, 179(74), 704-705.

Fields, R. D., Eshete, F., Dudek, S., Ozsarac, N., & Stevens, B. (2001). Regulation of gene expression by action potentials: dependence on complexity in cellular information processing. *Novartis Found Symp*, 239, 160-172; discussion 172-166, 234-240.

Fields, R. D., Eshete, F., Stevens, B., Itoh, K. (1997). Action potential-dependent regulation of gene expression: temporal specificity in ca2+, cAMP-responsive element binding proteins, and mitogen-activated protein kinase signaling. *J Neurosci*, 17(19), 7252-7266.

Finlay, B. L., Darlington, R. B., & Nicastro, N. (2001). Developmental structure in brain evolution. *Behav Brain Sci*, 24(2), 263-278; discussion 278-308.

Fisher, S. E., & DeFries, J. C. (2002). Developmental dyslexia: genetic dissection of a complex cognitive trait. *Nat Rev Neurosci*, 3(10), 767-780.

Fisher, S. E., Vargha-Khadem, F., Watkins, K. E., Monaco, A. P., & Pembrey, M. E. (1998). Localisation of a gene implicated in a severe speech and language disorder. *Nat Genet*, 18(2), 168-170. Erratum in Nat Genet 18(3), March 1998 298.

Fitch, W. T. (2000). The evolution of speech: a comparative review. *Trends Cogn Sci*, 4(7), 258-267.

Flexner, L. B. Flexner, J. B., & Stellar, E. (1965). Memory and cerebral protein synthesis in mice as affected by graded amounts of puromycin. *Exp Neurol*, 13(3), 264-272.

Flores, G. V., Duan, H., Yan, H., Nagaraj, R., Fu, W., Zou, Y., et al. (2000). Combinatorial signaling in the specification of unique cell fates. *Cell*, 103(1), 75-85.

Flynn, J. R. (1999). Searching for justice: the discovery of IQ gains over time. *Am Psychol*, 54(1), 5-20.

Fodor, J. A. (1975). *The language of thought*. New York: T. Y. Crowell.

Frank, M., & Kemler, R. (2002). Protocadherins. *Curr Opin Cell Biol*, 14(5), 557-562.

Friederici, A. D. (2002). Towards a neural basis of auditory sentence processing. *Trends Cogn Sci*, 6(2), 78-84.

Fukuchi-Shimogori, T., & Grove, E. A. (2001). Neocortex patterning by the secreted signaling molecule FGF8. *Science*, 294(5544), 1071-1074.

Fukuyama, F. (2002). *Our posthuman future: consequences of the biotechnology revolution*. New York: Farrar, Straus and Giroux : 『Human Future』, 송정화 옮김, 한경비피, 2003.

Furlow, J. D., & Brown, D. D. (1999). In vitro and in vivo analysis of the regulation of a transcription factor gene by thyroid hormone during Xenopus laevis metamorphosis. *Mol Endocrinol*, 13(12), 2076-2089.

Fuster, J. M. (2000). Memory networks in the prefrontal cortex. *Prog Brain Res*, 122, 309-316.

Gainetdinov, R. R., Wetsel, W. C., Jones, S. R., Levin, E. D., Jaber, M., & Caron, M. G. (1999). Role of serotonin in the paradoxical calming effect of psychostimulants on hyperactivity. *Science*, 283,(5400), 397-401.

Galli, L., & Maffei, L. (1988). Spontaneous impulse activity of rat retinal ganglion cells in prenatal life. *Science,* 242(4875), 90-91.

Gallistel, C. R. (1990). *The organization of learning.* Cambridge: MIT Press.

Gallistel, C. R. (2002). The principle of adaptive specialization as it applies to learning and memory. In R. H. Kluwe, G. Luer, & F. Rosler (eds.), *Principles of human learning and memory,* pp. 250-280. Basel: Birkenaeuser.

Gallistel, C. R. Brown, A., Carey, S., Gelman, R., & Keil, F. (1991). Lessons from animal learning. In R. Gelman & S. Carey (eds.), *The epigenesis of mind,* pp. 3-37. Hillsdale, N. J.: Lawrence Erlbaum Associates.

Gannon, P. J., Holloway, R. L., Broadfield, D. C., & Braun, A. R. (1998). Asymmetry of chimpanzee planum temporale: humanlike pattern of Wernicke's brain language area homolog. *science,* 279(5348), 220-222.

Garaschuk, O., Linn, J., Eilers, J., & Konnerth, A. (2000). Large-scale oscillatory calcium waves in the immature cortex. *Nat Neurosci,* 3(5), 452-459.

Garcia-Fernandez, J., & Holland, P. W. (1994). Archetypal organization of the amphioxus Hox gene cluster. *Nature,* 370(6490), 563-566.

Garrod, A. E. (1923). *Inborn errors of metabolism,* 2d ed. London: H. Frowde and Hodder & Stoughton.

Gasking, E. B. (1959). Why was Mendel's work ignored? *J Hist Ideas,* 20, 60-84.

Gazzaniga, M. S. (1998). The split brain revisited. *Sci Am,* 279(1), 50-55.

Gehring, W. J. (1998). *Master control genes in development and evolution: the homeobox story.* New Haven: Yale University Press.

_____. (2002). The genetic control of eye development and its implications for the evolution of the various eye-types. *Int J Dev Biol,* 46(1), 65-73.

Gerhart, J., & Kirschner, M. (1997). *Cells, embryos, and evolution.* Cambridge: Blackwell Science.

Geschwind, N., & Levitsky, W. (1968). Human brain: left-rights asymmetries in temporal speech region. *Science,* 161(837), 186-187.

Gilbert, S. F. (2000). *Developmental biology,* 6th ed. Sunderland, Mass.: Sinauer Associates.

Gleitman, L. R., Gleitman, H., Miller, C., & Ostrin, R. (1996). Similar, and similar concepts. *Cognition* 58(3), 321-376.

Godecke, I., & Bonhoeffer, T. (1996). Development of identical orientation maps for two eyes without common visual experience. *Nature,* 379, 251-254.

Godwin, J., Luckenbach, J. A., & Borski, R. J. (2003). Ecology meets endocrinology: environmental sex determination in fishes. *Evol Dev* 5(1), 40-49.

Goho, A. M. (2003). Life made to order. *Tech Rev* (April), 50-57.

Goldman-Rakic, P. S., Bourgeois, J. P., & Rakic, P. (1997). Synaptic substrate of cognitive development. In N. A. Krasnegor & G. R. Lyon & P. S. Goldman-Rakic (eds.), *Development of the prefrontal cortex: evolution, neurobiology, and behavior*, pp. 27-47. Baltimore: Paul H. Brookes.

Golling, G., Amsterdam, A., Sun, Z., Antonelli, M., Maldonado, E., Chen, W., et al. (2002). Insertional mutagenesis in zebrafish rapidly identifies genes essential for early vertebrate development. *Nat Genet*, 31(2), 135-140.

Gomez, R. L., & Gerken, L.-A. (1999). Artificial grammar learning by 1-year-olds leads to specific and abstract knowledge. *Cognition*, 70(1), 109-135.

Goodglass, H. (1993). *Understanding aphasia*. San Diego: Academic Press.

Goodhill, G. J. (1998). Mathematical guidance for axons. *Trends Neurosci*, 21(6), 226-231.

Goodhill, G. J., & Richards, L. J. (1999). Retiontectal maps: molecules, models and misplaced data. *Trends Neurosci*, 22(12), 529-534.

Goodman, C. S. (1978). Isogenic grasshoppers: genetic variability in the morphology of identified neurons. *J Comp Neurol*, 182(4), 681-705.

Gopnik, M., & Crago, M. B. (1991). Familial aggregation of a developmental language disorder. *Cognition*, 39(1), 1-50.

Goren, C. C., Sarty, M., & Wu, P. Y. (1975). Visual following and pattern discrimination of face-like stimuli by newborn infants. *Pediatrics*, 56(4), 544-549.

Gould, E., Reeves, A. J., Graziano, M. S., & Gross, C. G. (1999). Neurogenesis in the neocortex of adult primates. *Science*, 286(5439), 548-552.

Gould, S. J. (1977). *Ontogeny and phylogeny*. Cambridge: Belknap Press of Harvard University Press.

_____. (1979). Panselectionist pitfalls in Parker & Gibson's model of the evolution of intelligence. *Behav and Brain Sci*, 2, 385-386.

Gray, J. (2002). *Straw dogs: thoughts on humans and other animals*. London: Granta.

Greer, J. M., & Capecchi, M. R. (2002). *Hoxb8* is required for normal grooming behavior in mice. *Neuron,* 33(1), 23-34.

Gregersen, P. K., Kowalsky, E., Kohn, N., & Marvin, E. W. (2001). Early childhood music education and predisposition to absolute pitch: teasing apart genes and environment. *Am J Med Genet,* 98(3), 280-282.

Grimsby, J., Toth, M., Chen, K., Kumazawa, T., Klaidman, L., Adams, J. D., et al. (1997). Increased stress response and beta-phenylethylamine in MAOB-deficient mice. *Nat Genet,* 17(2), 206-210.

Gross, C., Zhuang, X., Stark, K., Ramboz, S., Oosting, R., Kirby, L., et al. (2002). Serotonin 1A receptor acts during development to establish normal anxiety-like behaviour in the adult. *Nature,* 416(6879), 396-400.

Gumperz, J. J., & Levinson, S. C. (1996). *Rethinking linguistic relativity.* Cambridge and New York: Cambridge University Press.

Gustafsson, T., & Kraus, W. E. (2001). Exercise-induced angiogenesis-related growth and transcription factors in skeletal muscle, and their modification in muscle pathology. *Front Biosci,* 6, D75-89.

Hall, J. C. (1994). The mating of a fly. *Science,* 264(5166), 1702-1714.

Hall, J. M., Lee, M. K., Newman, B., Morrow, J. E., Anderson, L. A., Huey, B., et al. (1990). Linkage of early-onset familial breast cancer to chromosome 17q21. *Science,* 250(4988), 1684-1689.

Hall, Z. W. (1992). The cells of the nervous system. In Z. W. Hall (ed.), *An introduction to molecular neurobiology,* pp. 1-29. Sunderland, Mass.: Sinauer Associates.

Hannan, A. J., Blakemore, C., Katsnelson, A., Vitalis, T., Huber, K. M., Bear, M., et al. (2001). PLC-beta1, activated via mGluRs, mediates activity-dependent differentiation in cerebral cortex. *Nat Neurosci,* 4(3), 282-288.

Hare, B., Brown, M., Williamson, C., & Tomasello, M. (2002). The domestication of social cognition in dogs. *Science,* 298(5598), 1634-1636.

Hariri, A. R., Mattay, V. S., Tessitore, A., Kolachana, B., Fera, F., Goldman, D., et al. (2002). Serotonin transporter genetic variation and the response of the human amygdala. *Science,* 297(5580), 400-403.

Harris, B. (1979). Whatever happened to little Albert? *Am Psychol,* 34(2), 151-160.

Harris, J., Honigberg, L., Robinson, N., & Kenyon, C. (1996). Neuronal cell migration in C. elegans: regulation of Hox gene expression and cell position.

Development, 122(10), 3117-3131.

Harris, W. A. (1986). Homing behaviour of axons in the embryonic vertebrate brain. *Nature*, 320(6059), 266-269.

Harris, W. A. Holt, C. E., & Bonhoeffer, F. (1987). Retinal axons with and without their somata, growing to and arborizing in the tectum of Xenopus embryos: a time-lapse video study of single fivres in vivo *Development*, 101(1), 123-133.

Harris-Warwick, R. M. (2000). Ion channels and receptors: molecular targets for behavioral evolution. *J Comp Physiol* [A], 186(7-8), 605-616.

Hauser, M. D. (2002). Ontogeny of tool use in cottontop tamarins, Saguinus oedipus: innate recognition of functionally relevant features. *Anim Behav*, 64, 299-311.

Hauser, M. D., Chomsky, N., & Fitch, W. T. (2002). The faculty of language: what is it, who has it, and how did it evolve? *Science*, 298(5598), 1569-1579.

Hauser, M. D., Weiss, D., & Marcus, G. (2002). Rule learning by cotton-top tamarins. *Cognition*, 86(1), B15.

Heath, S. B. (1983). Ways with words. New York: Cambridge University Press.

Hebb, D. O. (1947). The effect of early experience on problem-solving at maturity. *Am Psychol*, 2, 306-307.

Hedges, L. V., & Nowell, A. (1995). Sex differences in mental test scores, variability, and numbers of high-scoring individuals. *Science*, 269(5220), 41-45.

Hershey, A. D., & Chase, M. (1952). Independent functions of viral proteins and nucleic acid in growth of bacteriophage. *J Gen Physiol*, 36, 39-56.

Hibbard, E. (1965). Orientation and directed growth of Mauther's cell axons from duplicated vestibular nerve roots. *Exp Neurol*, 13, 289-301.

Hilschmann, N., Barnikol, H. U., Barnikol-Watanabe, S , Gotz, H., Kratzin, H., & Thinnes, F. P. (2001). The immunoglobulin-like genetic predetermination of the brain: the protocadherins, blueprint of the neuronal network. *Naturwissenschaften*, 88(1), 2-12.

Hirotsune, S., Yoshida, N., Chen, A., Garrett, L., Sugiyama, F., Takahashi, S., et al. (2003). An expressed pseudogene regulates the messenger-RNA stability of its homologous coding gene. *Nature*, 423(6935), 91-96.

Hobert, O. (2003). Behavioral plasticity in C. elegans: paradigms, circuits, genes. *J Neurobiol*, 54(1), 203-223.

Hochedlinger, K., & Jaenisch, R. (2002). Nuclear transplantation: lessons from frogs and mice. *Curr Opin Cell Biol,* 14(6), 741-748.

Hofmann, H. A. (2003). Functional genomics of neural and behavioral plasticity. *J Neurobiol,* 54(1), 272-282.

Hogenesch, J. B., Ching, K. A., Batalov, S., Su, A. I., Walker, J. R., Zhou, Y., et al. (2001). A comparison of the Celera and Ensembl predicted gene sets reveals little overlap in novel genes. *Cell,* 106(4), 413-415.

Holland, H. D. (1997). Evidence for life on earth more than 3850 million years ago. *Science,* 275(5296), 38-39.

Holliday, R. (1999). Is there an epigenetic component in long-term memory? *J Theor Biol,* 200(3), 339-341.

Hoosain, R., & Salili, F. (1987). Language differences in pronunciation speed for numbers, digit span, and mathematical ability. Psychologia: *Internatl J Psychol in the Orient,* 30(1), 34-38.

Hopkin, K. (2001). The post-genome project. *Sci Am,* 285(2), 16.

Horn, G., & McCabe, B. J. (1984). Predispositions and preferences: effects of imprinting of lesions to the chick brain. *Anim Behav,* 32, 288-292.

Hsiao, L. L., Dangond, F., Yoshida, T., Hong, R., Jensen, R. V., Misra, J., et al. (2001). A compendium of gene expression in normal human tissues. *Physiol Genomics,* 7(2), 97-104.

Hubel, D. H. (1988). *Eye, brain, and vision.* New York: Scientific American Library.

Hubel, D. H, & Wiesel, T. N. (1962). Receptive fields, binocular interaction and functional architecture in the cat's visual correx. *J Physiol,* 160, 106-154.

Huffman, K. J., Molnar, Z., Van Dellen, A., Kahn, D. M., Blakemore, C., & Krubitzer, L. (1999). Formation of cortical fields on a reduced cortical sheet. *J Neurosci,* 19(22), 9939-9952.

Hunt, K. K., & Vorburger, S. A. (2002). Gene therapy. Hurdles and hopes for cancer treatment. *Science,* 297(5580), 415-416.

Husi, H., & Grant, S. G. (2001). Proteomics of the nervous system. *Trends Neurosci,* 24(5), 259-266.

Hutchinson, E. (2001). Working towards tailored therapy for cancer. *Lancet,* 357(9267), 1508.

Huttenlocher, J. (1998). Language input and language growth. *Prev Med*, 27(2), 195-199.

Huttenlocher, P. R. (1990). Morphometric study of human cerebral cortex development. *Neuropsychologia*, 28(6), 517-527.

Ikonomidou, C., Bittigau, P., Koch, C., Genz, K., Hoerster, F., Felderhoff-Mueser, U., et al. (2001). Neurotransmitters and apoptosis in the developing brain. *Biochem Pharmacol*, 62(4), 401-405.

International Human Genome Sequencing Consortium. (2001). Initial sequencing and analysis of the human genome. *Nature*, 409, 860-921.

Ioshikhes, I. P., & Zhang, M. Q. (2000). Large-scale human promoter mapping using CpG islands. *Nat Genet*, 26(1), 61-63.

Isacson, O., & Deacon, T. (1997). Neural transplantation studies reveal the brain's capacity for continuous reconstruction. *Trends Neurosci*, 20(10), 477-482.

Jaaro, H., Beck, G., Conticello, S. G., & Fainzilber, M. (2001). Evolving better brains: a need for neurotrophins? *Trends Neurosci*, 24(2), 79-85.

Jackendoff, R. (2002). *Foundations of language: brain, meaning, grammar, evolution*. Oxford and New York: Oxford University Press.

Jacob, F., & Monod, J. (1961). On the regulation of gene activity. Cold Spring Harbor Symposium on Quantitative Biology, 26, 193-211.

Jameson, K. A., Highnote, S. M., & Wasserman, L. M. (2001). Richer color experience in observers with multiple photopigment opsin genes. *Psychon Bull Rev*, 8(2), 244-261.

Jeeves, M. A., & Temple, C. M. (1987). A further study of language function in callosal agenesis. *Brain Lang*, 32(2), 325-335.

Jegla, T., & Salkoff, L. (1994). Molecular evolution of K+ channels in primitive eukaryotes. *Soc Gen Physiol Ser*, 49, 213-222.

Jerison, H. J. (1979). The evolution of diversity in brain size. In M. E. Hahn, C. Jensen, & B. C. Dudek (eds.), *Development and evolution of brain size: behavioral implications*, pp. 29-57. New York: Academic Press.

Johnson, J. S., & Newport, E. L. (1989). Critical period effects in second language learning: the influence of maturational state on the acquisition of English as second language. *Cogn Psychol*, 21, 60-99.

Johnson, M. H. (1997). *Developmental cognitive neuroscience*. Oxford: Basil

Blackwell.

Johnson, M. H., Bolhuis, J. J., & Horn, G. (1985).Interaction between acquired preferences and developing predispositions during imprinting. *Anim Behav*, 33, 1000-1006.

Johnson, M. H., & Morton, J. (1991). *Biology and cognitive development: the case of face recognition*. Oxford and Cambridge: Basil Blackwell.

Johnson, S. C., & Carey, S. (1998). Knowledge enrichment and conceptual change in folkbiology: evidence from Williams syndrome. *Cogn Psychol*, 37(2), 156-200.

Judson, H. F. (1979). *The eighth day of creation: makers of the revolution in biology*. New York: Simon & Schuster.

Kaan, E., & Swaab, T. Y. (2002). The brain circuitry of syntactic comprehension. *Trends Cogn Sci*, 6(8), 350-356.

Kaas, J. H. (1987). The organization of neocortex in mammals: implications for theories of brain function. *Annu Rev Psychol*, 38, 129-151.

_____. (2002). Sensory loss and cortical reorganization in mature primates. *Prog Brain Res*, 138, 167-176.

Kaczmarek, L. (1993). Molecular biology of vertebrate learning: is c- fos a new beginning? *J Neurosci Res*, 34(4), 377-381.

_____. (2000). Gene expression in learning processes. *Acts Neurobiol Exp* (Warsz), 60(3), 419-424.

Kaczmarek, L., Zangenehpour, S., & Chaudhuri, A. (1999). Sensory regulation of immediate-early genes c-fos and zif268 in monkey visual cortex at birth and throughout the critical period. *Cereb Cortex*, 9(2), 179-187.

Kandel, E. R. (1979). *Behavioral biology of Aplysia: a contribution to the comparative study of opisthobranch molluscs*. San Francisco: W. H. Freeman.

_____. (2001). The molecular biology of memory storage: a dialogue between genes and synapses. *Science*, 294(5544), 1030-1038.

Kandel, E. R., & O'Dell, T. J. (1992). Are adult learning mechanisms also used for development? *Science*, 258(5080), 243-245.

Kandel, E. R., Schwartz, J. H., & Jessell, T. M. (2000). *Principles of neural science*, 4th ed. New York: McGraw-Hill Health Professions Division.

Karmiloff, K., & Karmiloff-Smith, A. (2001). *Pathways to language: from fetus to adolescent*. Cambridge: Harvard University Press.

Karmiloff-Smith, A. (1998). Development itself is the key to understanding developmental disorders *Trends Cogn Sci*, 2, 389-398.

Kaschube, M., Wolf, F., Geisel, T., & Lowel, S. (2002). Genetic influence on quantitative features of neocortical architecture. *J Neurosci* 22(16), 7206-7217.

Katz, L. C., & Shatz, C. J. (1996). Synaptic activity and the construction of cortical circuits. *Science*, 274, 1133-1138.

Kimble, J., & Austin, J. (1989). Genetic control of cellular interactions in Caenorhabditis elegans development. *Ciba Found Symp*, 144, 212-220; discussion 221-226, 290-295.

King, M. C., & Wilson, A. C. (1975). Evolution at two levels in humans and chimpanzees. *Science*, 188(4184), 107-116.

Klein, R. G., & Edgar, B. (2002). *The dawn of human culture*. New York: Wiley.

Klintsova, A. Y., & Greenough, W. T. (1999). Synaptic plasticity in cortical systems. *Curr Opin Neurobiol*, 9(2), 203-208.

Klug, A. (1974). Rosalind Franklin and the double helix. *Nature*, 248(451), 787-788.

Knudsen, E. I., & Knudsen, P. F. (1990). Sensitive and critical periods for visual calibration of sound localization by barn owls. *J Neurosci*, 10(1), 222-232.

Koch, C., & Segev, I. (2000). The role of single neurons in information processing. *Nat Neurosci*, 3 Suppl, 1171-1177.

Koelsch, S., Gunter, T. C., von Cramon, D. Y., Zysset, S., Lohmann, G., & Friederici, A. D. (2002). Bach speaks: a cortical "language-network" serves the processing of music. *Neuroimage*, 17(2), 956-966.

Komiyama, T., Johnson, W. A., Luo, L., & Jefferis, G. S. (2003). From lineage to wiring specificity: POU domain transcription factors control precise connections of Drosophila olfactory projection neurons. *Cell*, 112(2), 157-167.

Kooy, R. F. (2003). Of mice and the fragile X syndrome. *Trends Genet*, 19(3), 148-154.

Korenberg, J. R., Chen, X. N., Hirota, H., Lai, Z., Bellugi, U., Burian, D., et al. (2000). VI. Genome structure and cognitive map of Williams syndrome. *J Cogn Neurosci*, 12 Suppl 1, 89-107.

Kranzler, J. H., Rosenbloom, A. L., Martinez, V., & Guevara-Aguirre, J. (1998).

Normal intelligence with severe insulin-like growth factor I deficiency due to growth hormone receptor deficiency: a controlled study in a genetically homogeneous population. *J Clin Endocrinol Metab, 83*(6), 1953-1958.

Kroodsma, D. E. (1984). Songs of the alder flycatcher (Empidonax alnorum) and willow flycatcher (Empidonax trailhi) are innate. *Auk, 10,* 13-24.

Krubitzer, L., & Huffman, K. J. (2000). Arealization of the neocortex in mammals: genetic and epigenetic contributions to the phenotype. *Brain Behav Evol, 55*(6), 322-335.

Krubitzer, L. A. (2000). How does evolution build a complex brain? *Novartis Found Symp, 228,* 206-220; discussion 220-226.

Kujala, T., Alho, K., & Naatanen, R. (2000). Cross-modal reorganization of human cortical functions. *Trends Neurosci, 23*(3), 115-120.

Kullander, K., Butt, S. J., Lebret, J. M., Lundfald, L., Restrepo, C. E., Rydstrom, A., et al. (2003). Role of EphA4 and EphrinB3 in local neuronal circuits that control walking. *Science, 299*(5614), 1889-1892.

Kumar, A., & Cook, I. A. (2002). White matter injury, neural connectivity and the pathophysiology of psychiatric disorders. *Dev Neurosci, 24*(4), 255-261.

Lacalli, T. C. (2001). New perspectives on the evolution of protochordate sensory and locomotory systems, and the origin of brains and heads. *Philos Trans R Soc Lond B Biol Sci, 356*(1414), 1565-1572.

Lai, C. S., Fisher, S. E., Hurst, J. A., Vargha-Khadem, F., & Monaco, A. P. (2001). A forkhead-domain gene is mutated in a severe speech and language disorder. *Nature, 413*(6855), 519-523.

Lander, E. S., & Schork, N. J. (1994). Genetic dissection of complex traits. *Science, 265*(5181), 2037-2048.

Larsen, B. H., Vestergaard, K. S., & Hogan, J. A. (2000). Development of dust-bathing behavior sequences in the domestic fowl: the significance of functional experience. *Dev Psychobiol, 37*(1), 5-12.

Law, M. I., & Constantine-Paton, M. (1981). Anatomy and physiology of experimentally produced striped tecta. *J Neurosci, 1*(7), 741-759.

Lawn, I. D., Mackie, G. O., & Silver, G. (1981). Conduction system in a sponge. *Science, 211*(4487), 1169-1171.

Lebon, I. (2001). Preliminary results of the human genome project: a scientific paper in two parts. *McSweeney's*.

Ledoux, J. E. (1996). *The emotional brain: the mysterious underpinnings of emotional life*. New York: Simon & Schuster.

Lee, H. C., Ladd, C., Bourke, M. T., Pagliaro, E., & Tirrady, F. (1994). DNA typing in forensic science. I. Theory and background. *Am J Forensic Med Pathol*, 15(4), 269-282.

Lefebvre, L., Viville, S., Barton, S. C., Ishino, F., Keverne, E. B., & Surani, M. A. (1998). Abnormal maternal behaviour and growth retardation associated with loss of the imprinted gene Mest. *Nat Genet*, 20(2), 163-169.

Lenneberg, E. H. (1967). *Biological foundations of language*. New York: Wiley.

Lequin, M. H., & Barkovich, A. J. (1999). Current concepts of cerebral malformation syndromes. *Curr Opin Pediatr*, 11(6), 492-496.

Levinson, S. C., Kita, S., Haun, D. B., & Rasch, B. H. (2002). Returning the tables: language affects spatial reasoning. *Cognition* 84(2), 155-188.

Levitt, P. (2000). Molecular determinants of regionalization of the forebrain and cerebral cortex. In M. S. Gazzaniga (ed.), *The new cognitive neurosciences*, 2d ed., pp. 23-32. Cambridge: MIT Press.

Leys, S. P., Mackie, G. O., & Meech, R. W. (1999). Impulse conduction in a sponge. *J Exp Biol*, 202(Pt 9), 1139-1150.

Li, P., & Gleitman, L. (2002). Turning the tables: Language and spatial reasoning. *Cognition*, 83(3), 265-294.

Lieberman, P. (1984). *The biology and evolution of language*. Cambridge: Harvard University Press.

_____. (2002). On the nature and evolution of the neural bases of human language. *Am J Phys Anthropol*, Suppl 35, 36-62.

Liittschwager, J. C., & Markman, E. M. (1994). Sixteen-and 24-month-olds' use of mutual exclusivity as a default assumption in second-label learning. *Dev Psychol*, 30(6), 955-968.

Linkenhoker, B. A., & Knudsen, E. I. (2002). Incremental training increases the plasticity of the auditory space map in adult barn owls. *Nature*, 419(6904), 293-296.

Liu, Q., Dwyer, N. D., & O'Leary, D. D. (2000). Differential expression of COUPTFI, CHL1 and two novel genes in developing neocortex identified by differential display PCR. *J Neurosci*, 20(20), 7682-7690.

Loer, C. M., Steeves, J. D., & Goodman, C. S. (1983). Neuronal cell death in grasshopper embryos: variable patterns in different species, clutches, and clones. *J Embryol Exp Morphol*, 78, 169-182.

Logan, M., & Tabin, C. J. (1999). Role of Pitx1 upstream of Tbx4 in specification of hindlimb identity. Science, 283(5408), 1736-1739.

Lohmann, G., von Gramon, D. Y., & Steinmetz, H. (1999). Sulcal variability of twins. *Cereb Cortex*, 9(7), 754-763.

Lopez-Bendito, G., Shigemoto, R., Kilik, A., Paulsen, O., Fairen, A., & Lujan, R. (2002). Expression and distribution of metabotropic GABA receptor subtypes GABABR1 and GABABR2 during rat neocortical development. *Eur J Neurosci*, 15(11), 1766-1778.

Lykken, D. T. (1982). Research with twins: the concept of emergenesis. *Psychophysiol*, 19(4), 361-373.

Lykken, D. T., McGue, M., Tellegen, A., & Bouchard, T. J., Jr. (1992). Emergenesis. Genetic traits that may not run in families. *Am Psychol*, 47(12), 1565-1577.

Makalowski, W. (2000). Genomic scrap yard: how genomes utilize all that junk. *Gene*, 259-(1-2), 61-67.

Mallamaci, A., Muzio, L., Chan, C. H., Parnavelas, J., & Boncinelli, E. (2000). Area identity shifts in the early cerebral cortex of Emx2-/- mutant mice. *Nat Neurosci*, 3(7), 679-686.

Mancama, D., & Kerwin, R. (2003). Role of pharmacogenomics in individualising treatment with SSRIs. *CNS Drugs*, 17(3), 143-151.

Manzanares, M., Wada, H., Itasaki, N., Trainor, P. A., Krumlauf, R., & Holland, P. W. (2000). Conservation and elaboration of Hox gene regulation during evolution of the vertebrate head. *Nature*, 408(6814), 854-857.

Marcus, G. F. (2000). Pa bi ku and ga ti ga: two mechanixms children could use to learn about language and the world. *Current Directions in Psychol Sci*, 9, 145-147.

_____, (2001a). *The algebraic mind: integrating connectionism and cognitive science*. Cambridge: MIT Press.

_____. (2001b). Plasticity and nativism: towards a resolution of an apparent paradox. In S. Wermter, J. Austin, & D. Willshaw (eds.), *Emergent neural computational architectures based on neuroscience*, pp. 368-382. New York: Springer-Verlag.

Marcus, G. F., & Fisher, S. E. (2003). FOXP2 in focus: what can genes tell us about speech and language? *Trends Gogn Sci*, 7, 257-262

Marcus, G. F., Vijayan, S., Bano Rao, S., & Vishton, P. M. (1999). Rule learning in 7-month-old infants. *Science*, 283, 77-80.

Margulies, E. H., Kardia, S. L., & Innis, J. W. (2001). A comparative molecular analysis of developing mouse forelimbs and hindlimbs using serial analysis of gene expression (sage) *Genome Res*, 11(10), 1686-1698.

Marin, O., & Rubenstein, J. L. (2001). A long, remarkable journey: tangetial migration in the telencephalon. *Nat Rev Neurosci*, 2(11) 780-790.

_____. (2003). Cell migration in the forebrain. *Annu Rev Neurosci*, 26, 441-483.

Marin, O., Yaron, A., Bagri, A., Tessier-Lavigne, M., & Rubenstein, J. L. (2001). Sorting of striatal and cortical interneurons regulated by semaphorin-nueropilin interactions. *Science*, 293(5531), 872-875.

Markman, E. M. (1989). E. M. (1989). *Categorization and naming in children: problems of induction*. Cambridge: MIT Press.

Marks, P., Iyer, G., Gui, Y., & Merchant, J. L. (1996). Fos is required for EGF stimulation of the gastrin promoter. *Am J Physiol*, 271(6 Pt 1), G942-948.

Marler, P. (1984). Song learning: innate species differences in the learning process. In P. Marler & H. Terrace (eds.), *The biology of learning*, pp. 289-309. Berlin: Springer-Verlag.

_____. (1991). The instinct to learn. In S. Carey & Gelman (eds.), *The epigenesis of mind: essays on biology and cognition*, pp. 37-66. Hillsdale N. J.: Lawrence Erlbaum Associates.

Martin, A., Haxby, J. V., Lalonde, F. M., Wiggs, C. L., & Ungerleider, L. G. (1995). Discrete cortical regions associated with knowledge of color and knowledge of action. *Science*, 270(5233), 102-105.

Martin, A., Wiggs, C. L., Ungerleider, L. G., & Haxby, J. V. (1996). Neural correlates of category-specific knowledge. *Nature*, 379(6566), 649-652.

Martin, S. (1998). *Pure drivel*. New York: Hyperion.

Martin, S. J., Grimwood, P. D., & Morris, R. G. (2000). Synaptic plasticity and memory: an evaluation of the hypothesis. *Annu Rev Neurosci*, 23, 649-711.

Maruishi, M., Mano, Y., Sasaki, T., Shinmyo, N., Sato, H., & Ogawa, T. (2001). Cerebral palsy in adults: independent effects of muscle strength and muscle tone. *Arch Phys Med Rehabil*, 82(5), 637-641.

Masland, R. H. (2001). Neuronal diversity in the retina. *Curr Opin Neurobiol*, 11(4), 431-436.

Mastronarde, D. N. (1983). Correlated firing of cat retinal ganglion cells. I. Spontaneously active inputs to X-and Y-cells. *J Neurophysiol*, 49(2), 303-324.

Mattson, M. P. (2002). Brain evolution and lifespan regulation: conservation of signal transduction pathways that regulate energy metabloism. *Mech Ageing Dev*, 123(8), 947-953.

Mayford, M., Bach, M. E., Huang, Y. Y., Wang, L., Hawkins, R. D., & Kandel, E. R. (1996). Control of memory formation through regulated expression of a CaMKII transgene. *Science*, 274(5293), 1678-1683.

Maynard Smith, J., & Szathmary, E. (1995). *The major transitions in evolution*. Oxford: W. H. Freeman.

McIlwain, H., & Bachelard, H. S. (1985). *Biochemistry and the central nervous system*, 5th ed. Edinburgh and New York: Churchill Livingstone.

Medawar, P. B. (1981). Stretch genes. *The New York Review of Books*, 28 (July 16), 45-48.

Meister, M., Wong, R. O., Baylor, D. A., & Shatz, C. J. (1991). Synchronous bursts of action potentials in ganglion cells of the developing mammalian retina. *Science*, 252(5008), 939-943.

Mello, C. V., Vicario, D. S., & Clayton, D. F. (1992). Song presentation induces gene expression in the songbird forebrain. *Proc Natl Acad Sci USA*, 89(15), 6818-6822.

Meltzoff, A. N., & Moore, M. K. (1977). Imitation of facial and manual gestures by human neonate. *Science*, 198, 75-78.

Menand, L. (2002). What comes naturally: does evolution explain who we are? *The New Yorker* (November 25), 96-101.

Merzenich, M. M., Nelson, R. J., Stryker, M. P., Cynader, M. S., Schoppmann, A., & Zook, J. M. (1984). Somatosensory cortical map changes following digit amputation in adult monkeys. *J Comp Neurol*, 224(4), 591-605.

Metin, C., Denizot, J. P., & Ropert, N. (2000). Intermediate zone cells express calcium-permeable AMPA receptors and establish close contact with growing axons. *J Neurosci*, 20(2), 696-708.

Mey, J. (2001). Retinoic acid as a regulator of cytokine signaling after nerve injury. *Z Naturforsch* [C], 56(3-4), 163-176.

Miller, G. F. (2000). *The mating mind: how sexual choice shaped the evolution of human nature*. New York: Doubleday.

Mithen, S. J. (1996). *The prehistory of the mind: a search for the origins of art, religion, and science*. London: Thames and Hudson.

Miyashita-Lin, E. M., Hevner, R., Wassarman, K. M., Martinez, S., & Rubenstein, J. L. (1999). Early neocortical regionalization in the absence of thalamic innervation. *Science*, 285(5429), 906-909.

Modrek, B., Resch, A., Grasso, C., & Lee, C. (2001). Genome-wide detection of alternative splicing in expressed sequences of human genes. *Nucleic Acids Res*, 29(13), 2850-2859.

Mojzsis, S. J., Arrhenius G., McKeegan, K. D., Harrison, T. M., Nutman, A. P., & Friend, C. R. (1996). Evidence for life on earth before 3,800 million years ago. *Nature*, 384(6604), 55-59.

Molnar, Z., Lopez-Bendito, G., Small, J., Partridge, L. D., Blakemore, C., & Wilson, M. C. (2002). Normal development of embryonic thalamocortical connectivity in the absence of evoked synaptic activity. *J Neurosci*, 22(23), 10313-10323.

Mombaerts, P. (1999). Molecular biology of odorant receptors in vertebrates. *Annu Rev Neurosci*, 22, 487-509.

Momose-Sato, Y., Miyakawa, N., Mochida, H., Sasaki, S., & Sato, K. (2003). Optical analysis of depolarization waves in the embryonic brain: a dual network of gap junctions and chemical synapses. *J Neurophysiol*, 89(1), 600-614.

Montgomery, S. A. (1999). New developments in the treatment of depression. *J Clin Psych*, 60 Suppl 14, 10-15; discussion 31-35.

Moon, C. M., & Fifer, W. P. (2000). Evidence of transnatal auditory learning. J Perinatol, 20(8 Pt 2), S37-44.

Moore, S., & Simon, J. L. (2000). *It's getting better all the time: 100 greatest trends of the 20th century*. Washington, D.C.: Cato Institute.

Morange, M. (1998). *A history of molecular biology*. Cambridge: Harvard University Press.: 『분자생물학』, 김광일, 이정희 외 옮김, 몸과마음, 2002.

(2001). *The misunderstood gene*. Cambridge: Harvard University Press.

Morgan, E. (1995). *The descent of the child: human evolution from a new perspective*. New York: Oxford University Press.

Morimoto, T., Miyoshi, T., Fujikado, T., Tano, Y., & Fukuda, Y. (2002). Electrical stimulation enhances the survival of axotomized retinal ganglion cells in vivo. *Neuroreport*, 13(2), 227-230.

Morrison, G. E., & van der kooy, D. (2001). A mutation in the AMPA-type glutamate receptor, glr-1, blocks olfactory associative and nonassociative learning in Caenorhabditis elegans. *Behav Neurosci*, 115(3), 640-649.

Morrison, G. E., Wen, J. Y., Runciman, S., & van der Kooy, D. (1999). Olfactory associative learning in Caenorhabditis elegans is impaired in Irn-1 Irn-2 mutants. *Behav Neurosci*, 113(2), 358-367.

Morrongiello, B. A., Fenwick, K. D., & Chance, G. (1998). Crossmodal learning in newborn infants: inferences about properties of auditory-visual events. *Infant Behav & Dev*, 21(4), 543-553.

Munakata, Y., McClelland, J. L., Johnson, M. H., & Siegler, R. S. (1997). Rethinking infant knowledge: toward an adaptive process account of successes and failures in object permanence tasks. *Psychol Rev*, 10(4), 686-713.

Murphy, D. L., Li, Q., Engel, S., Wichems, C., Andrews, A., Lesch, K. P., et al. (2001). Genetic perspectives on the serotonin transporter. *Brain Res Bull*, 56(5), 487-494.

Nadeau, S. E., & Crosson, B. (1997). Subcortical aphasia. *Brain Lang*, 58(3), 355-402; discussion 418-423.

Nakagawa, Y., & O'Leary, D. D. (2001). Combinatorial expression patterns of LIM-homeodomain and other regulatory genes parcellate developing thalamus. *J Neurosci*, 21(8), 2711-2725.

Nasar, S. (1998). *A beautiful mind: a biography of John Forbes Nash, Jr., winner of the Nobel Prize in economics*, 1994. New York: Simon & Schuster: 『뷰티풀 마인드』, 신현용 외 옮김, 승산, 2002.

Nazzi, T., Bertoncini, J., & Mehler, J. (1998). Language discrimination by newborn: towards an understanding of the role of rhythm. *J Exp Psychol: Hum Percept & Perform*, 24, 1-11.

Nazzi, T., Floccia, C., & Bertoncini, J. (1998). Discrimination of pitch contours by neonates. *Infant behav & Dev*, 21(4), 779-784.

Nedivi, E., Hevroni, D., Naot, D., Israeli, D., & Citri, Y. (1993). Numerous candidate plasticity-related genes revealed by differential cDNA cloning. *Nature*, 363(6431), 718-722.

Nelkin, D. (2001). Molecular metaphors: the gene in popular discourse. *Nat Rev Genet*, 2(7), 555-559.

Nesse, R. M., & Williams, G. C. (1994). *Why we get sick: the new science of Darwinian medicine*. New York: Times Books.

Neville, H. J., & Lawson, D. (1987). Attention to central and peripheral visual space in a movement detection task: an event-related potential and behavioral study. II. Congenitally deaf adults. *Brain Res*, 405(2), 268-283.

Nottebohm, F., Stokes, T. M., & Leonard, C. M. (1976). Central control of song in the canary, Serinus canarius. *J Comp Neurol*, 165(4), 457-486.

O'Donovan, C., Apweiler, R., & Bairoch, A. (2001). The human proteomics initiative (HPI). *Trends Biotechnol*, 19(5), 178-181.

O'Leary, D. D., & Nakagawa, Y. (2002). Patterning centers, regulatory genes and extrinsic mechanisms controlling arealization of the neocortex. *Curr Opin Neurobiol*, 12(1), 14-25.

O'Leary, D. D., & Stanfield, B. B. (1989). Selective elimination of axons extended by developing cortical neurons is dependent on regional locale: experiments using fetal cortical transplants. *J Neurosci*, 9, 2230-2246.

O'Rahilly, R., Muller, F., & Streeter, G. L. (1987). *Developmental stages in human embryos: including a revision of Streeter's "Horizons" and a survey of the Carnegie Collection*. Washington, D.C: Carnegie Institution of Washington.

Ochs, E., & Schieffelin, B. B. (1984). Language acquisition and socialization: three developmental stories and their implications. In A. Shweder Richard & A. LeVine Robert (eds.), *Culture theory: essays on mind, self, and emotion*, pp. 276-320. Cambridge: Cambridge University Press.

Oetting, W., & Bennett, D. (2003). Mouse coat color genes. International Federation of Pigment Cell Societies. Available at http://www.cbc.umn.edu

/ifpcs/micemut.htm.

Ohno, S. (1970). *Evolution by gene duplication*. Berlin and New York: Springer-Verlag.

Ojemann, G. A. (1993). Functional mapping of cortical language areas in adults: intraoperative approaches. *Adv Neurol*, 63, 155-163.

Oksenberg, J. R., Barcellos, L. F., & Hauser, S. L. (1999). Genetic aspects of multiple sclerosis. *Semin Neurol*, 19(3), 281-288.

Olby, R. C. (1994). *The path to the double helix: the discovery of DNA*. New York: Dover Publications.

Onishi, K., & Baillargeon, R. (2002). Fifteen-month-old infants' understanding of false belief. *Biennial International Conference on Infant Studies*, Toronto, Canada.

Oram, M. W., & Perrett, D. I. (1992). Time course of neural responses discriminating different views of the face and head. *J Neurophysiol*, 68(1), 70-84.

Ortells, M. O., & Lunt, G. G. (1995). Evolutionary history of the ligand-gated ion-channel superfamily of receptors. *Trends Neurosci*, 18(3), 121-127.

Pagliarulo, V., Datar, R. H., & Cote, R. J. (2002). Role of genetic and expression profiling in pharmacogenomics: the changing face of patient management. *Curr Issues Mol Biol*, 4(4), 101-110.

Pascalis, O., de Haan, M., & Nelson, C. A. (2002). Is face processing species-specific during the first year of life? *Science*, 296(5571), 1321-1323.

Patthy, L. (2003). Modular assembly of genes and the evolution of new functions. *Genetica*, 118(2-3), 217-31.

Paul, D. B., & Blumenthal, A. L. (1989). On the trail of Little Albert. *Psychol Rec*, 39(4), 547-553.

Pena De Ortiz, S., & Arshavsky, Y. (2001). DNA recombination as a possible mechanism in declarative memory: a hypothesis. *J Neurosci Res*, 63(1), 72-81.

Penn, A. A., & Shatz, C. J. (1999). Brain waves and brain wiring: the role of endogenous and sensory-driven neural activity in development. *Pediatr Res*, 45(4 Pt 1), 447-458.

Pennartz, C. M., Uylings, H. B., Barnes, C. A., & McNaughton, B. L. (2002). Memory reactivation and consolidation during sleep: from cellular mechanisms to human performance. *Prog Brain Res*, 138, 143-166.

Pennington, B. F., Filipek, P. A., Lefly, D., Chhabildas, N., Kennedy, D. N., Simon, J. H., et al. (2000). A twin MRI study of size variations in the human brain. *J Cogn Neurosci*, 12(1), 223-232.

Pentland, A. (1997). Content-based indexing of images and video. *Philos Trans R Soc Lond B Biol Sci*, 352(1358), 1283-1290.

Phan, K. L., Wager, T., Taylor, S. F., & Liberzon, I. (2002). Functional neuroanatomy of emotion: a meta-analysis of emotion activation studies in PET and fMRI. *Neuroimage* 16(2), 331-348.

Piaget, J. (1954). *The construction of reality in the child*. New York: Basic Books

Pinker, S. (1994). *The language instinct*. New York: Morrow : 『언어본능』, 김한영 외 옮김, 소소, 2004; 그린비, 1998.

_____. (1997). *How the mind works*. New York: Norton.

_____. (2000). *The blank slate*. New York: Viking Penguin : 『빈 서판』, 김한영 옮김, 사이언스북스, 2004.

Pinker, S., & Bloom, P. (1990). Natural language and natural selection. *Behav & Brain Sci*, 13, 707-784.

Pizzorusso, T., Medini, P., Berardi, N., Chierzi, Fawcett, J. W., & Maffei, L. (2002). Reactivation of ocular dominance plasticity in the adult visual cortex. *Science*, 298(5596), 1248-1251.

Plomin, R. (1997). *Behavioral genetics*, 3d ed. New York: W. H. Freeman.

Plomin, R., & Crabbe, J. (2000). DNA. *Psychol Bull*, 126(6), 806-828.

Plomin, R., DeFries, J. C., McClearn, G. E., & McGuffin, P. (2001). *Behavioral genetics*, 4th ed. New York: Worth.

Plomin, R., & McGuffin, P. (2003). Psychopathology in the postgenomic era. *Annu Rev Psychol*, 54(1), 205-228.

Posthuma, D., De Geus, E. J., Baare, W. F., Pol, H. E., Kahn, R. S., & Boomsma, D. I. (2002). The association between brain volume and intelligence is of genetic origin. *Nat Neurosci*, 5(2), 83-84.

Postle, B. R., & Corkin, S. (1998). Impaired word-stem completion priming but intact perceptual identification priming with novel words: evidence from the amnesic patient H. M. *Neuropsychologia*, 36(5), 421-440.

Povinelli, D. J. (2000). *Folk physics for apes: the chimpanzee's theory of how the world works*. Oxford and New York: Oxford University Press.

Profet, M. (1992). Pregnancy sickness as adaptation: a deterrent to maternal ingestion of teratogens. In J. Barkow, J. Tooby, & L. Cosmides (eds.), *The adapted mind: evolutionary psychology and the generation of culture*, pp. 327-365. Oxford: Oxford University Press.

Pulvermuller, F. (2002). A brain perspective on language mechanisms: from discrete neuronal ensembles to serial order. *Prog Neurobiol*, 67(2), 85-111.

Purves, W. K., Sadava, D., Orians, G. H., & Heller, H. C. (2001). Life, *the science of biology*, 6th ed. Sunderland, Mass.: Sinauer Associates.

Quartz, S. R., & Sejnowski, T. J. (1997). The neural basis of cognitive development: a constructivist manifesto. Behav & *Brain Sci*, 20, 537-556; discussion 556-596.

Rajagopalan, S., Vivancos, V., Nicolas, E., & Dickson, B. J. (2000). Selecting a longitudinal pathway: Robo receptors specify the lateral position of axons in the Drosophila CNS. *Cell*, 103(7), 1033-1045.

Rakic, P. (1972). Mode of cell migration to the superficial layers of fetal monkey neocortex. *J Comp Neurol*, 145(1), 61-83.

⸺⸺⸺. (1998). Young neurons for old brains? *Nature Neurosci*, 1(8), 645-647.

Ramos, J. M. (2000). Long-term spatial memory in rats with hippocampal lesions. *Eur J Neurosci*, 12(9), 3375-3384.

Rampon, C., Jiang, C. H., Dong, H., Tang, Y. P., Lockhart, D. J., Schultz, P. G., et al. (2000). Effects of environmental enrichment on gene expression in the brain. *Proc Natl Acad Sci USA*, 97(23), 12880-12884.

Ramus, F., Hauser, M. D., Miller, C., Morris, D., & Mehler, J. (2000). Language discrimination by human newborns and by cotton-top tamarin monkeys. *Science*, 288(5464), 349-351.

Ramus, F., Rosen, S., Dakin, S. C., Day, B. L., Castellote, J. M., White, S., et al. (2003). Theories of developmental dyslexia: insights from a multiple case study of dyslexic adults. *Brain*, 126(Pt 4), 841-865.

Rankin, C. H. (2002). From gene to identified neuron to behaviour in Caenorhabditis elegans. *Nat Rev Genet*, 3(8), 622-630.

Rauschecker, J. P. (1995). Compensatory plasticity and sensory substitution in the cerebral cortex. *Trends Neurosci*, 18(1), 36-43.

Rebillard, G., Carlier, E., Rebillard, M.,& Pujol, R. (1977). Enhancement of visual responses on the primary auditory cortex of the cat after early destruction of cochlear receptors. *Brain Res*, 129(1), 162-164.

Redies, C. (2000). Cadherins in the central nervous system. *Prog Neurobiol*, 61(6), 611-648.

Regolin, L., Tommasi, L., & Vallortigara, G. (2000). Visual perception of biological motion in newly hatched chicks as revealed by an imprinting procedure. *Anim Cogn*, 3(1), 53-60.

Regolin, L., Vallortigara, G., & Zanforlin, M. (1995). Object and spatial representation in detour problems by chicks. *Anim Behav*, 49, 195-199.

Reh, T. A., & Constantine-Paton, M. (1985). Eye-specific segregation requires neural activity in three-eyed Rana pipiens. *J Neurosci*, 5(5), 1132-1143.

Renner, M. (1960). Contribution of the honey bee to the study of time sense and astronomical orientation. *Cold Spring Harbor Symposium on Quantitative Biology*, 25, 361-367.

Rensberger, B. (1996). *Life itself: exploring the realm of the living cell*. New York: Oxford University Press.

Restak, R. M. (1979). *The brain: the last frontier Garden City*, N. Y.: Doubleday.

Rice, D. S., & Curran, T. (2001). Role of the reelin signaling pathway in central nervous system development. *Annu Rev Neurosci*, 24 1005-1039.

Richardson, M. K., Hanken, J., Selwood, L., Wright, G. M., Richards, R. J., Pieau, C., et al. (1998). Haeckel, embryos, and evolution. *Science*, 280(5366), 983, 985-986.

Richardson, W. D., Pringle, N. P., Yu, W. P., & Hall, A. C. (1997). Origins of spinal cord oligodendrocytes: possible developmental and evolutionary relationships with motor neurons. *Dev Neurosci*, 19(1), 58-68.

Richerson, P. J., & Boyd, R. (Forthcoming). *The nature of cultures*.

Rilling, J. K., & Insel, T. R. (1999). Differential expansion of neural projection systems in primate brain evolution. *Neuroreport*, 10(7), 1453-1459.

Rivera, S. M., Wakeley, A., Langer, J. (1999). The drawbridge phenomenon: representational reasoning or perceptual preference. *Dev Psychol*, 35, 427-435.

Rizzolatti, G., Fadiga, L., Gallese, V., & Fogassi, L. (1996). Premotor cortex and the recognition of motor actions. *Cogn Brain Res*, 3(2), 131 - 141.

Roberson, D., Davies, I., & Davidoff, J. (2000). Color categories are not universal: replications and new evidence from a stone - age culture. *J Exp Psychol Gen*, 129(3), 369 - 398.

Rose, S. P. R. (1973). *The conscious brain*. New York: Knopf.

_____. (2000). God's organism? The chick as a model system for memory studies. *Learn Mem*, 7(1), 1 - 17.

Rosen, K. M., McCormack, M. A., Villa - Komaroff, L., & Mower, G. D. (1992). Brief visual experience induces immediate early gene expression in the cat visual cortex. *Proc Natl Acad Sci USA*, 89(12), 5437 - 5441.

Ross, M. E., & Walsh, C. A. (2001). Human brain malformations and their lessons for neuronal migration. *Annu Rev Neurosci*, 24, 1041 - 1070.

Rossi, F., & Cattaneo, E. (2002). Opinion: neural stem cell therapy for neurological diseases: dreams and reality. *Nat Rev Neurosci*, 3(5), 401 - 409.

Roth, K. A., & D;sa, C. (2001). Apoptosis and brain development. *Ment Retard Dev Disabil Res Rev*, 7(4), 261 - 266.

Rowe, D. C. (1994). *The limits of family influence: genes, experience, and behavior*. New York: Guilford.

Ruiz - Trillo, I., Riutort, M., Littlewood, D. T., Herniou, E. A., & Baguna, J. (1999). Acoel flatworms: earliest extant bilaterian Metazoans, not members of Platy - helminthes. *Science*, 283(5409), 1919 - 1923.

Sachs, B. D. (1988). The development of grooming and its expression in adult animals. *Ann NY Acad Sci*, 525, 1 - 17.

Sadato, N., Pascual - Leone, A., Grafman, J., Ibanez, V., Deiber, M. P., Dold, G., et al. (1996). Activation of the primary visual cortex by Braille reading in blind subjects. *Nature*, 380(6574), 526 - 528.

Saffran, J., Aslin, R., & Newport, E. (1996). Statistical learning by 8 - month - old infants. *Science*, 274, 1926 - 1928.

Sagan, C., & Druyan, A. (1992). *Shadows of forgotten ancestors: a search for who we are*. New York: Random House, 『잃어버린 조상의 그림자』, 과학세대 김동광 옮김, 1995, 고려원.

Sanes, D. H., Reh, T. A., & Harris, W. A. (2000). *Development of the nervous system*. San Diego and London: Academic.

Sanes, J. R., & Lichtman, J. W. (1999). Can molecules explain long-term potentiation? *Nat Neurosci*, 2(7), 597-604.

Sapolsky, R. M. (2003). Gene therapy for psychiatric disorders. *Am J Psych* 160(2), 208-220.

Sarnat, H. B., & Netsky, M. G. (1985). The brain of the planarian as the ancestor of the human brain. *Can J Neurol Sci*, 12(4), 296-302.

Saunders, J. W. (1982). *Developmental biology: patterns, problems, and principles*. New York: Macmillan.

Saunders, J. W., Gasseling, M. T., & Cairns, J. M. (1959). The differentiation of prospective thigh mesoderm grafted beneath the apical ectodermal ridge of the wing bud in the chick embryo. *Dev Biol*, 1, 281-301.

Savage-Rumbaugh, E. S., Murphy, J., Sevcik, R. A., Brakke, K. E., Williams, S. L., & Rumbaugh, D. M. (1993). Language comprehension in ape and child. *Monogr Soc Res Child Dev*, 58(3-4), 1-222.

Sayre, A. (1975). *Rosalind Franklin and DNA*. New York: Norton.

Scamvougeras, A., Kigar, D. L., Jones, D., Weinberger, D. R., & Witelson, S. F. (2003). Size of the human corpus callosum is genetically determined: an MRI study in mono and dizygotic twins. *Neurosci Lett*, 338(2), 91-94.

Schacter, D. L. (1996). *Searching for memory: the brain, the mind, and the past*. New York: Basic Books.

Schad, W. (1993). Heterochronical patterns of evolution in the transitional stages of vertebrate classes. *Acta Biotheor*, 41(4), 383-389.

Scheller, R. H., & Axel, R. (1984). How genes control an innate behavior. *Sci Amer* (March), 54-62.

Schlaug, G. (2001). The brain of musicians: a model for functional and structural adaptation. *Ann NY Acad Sci*, 930, 281-299.

Schmidt, J. T., & Eisele, L. E. (1985). Stroboscopic illumination and dark rearing block the sharpening of the regenerated retinotectal map in goldfish. *Neurosci*, 14(2), 535-546.

Schmucker, D., Clemens, J. C., Shu, H., Worby, C. A, Xiao, J., Muda, M., et al. (2000). Drosophila Dscam is an axon guidance receptor exhibiting extraordinary molecular diversity. *Cell*, 101(6), 671-684.

Scoville, W. B., & Milner, B. (1957). Loss of recent memory after bilateral hippocampal lesions. *J Neurol Neurosurg Psych*, 20, 11 - 21.

Seeman, P., & Madras, B. (2002). Methylphenidate elevates resting dopamine which lowers the impulse - triggered release of dopamine: a hypothesis. *Behav Brain Res*, 130(1 - 2), 79 - 83.

Seidl, R., Cairns, N., & Lubec, G. (2001). The brain in Down syndrome. *J Neural Trausm Suppl*(61), 247 - 261.

Semendeferi, K., & Damasio, H. (2000). The brain and its main anatomical subdivisions in living hominoids using magnetic resonance imaging. *J Hum Evol*, 38(2), 317 - 332.

Sestan, N., Rakic, P., & Donoghue, M. J. (2001). Independent parcellation of the embryonic visual cortex and thalamus revealed by combinatorial Eph/ephrin gene expression. *Curr Biol*, 11(1), 39 - 43.

Seyfarth, R. M., Cheney, D. L., & Marker, P. (1980). Monkey responses to three different alarm calls: evidence of predator classification and semantic communication. *Science*, 210(4471), 801 - 803.

Shapleske, J., Rossell, S. L., Woodruff, P. W., & David, A. S. (1999). The planum temporale: a systematic, quantitative review of its structural, functional and clinical significance. *Brain Res Rev*, 29(1), 26 - 49.

Sharma, K., Leonard, A. E., Lettieri, K., & Pfaff, S. L. (2000). Genetic and epigenetic mechanisms contribute to motor neuron pathfinding. *Nature*, 406(6795), 515 - 519.

Shaywitz, S. E., Fletcher, J. M., Holahan, J. M., Shneider, A. E., Marchione, K. E., Stuebing, K. K., et al. (1999). Persistence of dyslexia: the Connecticut longitudinal study at adolescence. *Pediatrics*, 104(6), 1351 - 1359.

Shell, E. R. (2002). *The hungry gene: the science of fat and the future of thin*. New York: Atlantic Monthly Press.

Sherrington, R., Brynjolfsson, J., Petursson, H., Potter, M., Dudleston, K., Barraclough, B., et al. (1988). Localization of a susceptibility locus for schizophrenia on chromosome 5. *Nature*, 336(6195), 164 - 167.

Sherry, D. F., Jacobs, L. F., & Gaulin, S. J. (1992). Spatial memory and adaptive specialization of the hippocampus. *Trends Neurosci*, 15(8), 298 - 303.

Shors, T. J., & Matzel, L. D. (1997). Long - term potentiation: what's learning got to do with it? *Behav Brain Sci*, 20(4), 597 - 614; discussion 614 - 655.

Shu, D., Luo, H., Morris, S., Zhang, X., Hu, S., Chen, L., et al. (1992). Lower Cambrian vertebrates from South China. *Nature*, 402(6757), 42-46.

Shu, W., Yang, H., Zhang, L., Lu, M. M., & Morrisey, E. E. (2001). Characterization of a new subfamily of winged-helix/forkhead (Fox) genes that are expressed in the lung and act as transcriptional repressors. *J Biol Chem*, 276(29), 27488-27498.

Sillaber, I., Rammes, G., Zimmermann, S., Mahal, B., Ziegʾgansberger, W., Wurst, W., et al. (2002). Enhanced and delayed stress-induced alcohol drinking in mice lacking functional CRH1 receptors. *Science*, 296(5569), 931-933.

Silva, A. J., Paylor, R., Wehner, J. M., & Tonegawa, S. (1992). Impaired spatial learning in alpha-calcium-calmodulin kinase II mutant mice. *Science*, 257(5067), 206-211.

Silva, A. J., Stevens, C. F., Tonegawa, S., & Wang, Y. (1992). Deficient hippocampal long-term potentialtion in alpha-calcium-calmodulin kinase II mutant mice. *Science*, 257(5067), 201-206.

Simeone, A., Puelles, E., & Acampora, D. (2002). The *Otx* family. *Curr Opin Genet Dev*, 12(4), 409-415.

Simpson, J. H., Bland, K. S., Fetter, R. D., & Goodman, C. S. (2000). Short-range and long-range guidance by slit and its Robo receptors: a combinatorial code of Robo receptors controls lateral position. *Cell*, 103(7), 1019-1032.

Skeath, J. B., & Thor, S. (2003). Genetic control of Drosophila nerve cord development. *Curr Opin Neurobiol*, 13(1), 8-15.

Skoyles, J. (1999). Human evolution expanded brains to increase expertise capacity, not IQ. *Psycoloquy*, 10(2).

Smith, L. B., Thelen, E., Titzer, R., & McLin, D. (1999). Knowing in the context of acting: the task dynamics of the A-not-B error. *Psychol Rev*, 106(2), 235-260.

Smith, V. A., King, A. P., & West, M. J. (2000). A role of her own: female cowbirds, Molothrus ater, influence the development and outcome of song learning. *Anim Behav*, 60(5), 599-609.

Sokolowski, M. B. (1998). Genes for normal behavioral variation: recent clues from flies and worms. *Neuron*, 21(3), 463-466.

Song, B., Zhao, M. Forrester, J. V., & McCaig, C. D. (2002). Electrical cues regulate the orientation and frequency of cell division and the rate of wound healing in vivo. *Proc Natl Acad Sci USA*, 99(21), 13577-13582.

Song, H. J., Billeter, J. C., Reynaud, E., Carlo, T., Spana, E. P., Perrimon, N., et al. (2002). The fruitless gene is required for the proper formation of axonal tracts in the embryonic central nervous system of Drosophila. *Genetics*, 162(4), 1703-1724.

Sperry, R. W. (1961). Cerebral organization and behavior. *Science*, 133, 1749-1757.

Spock, B. (1957). *Baby and child care*, 2d ed. New York: Pocket Books.

Stanfied, B. B., & O'Leary, D. D. (1985). Fetal occipital cortical neurons transplanted to the rostral cortex can extend and maintain a pyramidal tract axon. *Nature*, 313, 135-137.

Stein, J. (2001). The magnocellular theory of developmental dyslexia. *Dyslexia*, 7(1), 12-36.

Stellwagen, D., & Shatz, C. J. (2002). An instructive role for retinal waves in the development of retinogeniculate connectivity. *Neuron*, 33(3), 357-367.

Stephan, H., Frahm, H., & Baron, G. (1981). New and revised data on volumes of brain structures in insectivores and primates. *Folia Primatol* (Basel), 35(1), 1-29.

Stock, G. (2002). *Redesigning humans: our inevitable genetic future*. Boston: Houghton Mifflin.

Stromswold, K., Caplan, D., Alpert, N., & Rauch, S. (1996). Localization of syntactic comprehension by positron emission tomography. *Brain Lang*, 52(3), 452-473.

Stuhmer, T., Anderson, S. A., Ekker, M., & Rubenstein, J. L. (2002). Ectopic expression of the Dlx genes induces glutamic acid decarboxylase and Dlx expression. *Development*, 129(1), 245-252.

Sturtevant, A. H. (1913). The linear arrangement of six sex-linked factors in Drosophila, as shown by their mode of association. *J Exp Zool*, 14, 43-59.

Sur, M., & Leamey, C. A. (2001). Development and plasticity of cortical areas and networks. *Nat Rev Neurosci*, 2(4), 251-262.

Sur, M., Pallas, S. L., & Roe, A. W. (1990). Cross-model plasticity in cortical development: differentiation and specification of sensory neocortex. *Trends Neurosci*, 13, 227-233.

Takeuchi, J. K., Koshiba-Takeuchi, K, Matsumoto, K., Vogel-Hopker, A., Naitoh-Matsuo, M., Ogura, K., et al. (1999). *Tbx5* and *Tbx4* genes determine the wing/leg identity of limb buds. *Nature*, 398(6730), 810-814.

Tanford, C., & Reynolds, J. A. (2001). *Nature's robots: a history of proteins*. Oxford and New York: Oxford University Press.

Tang, Y. P., Shimizu, E., Dube, G. R., Rampon, C., Kerchner, G. A., Zhuo, M., et al (1999). Genetic enhancement of learning and memory in mice. *Nature*, 401(6748), 63-69.

Tavare, S., Marshall, C. R., Will, O., Soligo, C., & Martin, R. D. (2002). Using the fossil record to estimate the age of last common ancestor of extant primates. *Nature*, 416(6882), 726-729.

Tecott, L. H. (2003). The genes and brains of mice and men. *Am J Psych*, 160(4), 646-656.

Temple, E., Deutsch, G. K., Poldrack, R. A., Miller, S. L. Tallal, P., Merzenich, M. M., et al. (2003). Neural deficits in children with dyslexia ameliorated by behavioral remediation: evidence from functional MRI. *Proc Natl Acad Sci USA*, 100(5), 2860-2865.

Thompson, P. M., Cannon, T. D., Narr, K. L., van Erp, T., Poutanen, V P., Huttunen, M., et al. (2001). Genetic influences on brain structure. *Nat Neurosci*, 4(12), 1253-1258.

Thulborn, K. R., Carpenter, P. A., & Just, M. A. (1999). Plasticity of language-related brain function during recovery from stroke. *Stroke*, 30(4), 749-754.

Tiihonen, J., Kuikka, J., Kupila, J., Partanen, K., Vainio, P., Airaksinen, J., et al. (1994). Increase in cerebral blood flow of right prefrontal cortex in man during orgasm. *Neurosci Lett*, 170(2), 241-243.

Tole, S., Goudreau G., Assimacopoulos, S., & Grove, E. A. (2000). Emx2 is required for growth of the hippocampus but not for hippocampal field specification. *J Neurosci*, 20(7), 2618-2625.

Tomasello, M. (1999). *The cultural origins of human cognition*. Cambridge: Harvard University Press.

Tomasello, M., Call, J., & Hare, B. (2003). Chimpanzees understand psychological states - the question is which ones and to what extent. *Trends Cogn Sci*, 7(4), 153-156.

Tsai, Y. J., & Hoyme, H. E. (2002). Pharmacogenomics: the future of drug therapy. *Clin Genet*, 62(4), 257-264.

Tsien, J. Z., Huerta, P. T., & Tonegawa, S. (1996). The essential role of hippocampal CA1 NMDA receptor - dependent synaptic plasticity in spatial memory. *Cell*, 87(7), 1327-1338.

Tversky, A., & Gati, I. (1982). Similarity, separability, and the triangle inequality. *Psychol Rev*, 89(2), 123-154.

van der Lely, H. K., & Rosen, S., & McClelland, A. (1998). Evidence for a grammar - specific deficit in children. *Curr Biol*, 8(23), 1253-1258.

van der Lely, H. K., & Stollwerck, L. (1996). A grammatical specific language impairment in children: an autosomal dominant inheritance? *Brain Lang*, 52(3), 484-504.

van Schaik, C. P., Ancrenaz, M., Borgen, G., Galdikas, B., Knott, C. D., Singleton, I., et al. (2003). Orangutan cultures and the evolution of material culture. *Science*, 299(5603), 102-105.

Vargha - Khadem, F., Gadian, D. G., Watkins, K. E., Connelly, A., Van Paesschen, W., & Mishkin, M. (1997). Differential effects of early hippocampal pathology on episodic and semantic memory. Science, 277(5324), 376-380. *Erratum in Science* 277(5329), Aug. 22, 1997, 1117.

Vargha - Khadem, F., Isaacs, E., & Muter, V. (1994). A review of cognitive outcome after unilateral lesions sustained during childhood. *J Child Neurol*, 9 Suppl 2, 67-73.

Vargha - Khadem, F., Watkins, K., Alcock, K., Fletcher, P., & Passingham, R. (1995). Praxic and nonverbal cognitive deficits in a large family with a genetically transmitted speech and language disorder. *Proc Natl Acad Sci USA*, 92(3), 930-933.

Venter, J. C., Adams, M. D., Myers, E. W., Li, P. W., Mural, R. J., Sutton, G. G., et al. (2001). The sequence of the human genome. *Science*, 291(5507), 1304-1351.

Verhaegen, M. J. M. (1988). Aquatic ape theory and speech origins: a hypothesis. *Speculations in Science and Technology*, 11, 165-171.

Verhage, M., Maia, A. S., Plomp, J. J., Brussaard, A. B., Heeroma, J. H., Vermeer, H., et al. (2000). Synaptic assembly of the brain in the absence of neurotransmitter secretion. *Science*, 287(5454), 864-869.

Vicari, S., Albertoni, A., Chilosi, A. M., Cipriani, P., Cioni, G., & Bates, E. (2000). Plasticity and reorganization during language development children with early brain injury. *Cortex*, 36(1), 31-46.

Wallace, C. S., Withers, G. S., Weiler, I. J., George, J. M., Clayton, D. F., & Greenough, W. T. (1995). Correspondence between sites of NGFI-A induction and sites of morphological plasticity following exposure to environmental complexity. *Mol Brain Res*, 32(2), 211-220.

Walsh, G. (2002). *Proteins: biochemistry and biotechnology*. West Sussex, England, and New York: J. Wiley.

Warrington, J. A., Nair, A., Mahadevappa, M., & Tsyganskaya, M. (2000). Comparison of human adult and fetal expression and identification of 535 house-keeping/maintenance genes. *Physiol Genomics* 2(3), 143-147.

Washbourne, P., Thompson, P. M., Carta, M., Costa, E. T., Mathews, J. R., Lopez-Bendito, G., et al. (2002). Genetic ablation of the t-SNARE SNAP-25 distinguishes mechanisms of neuroexocytosis. *Nat Neurosci*, 5(1), 19-26.

Waterston, R. H., Lindblad-Toh, K., Birney, E., Rogers, J., Abril, J. F., Agarwal, P., et al. (2002). Initial sequencing and comparative analysis of the mouse genome. *Nature*, 420(6915), 520-562.

Watkins, K. E., Dronkers, N. F., & Vargha-Khadem, F. (2002). Behavioural analysis of an inherited speech and language disorder: comparison with acquired aphasia. *Brain*, 125(Pt 3), 452-464.

Watkins, T. A., & Barres, B. A. (2002). Nerve regeneration: regrowth stumped by shared receptor. *Curr Biol*, 12(19), R654-656.

Watson, J. B. (1925). *Behaviorism [microform]*. New York: W. W. Norton.

Watson, J. D. & Crick, F. H. (1953). A structure for deoxyribose nucleic acid. *Nature*, 171, 737-738.

Webb, D. J., Parsons, J. T., & Horwitz, A. F. (2002). Adhesion assembly, disassembly and turnover in migrating cells-over and over and over again. *Nat Cell Biol*, 4(4), E97-100.

Webster, M. J., Ungerleider, L. G., & Bachevalier, J. (1995). Development and plasticity of the neural circuitry underlying visual recognition memory. *Can J Physiol Pharmacol*, 73(9), 1364-1371.

Wei, F., Wang, G. D., Kerchner, G. A., Kim, S. J., Xu, H. M., Chen, Z. F., et al. (2001). Genetic enhancement of inflammatory pain by forebrain NR2B over-expression. *Nat Neurosci*, 4(2), 164-169.

Weliky, M., & Katz, L. C. (1997). Disruption of orientation tuning in visual cortex by artificially correlated neuronal activity. *Nature*, 386(6626), 680-685.

Welker, E. (2000). Developmental plasticity: to preserve the individual or to create a new species? Novartis Found Symp, 228, 227-235; discussion 235-239.

Wells, M. J. (1966). Learning in the octopus. *Symp Soc Exp Biol*, 20, 477-507.

Wessler, I., Kirkpatrick, C. J., & Racke, K. (1999). The cholinergic "pitfall": acetylcholine, a universal cell molecule in biological systems, including humans. *Clin Exp Pharmacol Physiol*, 26(3), 198-205.

White, J. G., Southgate, E., Thomson, J. N., & Brenner, S. (1986). The structure of the ventral nerve cord of Caenorhabditis elegans. *Philos Trans R Soc Lond B Biol Sci* (1165), 1-340.

Whiten, A., Goodall, J., McGrew, W. C., Nishida, T., Reynolds, V., Sugiyama, Y., et al. (1999). Cultures in chimpanzees. *Nature*, 399(6737), 682-685.

Whorf, B. L. (1975[1956]). The organization of reality. In S. Rogers (ed.), *Children and language*. New York: Oxford University Press.

Wickett, J. C., Vernon, P. A., & Lee, D. H. (2000). Relationships between factors of intelligence and brain volume. *Personality & Individual Differences*, 29(6), 1095-1122.

Wiesel, T. N., & Hubel, D. H. (1963). Single-cell responses in striate cortex of very young, visually inexperienced kittens. *J Neurophysiol*, 26, 1003-1017.

Wild, J. M. (1997). Neural pathways for the control of birdsong production. *J Neurobiol*, 33(5), 653-670.

Williams, N. A., & Holland, P. W. (2000). An amphioxus Emx homeobox gene reveals duplication during vertebrate evolution. *Mol Biol Evol*, 17(10), 1520-1528.

Wilmut, I., Schnieke, A. E., McWhir, J., Kind, A. J., & Campbell, K. H. (1997). Viable offspring derived from fetal and adult mammalian cells. *Nature*, 385(6619), 810-813.

Wilson, A. C., & Sarich, V. M. (1969). A molecular time scale for human evolution. *Proc Natl Acad Sci USA*, 63(4), 1088-1093.

Wilmmer, H., & Perner, J. (1983). Beliefs about beliefs: representation and constraining function of wrong beliefs in young childrens' understanding of deception. *Cognition*, 13(1), 103 - 128.

Winsberg, B. G., & Comings, D. E. (1999). Association of the dopamine transporter gene (DAT1) with poor methylphenidate response. *J Am Acad Child Adolesc Psych*, 38(12), 1474 - 1477.

Wise, R. J., Scott, S. K, Blank, S. C., Mummery, C. J., Murphy, K., & Warburton, E. A. (2001). Separate neural subsystems within "Wernicke's area." *Brain*, 124(Pt 1), 83 - 95.

Wo, Z. G., & Oswald, R. E. (1995). Unraveling the modular design of glutamate - gated ion channels. *Trends Neurosci*, 18(4), 161 - 168.

Wong, R. O. (1999). Retinal waves and visual system development. *Annu Rev Neurosci*, 22, 29 - 47.

Wynn, K. (1992). Addition and subtraction by human infants. *Nature*, 358, 749 - 750.

Wynn, K. (2002). Do infants have numerical expectations or just perceptual preferences? Comment. *Dev Sci*, 5(2), 207 - 209.

Xue, H. (1998). Identification of major phylogenetic branches of inhibitory ligandgated channel receptors. *J Mol Evol*, 47(3), 323 - 333.

Young, L. J., Nilsen, R., Waymire, K. G., MacGregor, G. R., & Insel, T. R. (1999). Increased affiliative response to vasopressin in mice expressing the V1a receptor from a monogamous vole. *Nature*, 400(6746), 766 - 768.

Younossi - Hartenstein, A., Jones, M., & Hartenstein, V. (2001). Embryonic development of the nervous system of the temnocephalid flatworm Craspedella pedum *J Comp Neurol*, 434(1), 56 - 68.

Zatorre, R. J. (2001). Neural specializations for tonal processing. *Ann NY Acad Sci*, 930, 193 - 210.

Zhang, J., Webb, D. M., & Podlaha, O. (2002). Accelerated protein evolution and origins of human - specific features: *Foxp2* as an example. *Genetics*, 162(4), 1825 - 1835.

Zhang, L. I., & Poo, M. M. (2001). Electrical activity and development of neural circuits. *Nat Neurosci*, 4 Suppl, 1207 - 1214.

(도판의 출처)

Illustration by Tim Fedak p. 28 도개교 실험, p. 48 성인과 신생아의 뇌, p. 80 DNA 복제 과정, p. 82 DNA에서 RAN로 그리고 단백질로, p. 97 뉴런, p. 99 뉴런은 다른 세포와 얼마나 닮았나, p. 105 그래디언트는 신경의 발달 과정을 지시한다, p. 129 성장 뿔, p. 164 초파리와 쥐의 *Hox* 유전자
Courtesy of Estela O'Brien and Ehud Kaplan, Mt. Sinai School of Medicine p. 50 시각우세기둥
Drawing from Ernst Haekel(1866) p. 69 여덟 동물 종의 배아 발달 단계
Reprinted by permission of Matt Davies and Tribune Media Services p. 73 21세기 식으로 업데이트된 특성 이론
C. Kenyon, by permission of the author and the company of biologist J. Rubenstein and O. Marin, by permission of the author and *Nature Neuroscience* p. 103 벌레와 쥐의 신경계 발달 과정에서의 이동 경로
Illustration by Leah Krubitzer, reprinted by permission p. 168 포유류들의 피질 영역

(찾아보기)

• (f)는 도판, (g)는 용어 설명

ㄱ

GABA(감마아미노부티르산) 158
가모브, 조지(Gamow, George) 80~81
가브리엘, 피터(Gabriel, Peter) 43
가자니가, 마이클(Gazzaniga, Michael) 126
갈리스텔, 랜디(Gallistel, Randy) 35, 141
개 33, 35
개로드, 사이먼(Garrod, Simon) 74
개미 93
개인차 16, 17, 20, 265(g)
게놈 265(g)
  ~의 정의 13 / ~의 크기 208 / 동물의 ~ 111~112 / 압축된 암호로서의 ~ 206~214 / 요리법으로서의 ~ 23, 85, 134, 225, 226 / 인간의 ~ 14, 25, 109, 111, 209, 239 / 청사진과 ~ 7, 12~15, 67, 91~92, 112, 127~128, 134, 214, 220, 224, 226, 228, 229, 236, 239~240 / 클론과 ~ 211 / 특성과 ~ 240~241
게링, 발터(Gehring, Walter) 87
겸상 적혈구성 빈혈 76, 82~83, 265(g)
경험
  ~에 따라 변형되는 유전자 발현 10~11, 136, 228 / 뇌 발달과 ~ 136~138
  → 본성과 양육
경험론(후천론), 경험론자 200
계획적 세포사(死) 100, 101, 265(g)
고래 136, 138

고릴라 178
고양이 11, 49~51, 57, 74, 137, 159, 167
고정 배선(hardwired) 23, 38, 112, 265(g)
괴데케, 임케(Gödecke, Imke) 51
관리 유전자(housekeeping genes) 106, 112
구애행동 33~34, 108, 115, 182, 209
군소해삼 114
굵은꼬리던아트 52
굿맨, 코리(Goodman, Corey) 14
그래디언트(gradients) 104~105, 105(f), 119, 120, 209, 213~214, 265(g)
그로브, 엘리자베스(Grove, Elizabeth) 104
그레이, 존(Gray, John) 236
그리어, 조이(Greer, Joy) 108
그리피스, 프레더릭(Griffiths, Frederic) 77
근영양실조 76, 101, 245, 265(g)
근위축증(루게릭 병) 76, 265(g)
글라이트만, 릴라(Gleitman, Lila) 171, 172
기억
  ~ 손상 142~143 / ~ 향상 138 / ~의 유전적 성분 140~142 / 뇌 배선과 ~ 138~143 / 시냅스 강화와 ~ 138~139, 142 / 언어와 ~ 172~175 / 장기~ 140 / 학습과 ~ 138
기억상실 140
기초국지지도탐색도구 → BLAST
기호언어 45
꿀벌 36

ㄴ

나자르, 실비아(Nasar, Sylvia) 240
나치, 티에리(Nazzi, Thierry) 32
난독증 109, 185, 265(g)
낭포성 섬유증 230, 245
내부 소통 신호들 157~160
내시, 존(Nash, John) 240
내측무릎핵(medial geniculate nucleus, MGN) 56, 265(g)
넉아웃 기법(knockout techniques) 106, 108, 249~250, 251, 252
  ~ 처리된 쥐 108
네빌, 헬렌(Neville, Helen) 57
『네이처Nature』 40
『놀라운 가설The Astonishing Hypothesis』 7
뇌량(corpus callosum) 10, 126~127, 161, 169, 178, 179, 266(g)
뇌 손상
  ~ 연구 177, 183 / ~ 회복 64 / ~과 미엘린 162 / ~과 언어 60 / ~과 인지 8, 57 / 장애와 ~ 109
뇌영상 251, 266(g)
뇌
  ~ 손상 8, 57, 60, 64, 109, 162, 177, 183 / ~ 촬영 기술 176 / ~의 구조 100 / ~의 유연성 29~130 / ~의 크기 177 / 그리스어 기원 100 / 인간의 ~ 162 / 뇌종양 230 / 우뇌 8, 57, 127, 163, 178 / 우반구 10, 126, 127 / 전뇌 100, 129, 145, 162, 163, 165 / 좌반구 10, 126, 127 / 좌뇌 8, 57, 163, 176, 178, 200 / 중뇌 100, 162, 163, 164, 203, 214 / 후뇌 100, 129, 162, 163, 164 / 뇌량 126~127, 265(g)
  → 해마

뇌의 구조
  ~에 대한 유전자의 영향 8~9, 120 / 경험과 ~ 58, 65 / 물리적 체계로서의 ~ 8, 95~96 / 베르니케 영역 176, 177, 178, 179 / 브로카 영역 146, 176~178 / 언어 영역 176~177, 179 / 인간의 ~ 22, 47~48, 133, 163, 165
뇌의 발달
  ~에서의 선천성과 유연성 134~136, 199~201 / ~에서의 유전자의 역할 23, 102~103, 138, 200~201 / ~의 개요 99~100, 121~123 / 경험과 ~ 48~49, 52~53, 136~138
뇌의 배선 125~152
  ~의 중요성 125~127 / 개요 151~152 / 기억과 ~ 138~143 / 내부적으로 가동된 신경 활동 52 / 뇌량과 ~ 126~127 / 사전 배선 대 재배선 47~51 / 스스로 만들어낸 경험 150 / 인지 구조와 ~ 214~220 / 재배선 64, 136~138 / 학습과 ~ 136~138, 143~151
뇌의 진화
  ~의 개요 8, 154~157 / 내부 소통 신호들 157~160 / 유전자 진화와 ~ 157, 160 / 중앙 집중화와 좌우 분할 160~162 / 포유류의 뇌 135, 161~163, 165, 166~167 / Emx 유전자와 ~ 163~165
뇌저(basal ganglia) 163, 266(g)
뇌하수체 86
뇌회(convolution) 10, 100, 266(g)
뇌회결손증(lissencephaly) 100, 266(g)
뉴런 97(f), 99(f), 266(g)
  ~ 유도 132~133 / ~의 기능 100~101, 138 / ~의 이동 102~103 / ~의 정의

97~99 / 내부적으로 가동된 신경 활동 52 / 수가 거의 변하지 않는 뇌의 ~ 60 / 언어와 ~ 195 / 유연성 22 / 체성감각 ~ 55, 201 / 홍분성 ~ 132
뉴로트로핀 166, 266(g)
뉴로펩티드 158
뉴클레오티드 208, 239~240, 246, 248, 266(g) ~의 정의 78 / 아미노산으로 해독되는 ~ 80~81 / 유전자의 진화와 ~ 82, 154 / 인간 게놈의 ~ 193~194, 211
뉴포트, 엘리사(Newport, Elissa) 39
능력 26, 254, 266(g)
늦참새 227

ㄷ

다단백질(polyprotein) 114
다비도프, 줄스(Davidoff, Jules) 173
다운 증후군 155
다윈, 찰스(Darwin, Charles) 170
다이아몬드, 재러드(Diamond, Jared) 153, 169, 192
다중 동맥경화 162
단기기억 140, 142, 266(g)
단독 유전자
~의 발현 223 / 유전자의 조절 방법과 ~ 184 / 장애와 ~ 109, 117~119, 182~183, 184, 196~198 / 행동과 ~ 112~116
단백질 266(g)
~ 주형 77, 81~83, 266(g) / ~의 기능을 결정하는 것 / ~의 정의 76 / 신호 ~ 104, 159 / 조절 ~ 155, 87, 198, 225
단백질 주형 이론 71, 75~83
단백질 합성 267(g)
달링턴, 리처드(Darlington, Richard) 168~169

닭에 대한 연구 34
담낭 섬유종 76, 267(g)
대뇌 마비 65, 100, 109
대뇌피질 47, 102, 119, 142, 267(g)
대장균(E. coli, Escherichia coli) 267(g)
던롭, 사라(Dunlop, Sarah) 52
덮개(tectum) 203, 267(g)
데이비스, 매트(Davis, Matt) 73, 112
데이터베이스
유전병에 대한 ~ 245 / 유전학 연구를 위한 ~ 254
데컨, 테렌스(Deacon, Terrence) 56
THEN 주형 영역 267(g)
도개교 실험 28~29, 28(f)
『도대체 내 생쥐의 문제는 뭐야? What's Wrong with My Mouse?』 249
도킨스, 리처드(Dawkins, Richard) 85, 156
독립의 법칙 242
돌연변이(mutation) 267(g)
~와 유전자 154, 155, 161 / ~의 종류 154 / 진화에서의 의미 154 / 호메오 유전자 142 / DNA ~ 193
돌턴, 존(Dalton, John) 122
동등 잠재력(equipotentiality) 63, 267(g)
동물
~의 게놈 111~112 / ~의 선천적 능력들 33~34 / ~의 학습 능력 34~38 / 문화와 ~ 41~42 / 언어와 ~ 43~44, 177~179
동물 실험 9, 52, 57, 253
동물 모델 282, 267(g)
되부름(recursion) 189, 267(g)
두 가지 역설 199
→ 유연성, 본성

두첸 근영양실조 245
드루얀, 앤(Druyan, Ann) 194
드에인, 스타니슬라스(Dehaene, Stanislas) 11
드카스퍼, 앤서니(DeCasper, Anthony) 48
DSCAM 210
DNA(디옥시리보핵산) 267(g)
 ~의 발견 77~78 / ~의 복제 79~80,
 80(f), 81, 82(f) / 분자시계로서의 ~ 193 /
 CpG 섬과 ~ 194 / 아미노산으로 해독되
 는 ~ 80~81 / 염기 78~80 / 유전의 분
 자적 기반으로서 ~ 78 / 이중나선 구조로
 된 ~ 79 / 정크 ~ 248 / 지문과 ~ 16,
 17, 20, 207 / 청사진으로서의 ~ 7,
 12~15, 67, 91~92, 112, 127~128, 134,
 214, 220, 224, 226, 228, 229, 236,
 239~240

ㄹ

라이, 세실리아(Lai, Cecilia) 197
라이트, 스티븐(Wright, Steven) 47
랜더, 에릭(lander, Eric) 247
레틴산 202, 268(g)
레스탁, 리처드(Restak, Richard) 95
레너, 막스(Renner, Max) 37
Robo 유전자 131, 268(g)
로저, 제니(Rodger, Jenny) 204
루게릭 병 76
루벤스타인, 존(Rubenstein, John) 53, 102
루오, 리컨(Luo, Liqun) 142
리보핵산 → RNA
리처드슨, 윌리엄(Richardson, William) 161
리처슨, 피터(Richerson, Peter) 41
RIKEN 발달생물학 센터 202
리탈린 96, 232

릴린(reelin) 유전자 166, 268(g)

ㅁ

MAO-A 효소 237
마이크로탈미아 관련 전사 인자(MITF,
 microphthalmia-associated transcription
 factor) 184
마크맨, 엘런(Markman, Ellen) 44
마틴, 스티브(Martin, Steve) 30
말러, 피터(Mahler, Peter) 35
말릭, 케난(Malik, Kenan) 236
말초신경계 163
막 → 세포막
말(語)
 ~ 능력 195 / ~ 장애 185, 195, 196~197
 / 아기들과 ~ 42
망막 53, 56, 61~62, 101, 150, 165, 203, 213,
 215, 220, 268(g)
 ~과 축색돌기 203
『맥스위니즈*McSweeney's*』 9, 240
머피, 데니스(Murphy, Dennis) 108
메낭, 루이(Menand, Louis) 9
메더워, 피터(Medawar, Peter) 20
메르제니치, 마이클(Merzenich, Michael) 58
메뚜기 14, 211
〈메리는 작은 양 한 마리 갖고 있지*Mary Had
 a Little Lamb*〉 49
멘델, 그레고르(Mendel, Gregor) 72~75, 78,
 80, 106, 242, 245, 252
멘탈리즈 171, 174
멜러, 자크(Mehler, Jacques) 32
멜빌, 허먼(Melville, Herman) 96
멜조프, 앤드류(Meltzoff, Andrew) 40
모건, 토머스 헌트(Morgan, Thomas Hunt) 242

〈모나 리자Mona Lisa〉(다 빈치) 216~218
모나코, 앤서니(Monaco, Anthony) 197
모노, 자크(Monod, Jacques) 83~84
모리슨, 글렌(Morrison, Glenn) 146
모듈(정신 모듈) 118, 145
모듈 이론(modularity hypothesis) 183, 186, 168(f), 179
    언어 모듈 180
모방 40, 162, 177
『모자 속의 고양이Cat in the Hat』 48~49
모튼, 존(Morton, John) 31
모트너(Mauthner) 뉴런 137, 268(g)
모티프 250
모핏, 테리(Moffit, Terrie) 237~238
무나카타, 유코(Munakata, Yuko) 30
무척추동물 161
문어 162
물질대사 106, 268(g)
물체 영속성(object permanence) 27~30, 132
물체 인식 56, 268(g)
미세원주(minicolumns) 179
미셔, 프리드리히(Miescher, Friedrich) 77~78
미엘린 162, 268(g)
미토콘드리아 98, 268(g)

ㅂ

바르가 카뎀, 파라네(Varga-Khadem, Faraneh) 65, 197
바서만, 스탠리(Wasserman, Stanley) 28
바소프레신 108, 115, 233, 268(g)
바우플랜(Bauplan) 225
박쥐의 피질 영역 168(f)
반 데르 로에, 미스(van der Rohe, Mies) 239

반 데어 렐리, 헤더(van der Lely, Heather) 186
반 데어 쿠이, 데렉(van der Kooy, Derek) 146
반디 라오, 쇼바(Bandi Rao, Shoba)
반(反)선천론자 65
반사행동 252, 268(g)
발달인지신경과학 237
발달 조절 205
발드윈, 데어(Baldwin, Dare) 187
발라반, 에번(Balaban, Evan) 63
방의 측정 체계 36~37, 268(g)
방향성 지도(orientation map) 51, 269(g)
배관 호르몬 → ELH
배아 52, 59, 63, 67~70, 68(f), 86, 89, 91, 92, 105, 106, 117, 119, 129, 132, 150, 151, 16, 166, 204~205, 211, 222~224, 230, 233, 269(g)
백색질 10, 179, 269(g)
뱀눈나비(Bicyclus anyana) 87~88, 223, 237
버들솔딱새 33
버크민스터 풀러(Buckminster Fuller, R.) 25
번역(translation) 84, 115, 126, 240, 243
벌레
    ~에서의 세포 이동 90~91, 102, 103(f) /
    ~의 학습 본능 35, 38
    → 예쁜꼬마선충, 편형동물
베르니케 영역(Wernicke's area) 176, 177, 178, 179
베르커, 재닛(Werker, Janet) 32
베이츠, 엘리자베스(Bates, Elizabeth) 58, 63
베이트슨, 패트릭(Bateson, Patrick) 85
베일라전, 르네(Baillargeon, Renée) 28, 188,
벡터 기반 형식의 그림 207
보이드, 로버트(Boyd, Robert) 41
보편문법(UG, Universal Grammar) 45,

찾아보기   349

269(g)
본성
~ 대 양육 논쟁 15 ~의 정의 222~226 /
뇌 발달의 ~ 179 / 동물의 ~ 32~34 / 모
방과 ~ 40 / 선천성 16, 52, 179, 270(g)
/ 언어와 ~ 42~45 / 학습과 ~ 37 / ~과
유연성 199, 200, 205
→ 선천론, 본성과 양육
본성과 양육(nature and nurture) 221~238
~의 개요 15, 20 / 아기들과 ~ 32 / 청사
진과 ~ 7, 12~15, 67, 91~92, 112,
127~128, 134, 214, 220, 224, 226, 228,
229, 236, 239~240 / 출생 후의 발달에서의
~ 51, 223~224 / 협동하는 ~ 221~222
→ 경험, 유연성, 본성
본회퍼, 토비아스(Bonhoeffer, Tobias) 51
불루마노스, 아테나(Vouloumanos, Athena)
32
분자시계 193
분자 표지 92
북미멋쟁이새 35~36, 144, 227
분할 뇌 환자 126~127
『뷰티풀 마인드A Beautiful Mind』 240
브로카 영역(Broca's area) 146, 176, 178
브라운, 로저(Brown, Roger) 44
블룸, 폴(Bloom, Paul) 186
브레너, 시드니(Brenner, Sydney) 90
비들, 에드워드(Beadle, Edward) 75, 249
비만 12, 117
비비 원숭이 41, 207
비어스, 앰브로즈(Bierce, Ambrose) 47
BRCA1(암 유전자) 193
BLAST(Basic Local Alignment Search Tool,
기초국지지도탐색도구) 254

비젤, 토스텐(Wiesel, Torsten) 49~50
비즐리, 린(Beazley, Lyn) 52
비커튼, 데렉(Bickerton, Derek) 258
비트맵 211, 267

ㅅ

4대 세포 활동 92, 102
사상족(filodopia) 128, 129, 269(g)
『사이언스 Science』 237
사전 배선 23, 36, 38, 269(g)
→ 고정 배선
사폴스키, 로버트(Sapolsky, Robert) 231
사프란, 제니(Saffran, Jenny) 39
사회적 인지 186~188, 269(g)
사회적 행동 107, 108, 115~116
상소구(superior colliculus) 55, 56, 62,
269(g)
상피 세포 98, 269(g)
샤르가프, 에르빈(Chargaff, Erwin) 78, 79
샤르가프의 법칙 79
새
~의 뇌 165 / ~의 진화 161, 163 / ~의
해마 165 / 노래 학습 38 / 북미멋쟁이새
35~36, 144, 227 / 올빼미 148
색(色)
~을 보는 능력 156 / 언어와 ~ 173 / 유전
자 중복과 ~ 156 / 피부와 ~ 74
샴 고양이 74
선조체(striatum) 103, 269(g)
선천론(선천론자) 200, 269(g)
선충 → 예쁜꼬마선충
선택적 접합절단 210, 269(g)
선택적 유전자 162
설리번, 해리 스택(Sullivan, Harry Stackk) 19

성도(vocal tract) 145, 159, 270(g)
성 프란체스코(Saint Francisco) 123
성장뿔(growth cone) 128~131, 129(f), 134, 237, 270(g)
세눈박이 개구리 52
세로토닌 108, 110, 111, 158, 270(g)
세마포린 165
세브리아, 프란세스(Cebria, Francesc) 202
세즈노브스키, 테렌스(Sejnowski, Terrence) 58
세포 270(g)
~ 분화 101, 230, 270(g) / ~막 98 / ~사(死, apoptosis) 100, 101, 102, 106 / ~의 수상돌기 97, 128, 131~133 / ~의 유연성 60~61 / ~의 전문화 85 / ~ 이동 102, 137, 270(g) / ~ 의식 61, 231 / 신경교~ 102, 161
세포 부착 분자(cell adhesion molecule) 130, 140, 166, 270(g)
세포골격(cytoskeleton) 99, 270(g)
세포벽 77, 155
세포분열(cell division) 86, 100, 102, 121, 270(g)
세포소기관(organelle) 98, 270(g)
셰익스피어, 윌리엄(Shakespeare, William) 96
소콜로브스키, 말라(Sokolowski, Marla) 107
손더스, 존 주니어(Saunders, John Jr.) 92
솜털모자팽세원숭이 34, 40
수르, 음리강카(Sur, Mriganka) 56
수상돌기 97, 128, 131~133, 270(g)
수용기 71, 77, 91, 139~142, 147, 150, 158, 165, 166, 182, 183, 191, 225, 231, 232, 270(g)
쉬도프, 토마스(Südhof, Thomas) 53~54

스멀리안, 레이먼드(Smullyan, Raymond) 187
〈스타워즈〉 19, 257
스터터번트, 앨프리드(Sturtevant, Alfred) 242~246
〈스터핏 익스팬더 Stuffit Expander〉 207
스페리, 로저(Sperry, Roger) 126~127
스펜스, 멜라니(Spence, Melanie) 48
스펠크, 엘리자베스(Spelke, Elizabeth) 28
스포크, 벤저민(Spock, Benjamin) 69
습관화 35~37, 146~147, 270(g)
시각
 ~ 상실 50 / 뇌의 ~ 전달 통로 53 / 동물의 ~ 203 / 색깔 156
 → 시각우세기둥
시각피질 50, 51, 55, 57, 60, 135, 149, 167, 201, 215, 271(g)
시각우세기둥(ocular dominance columns) 50~51, 50(f), 52, 135, 149, 199, 222, 271(g)
 ~의 발달 51~53 / ~의 정의 50 / 시각 상실과 ~ 50
시냅스(synapse) 225, 271(g)
 ~ 강화(synaptic strengthening) 227, 271(g)
시상(thalamus) 271(g)
시신경 271(g)
시크리드 물고기 137, 228
신경 교세포 102, 161, 271(g)
신경 세포 → 뉴런
신경 전달(neurotransmission) 53
신경망 10, 134, 160, 218~220, 271(g)
신경섬유종 147, 271(g)
신경전달물질(neurotransmitter) 96, 103,

110, 114, 116, 139, 140, 142, 158, 160, 225, 231, 232, 237, 271(g)
신진대사 75, 118, 183, 225, 237
신피질 166, 168, 177, 271(g)
신호
 ~ 단백질 104, 159 / ~로서의 아드레날린 159 / ~의 개요 158 / 내부 소통 ~ 157~160 / 신경전달물질 96, 103, 110, 114, 116, 139, 140, 142, 158, 160, 225, 231, 232, 237, 272(g) / 장소 ~ 201 / 분자 ~ 158, 166, 201, 213 / 전기적 ~ 160
실행 26, 272(g)
〈심시티SimCity〉 215
싱어, 피터(Singer, Peter) 257
Ced 유전자 106
CpG 섬 194, 272(g)

ㅇ

아가타, 기요카즈(Agata, Kiyokazu) 202
아기
 ~의 뇌 구조 47~49, 48(f) / ~의 인지 발달 22, 48~49, 224 / ~의 학습 능력 25~30, 31, 32, 38~40, 48~49, 186, 188 / 언어와 ~ 32, 38~40, 42~45, 186~187 / 지능과 ~ 25
아드레날린 159, 272(g)
아리스토텔레스(Aristotle) 99
아미노산 76, 80, 81, 107, 110, 114, 154, 155, 193, 197, 248, 250, 251, 272(g)
아세틸콜린 158
아이삭슨, 올레(Isacson, Ole) 56
IQ 16~20, 72, 178, 202, 236~237, 238
알비노 증후군 75
RNA(리보핵산) 85, 272(g)

알츠하이머 병 109
알캅톤뇨증 75, 272(g)
알코올 중독 241
암 유전자 193
압축 206~212, 272(g)
약물
 ~이 세포사에 미치는 영향 101 / 개인의 유전형에 따라 맞춤 제작된 ~ 231 / 약제 96 / 프로작 8, 96
약물 유전학(pharmacogenetics) 231
양전자 방출 단층 촬영(PET, Positron Emission Tomography) 176
양육(nurture) 226~229 → 본성과 양육
애버리, 오스왈드(Avery, Oswald) 77, 78
애슬린, 딕(Aslin, Dick) 39
앨런, 우디(Allen, Woody) 187
언어
 ~ 능력 57, 96, 109, 127, 183 / ~ 장애 14, 118, 185, 186, 195, 197, 227, 253 / ~를 사용하는 능력 190, 195 / ~에 대한 인간의 자질 42~45 / ~의 기원 175 / ~의 진화 175~176, 181, 191, 196 / 기억과 ~ 172~174 / 기호 ~ 43, 44 / 뇌와 ~ 176~179 / 동물과 ~ 43, 145 / 되부름과 ~ 189~190 / 문화와 ~ 44 / 사고(思考)와 ~ 172 / 사회적 인지와 ~ 186~189 / 새로운 단어의 학습 43~44 / 습득 20, 44~45, 188, 189, 192, 272(g) / 시각과 ~ 173 / 유전자와 ~ 180, 195 / 타고난 ~ 대 학습된 ~ 45
언어 본능 11~12, 45
언어 습득 기제 44~45
언어 유전자 195~197
얼굴 실인증 253

에를리히, 폴(Ehrlich, Paul) 8~9, 14, 22
에프린 165
Fmr1 유전자 111
FOXP2 유전자 185, 197~198, 254, 272(g)
FGFRL1 203
FGF8 104~105, 272(g)
X 결함 증후군 111, 272(g)
X레이 결정분광학 250, 251
Ndk 유전자 203
NMDA 수용기 140, 150, 227, 233, 272(g)
엔젤만 증후군 109
npr 유전자 107
엘먼, 제프리(Elman, Jeffrey) 58
LMAN 145
LTP → 장기 시냅스 강화
Emx 유전자 104, 118, 119, 135, 165, 272(g)
MITF → 마이크로탈미아 관련 전사 인자
MRI(자기공명영상) 176
여분 현상(redundancy) 201
연계성 246~247
연계법(유전학에서의) 247, 251, 272(g)
연관 학습 146, 227, 273(g)
연관도 273(g)
연관화(심리학에서의) 35, 147, 273(g)
연속적 분화 68, 70, 99, 273(g)
연쇄 고리 222, 273(g)
염색체 19, 154, 155, 156, 243~24, 273(g)
영, 래리(Young, Larry) 107~108, 115
영구기억 141~142
염기 79~80
염기서열 239, 246, 248
예쁜꼬마선충(*C. elegans, Caenorhabditis elegans*) 273(g)
~의 성장 88 / ~의 신경 배선 128 / ~의

학습기제 146 / ~의 행태 연구 107
예정 세포 91~92, 201, 273(g)
오랑우탄 41, 175
오리너구리 168(f)
오리어리, 데니스(O'Leary, Dennis) 55
Otx 유전자 165, 273(g)
온라인 인간 멘델 유전(데이터베이스) 245
올-빼미 148
올-빼미원숭이 163(f)
Y염색체 19, 273(g)
『왕과 쥐와 치즈*King, the Mice, and the Cheese*』 48
우반구 10, 126, 127, 273(g)
우열의 법칙 73
우울증 241, 247
운동 뉴런 127, 132, 161, 273(g)
운동 통제 126, 177, 180, 190, 195, 273(g)
원숭이 70, 86, 137, 198
~의 뇌 149, 167, 178 / ~의 시각우세기둥 150 / ~의 피질 56, 58, 144 / ~ 신경 발달 169 / 비비 ~ 41, 207 / 언어와 ~ 40, 42~43, 172 / 오랑우탄 41, 175 / 학습 능력과 ~ 34, 40
→ 침팬지
원통 영역(barrel fields) 134~135, 274(g)
월시, 크리스토퍼(Walsh, Christopher) 102
왓슨, 제임스(Watson, James) 9, 11, 79, 122, 242, 261
왓슨, 존 B.(Watson, John B.) 3, 35
위버, 얼(Weaver, Earl) 125
윈, 카렌(Wynn, Karen) 29
윌리엄스 증후군 227, 274(g)
윌슨, 앨런(Wilson, Allan) 193
윌킨스, 모리스(Wilkins, Maurice) 79

유연성
　~ 역설 22, 199, 200, 205 / 뇌 발달과 ~ 58, 214 / 뇌의 ~ 59, 201, 214 / 발달 유연성 202, 203, 204 / 세포의 ~ 61~63, 90, 92 / 신경 ~ 22 / 원통 영역과 ~ 134~135 / 재생산과 ~ 202 / 조절 발달과 ~ 64~65 134, 136, 201, 204~205, 214
유일 표지 유전자 논쟁 118~120
유전(heredity)
　~ 여부의 결정 16~18 / ~과 독립의 법칙 242 / ~과 우열의 법칙 73 / ~에 대한 연구 72~73 / DNA와 ~ 79~80 / 장애와 ~ 74~75 / 환경과 ~ 16
유전력(heritability) 16~20, 116, 274(g)
유전자 274(g)
　~ 전사 81 / ~ 조절 274(g) / ~ 중복 154~156, 274(g) / ~ 치료 231 / ~ 향상 234 / ~와 발달 / ~와 진화 154~169, 180, 215~220 / ~ 넉아웃 기법 106, 108 / ~ 돌연변이 142, 155, 191, 193 / ~의 발견 74 / ~의 역사 111 / 4대 세포 활동과 ~ 102 / 경험에 의해 변형되는 ~ 136 / 학습과 ~ 136 / CpG 섬에 의해 조절되는 ~ 194 / 뇌 발달과 ~ 9~10, 23, 102~106, 162 / 단백질 기능과 ~ 114~115 / 단백질 주형으로서의 ~ 71, 77~80 / 신호 ~ 209 / 약제 처방과 ~ 231 / 요리법으로서의 ~ 23, 85, 134, 225, 226 / 의사 ~ 209 / 자율적 행위자로서의 ~ 71, 85 / 정신과 ~ 111~121, 221~222 / 정크 DNA와 ~ 248 / 조절 ~ 163 / 주통제 ~ 82, 87, 115, 118, 162, 164, 212, 277(g) / 특성과 ~ 71~74, 112~113, 115, 240~241 / 표지 ~ 118~120, 244 / 표지로서의 ~ 118~119 / 피질과 ~ 120 / 행동과 ~ 112~116 / 환경과 ~ 137~138, 221, 223~224 / 효소와 ~ 71, 74~76
　→ 단독 유전자
유전자 발현 102, 131, 138, 140, 147, 161, 184, 201, 204, 208, 224, 228, 274(g)
유전자 부족(gene shortage) 8, 12, 14, 22, 212, 214, 222, 274(g)
유전형 118, 223, 274(g)
음악의 이해 176
이란성 쌍둥이 10, 17, 116, 240, 274(g)
　→ 일란성 쌍둥이
ELH 유전자 114~115, 274(g)
이온 채널 158
이중 해리 183
Eph 수용기 213~214
IF-THEN 85~88, 274(g)
　~의 개요 84 / 세포의 계통과 ~ 86, 91~92 / 유전자 치료와 ~ 231 / 조절 IF 영역 87~88, 198, 225, 229, 238, 240
인간
　~ 게놈 109, 111 / ~ 뇌의 독특한 면 57 / ~의 뇌 구조 133, 163, 165 / ~의 모방 능력 40, 162, 177 / ~의 언어 능력 57, 96, 109, 127, 183 / ~의 유전자 향상 234 / 침팬지와 ~ 43, 45, 153, 170, 177, 187, 192, 194, 195, 198
인간 게놈 → 게놈
인간 게놈 프로젝트(Human Genome Project) 133, 239~240, 251, 274(g)
인간 프로테옴 프로젝트(Human Proteome Project) 251
인간 형체 프로젝트(Visible Human Project)

208
『인간을 다시 만들다 Redesigning Humans』 233
인슐린 76, 93, 106, 159, 275(g)
인젤, 톰(Insel, Tom) 107~108, 115
인지
  뇌 손상과 ~ 8, 57 / 사회적 ~ 65, 186, 191 / 신경 구조와 ~ 215~220 / 아기들의 ~ 22, 48~49, 224 / 유전학과 ~ 253
인지신경과학 215
일대일 대응 13, 177, 212, 223, 224, 275(g)
일란성 쌍둥이 275(g)
  ~끼리의 차이 14 / ~격 뇌 10, 211 / ~의 특성 234, 240 / 유전력과 ~ 116
  → 이란성 쌍둥이
읽기 능력 127
『잃어버린 조상의 그림자 Shadows of Forgotten Ancestors』 194
입내새 류 38
입력 37, 52, 53, 101, 128, 140, 199, 210, 215, 219~220, 275(g)
  ~ 신호 57~58, 62, 64, 132, 151, 167

ㅈ

자극 30, 57, 101, 104, 114, 132, 135, 137, 144, 215, 228, 275(g)
  → 전기적 자극
자기 공명 영상(MRI, magnetic resonance imaging) 176, 275(g)
자율적 행위자 이론 71, 83~84, 128, 275(g)
자콥, 프랑수아(Jacob, François) 83~84, 180
자폐증 275(g)
  뇌 배선과 ~ 65, 126 / 릴린 유전자와 ~ 126, 166 / 언어와 ~ 189 / 유전자와 ~ 109, 241 / 치료 방법이 거의 없는 ~ 118
장기기억 275(g)
  세포 부착 분자와 ~ 166 / 시냅스 강화와 ~ 138~142 / 언어와 ~ 173~174, 181 / 유전자와 ~ 113, 173~174 / 해마와 ~ 65, 142
장기 시냅스 강화(LTP, long-term potentiation) 113, 139, 142
장애
  ~에 대한 데이터베이스 245 / ~에 대한 복합적 원인 247 / ~에 대한 유전학적 치료 230~232 / 단독 유전자와 ~ 109, 117~119, 182~183, 184, 196~198 / 말과 ~ 185, 195, 196~197 / 선천적 ~ 74~75 / 언어~ 14, 118, 186, 195, 197, 227, 253 / 유전되는 ~ 74~75 / 주형에 생긴 오차와 ~ 82 / 학습 능력 ~ 147 / 행동~ 185, 252 / 효소의 부족과 ~ 75, 185
재킨도프, 레이(Jackendoff, Ray) 191~192
저니건, 조셉 폴(Jernigan, Joseph Paul) 208
적응 42, 51, 56, 63, 129, 135~136, 148, 164, 167 201, 214, 225, 226, 230, 275(g)
전기적 자극(전기 자극) 137, 151, 275(g)
전뇌 100, 129, 145, 162, 163, 165, 275(g)
전달 통로 53, 276(g)
전두피질 104, 164
전두엽 8, 47, 64, 163, 167, 276(g)
  ~ 피질 64, 164, 276(g)
전문화된 학습기제 36~38, 119, 143, 160, 276(g)
전사 81, 276(g)
전성설(preformationism) 13, 68
접합체 70, 276(g)

정신(마음)
    ~에 대한 뇌의 영향 8~9, 106, 109~112 / ~
    에 대한 유전자의 영향 7~8, 96, 121,
    222~226 / ~의 독특함 121 / 유전력 수치 19
    → 사고
정신분열증 110, 126, 240~241, 247, 276(g)
정신 활동 9, 45, 101, 182, 232, 276(g)
정신지체 75
    다운 증후군 155 / X 결함 증후군 111,
    273(g) / 엔젤만 증후군 109 / 페닐케톤뇨
    증 75, 109, 279(g)
정중선 127, 276(g)
정크 DNA 248, 276(g)
정형화된 행동양식 276(g)
제브라다니오 물고기(zebrafish) 249
제비 38, 141
JPEG 207, 210
제임스, 빌(James, Bill) 47
조기 발현 유전자(초기 반응 유전자) 137
조절 (IF) 영역 87~88, 198, 225, 229, 238, 240
조절 단백질 87, 198, 225
조절 유전자 163
존슨, 마크(Johnson, Mark) 31
좌뇌 8, 57, 163, 176, 178, 200
좌반구 10, 126, 127, 276(g)
주 통제 유전자 82, 87, 115, 118, 162, 164, 212, 276(g)
주의력 결핍 장애(ADD) 232
줄기세포 61, 230~231, 233, 276(g)
    ~ 치료 230
중뇌 100, 162, 163, 164, 203, 214, 277(g)
중앙신경계 163, 277(g)
『쥐라기 공원 Jurassic Park』 223

쥐
    ~의 게놈 108, 111 / ~의 기억 실험 140
    / ~의 피질 영역 135 / ~의 Hox 유전자
    108, 162~163, 164(f) / 구애 반사행동 33,
    108 / 넉아웃 처리된 ~ 108 / 똑똑한 ~
    140 / 원통 영역 134~135
지능
    ~의 상승 236~237 / ~의 유전력 16~20
    / 뇌 크기와 ~ 178 / 능력 대 실행력 26 /
    아기들의 ~ 25
지문 16, 17, 20, 207
징크 핑거(zinc finger) 250

ㅊ

창고기(amphioxus) 157, 165, 277(g)
채널 77, 158~160, 277(g)
채널 유전자 158
척추동물 119, 133, 150, 156, 161~163,
    165~166, 181, 220, 277(g)
첨가를 통한 구획화 217~218
청각 영역 277(g)
청각피질 56~57, 64, 135
청사진 7, 12~15, 67, 91~92, 112, 127~
    128, 134, 214, 220, 224, 226, 228, 229,
    236, 239~240, 277(g)
체성감각 뉴런 55, 60, 135, 167, 201
체성감각피질 55, 277(g)
체이스, 마사(Chase, Martha) 78
체이스, 존(Chase, John) 73
초기 반응 유전자 142, 145, 277(g)
초파리(Drosophila melanogaster)
    ~의 게놈 111 / ~의 축색돌기 유도 131
    ~133 / ~의 행동 연구 107 / ~의 Hox 유
    전자 164(f) / ~의 후각 체계 182 / 구애

행동 33, 115, 182, 209
촘스키, 놈(Chomsky, Noam) 26, 45, 190, 254
축색돌기(axon) 97(f), 277(g)
~ 유도 분자 277(g) / ~를 위한 유도 131~133 / ~와 성장뿔 128~131, 134 / ~의 기능 58 / 망막 ~ 61~62 / 미엘린 절연과 ~ 132
출력 61, 128, 132, 219~220, 251, 277(g)
~ 신호 156, 220
측두평면 179, 277(g)
침팬지
~의 게놈 23, 153 / ~의 뇌 크기 177~178 / 기호 문자와 ~ 43, 45 / 문화와 ~ 175 / 언어 학습과 ~ 43, 189 / 인간과 ~ 43, 45, 153, 170, 177, 187, 192, 194, 195, 198 / 칸지 43, 44, 189

ㅋ

카밀로프 스미스, 아네트(Karmiloff-Smith, Annette) 119
카스, 존(Kaas, John) 64
카스피, 압살롬(Caspi, Avshalom) 237~238
카츠, 래리(Katz, Larry) 52
카페치, 마리오(Capecchi, Mario) 108
캔들, 에릭(Kandel, Eric) 43
칸지 43, 44, 189
칼맨 증후군 100, 277(g)
CaM 키나아제 II 140, 143, 277(g)
컴퓨터 메모리 206
케라틴 76
코끼리 47, 178, 179
코돈 81, 82
코셀, 알브레히트(Kossel, Albrecht) 78
코페르니쿠스(Copernicus) 95, 121

코핑거, 레이(Coppinger, Ray) 178
콘스탄틴 패튼, 마샤(Constantine-Paton, Martha) 52
콜라겐 76
쿼츠, 스티븐(Quartz, Steven) 58
크누젠, 에릭(Knudsen, Eric) 148
크롤리, 재클린(Crawley, Jacqueline) 249
크롤리, 저스틴(Crowley, Justin) 52
크루비저, 레아(Krubitzer, Leah) 135
크루즈, 욜란다(Cruz, Yolanda) 204
크릭, 프랜시스(Crick, Francis) 7, 11, 79, 122, 246, 261
클론 278(g)
~끼리의 차이 14, 211 / 게놈과 ~ 211, 233, 234 / 하나의 세포에서 비롯한 ~ / 234
키메라 63
키신저, 헨리(Kissinger, Henry) 172
킴블, 주디스(Kimble, Judith) 91
킹, 메리 클레어(King, Mary-Claire) 193

ㅌ

탈습관화 37, 147
테이텀, 조지(Tatum, George) 75, 249
토마셀로, 마이클(Tomasello, Michael) 186
통계적 정보 40, 278(g)
트리 구조 189, 190, 278(g)
트웨인, 마크(Twain, Mark) 241
특성
~의 정의 74 / 변화 가능한 ~ 236~237 / 쌍둥이의 ~ 116, 240 / 염색체와 ~ 240~241 / 유전력과 ~ 16, 17, 13 / 유전자와 ~ 71~74, 112~113, 247
→ 유전

찾아보기 357

특성 이론(Trait Theory) 71, 72~74, 73(f)
특수 언어장애 186, 227, 253, 278(g)
TE 영역 → 하측두피질

ㅍ

파블로프(Pavlov) 139
파킨슨 병 109, 230, 253, 278(g)
파타우 증후군 155
파프, 새뮤얼(Pfaff, Samuel) 132
Pax6 유전자 87, 111, 162, 212, 278(g)
판츠, 로버트(Fantz, Robert) 28
페닐케톤뇨증(PKU, phenylketonuria) 75, 109, 278(g)
폐렴쌍구균 77~78
펠트만, 마커스(Feldman, Marcus) 8
편도체(amygdala) 142, 278(g)
편형동물(扁形動物) 202~203
　~의 진화 161
　→ 벌레
포더, 제리(Fodor, Jerry) 170~171, 174
for 유전자 74, 107
포도당 83~84, 106, 225
포유류 39, 52, 89, 91~92, 133, 204, 205, 233
　~와 벌레 90, 111 / ~와 시각 156 / ~의 신피질 166~167 / ~의 후각계 165 / 뇌 진화와 ~ 135, 149, 161, 163, 168 / 사회적 행동 108, 113 / 인간과 ~ 43~44, 169
포토샵 215~218
『포트누이 씨의 불만 Portnoy's Complaint』 152
폰 바에르, 카를 에른스트(von Baer, Karl Ernst) 70
폴링, 라이너스(Pauling, Linus) 79

표지 유전자 118~120, 244
표현형 118, 223, 278(g)
프랭클린, 로절린드(Franklin, Rosalind) 79
프로작(Prozac) 8, 96
프로테오글리칸 149
프로테옴(proteome) 251(f)
프로토카데린 166, 278(g)
fru 유전자 115, 182, 209, 278(g)
피부색 74
피셔, 사이먼(Fisher, Simon) 197
피아제, 장(Piaget, Jean) 27~29, 188
피조루소, 토마소(Pizzorusso, Tomaso) 149
피질(cortex) 168(f)
　~의 기본적 배치 형태 167~16 168(f) / ~의 발달 53 / 대뇌~ 47, 102, 119, 142, 267(g) / 동등 잠재력과 ~ 63 / 시각~ 50, 51, 55, 57, 60, 135, 149, 167, 201, 215, 271(g) / 신피질 166, 168, 177, 272(g) / 유전자와 ~ 120 / 전두엽 64, 164 / 쥐의 ~ 135, 168(f) / 청각~ 56~57, 64, 135 / 체성감각~ 55, 60, 135, 167, 277(g)
피치, 테쿰세(Fitch, Tecumseh) 190
PKU → 페닐케톤뇨증
핀레이, 바버라(Finley, Barbara) 168~169, 178
핀커, 스티븐(Pinker, Steven) 45, 64, 171, 174

ㅎ

하비, 윌리엄(Harvey, William) 122
하우저, 마크(Hauser, Marc) 34, 189
하측두피질(TE) 56
학습
　~에 대한 본능 35, 38 / ~으로서의 습관

화 146~147 / ~으로서의 연관화
146~147 / ~의 도구로서의 언어 145 / ~
의 전문기제 36~38, 119 / 기억과 ~ 138,
143 / 나이가 들면 능력이 떨어지는 ~ 147
/ 뇌 배선과 ~ 136~138 / 동물과 ~ 137,
144~145 / 모방 능력과 ~ 40, 162, 177 /
유전자와 ~ 147 / 유연성과 ~ 134~136
/ 자궁 속에서의 ~ 48 / 추상적 패턴과 ~
40, 42, 45, 116, 145
학습기제 143, 146
선천적 ~ 42 / 언어 ~ 43, 170 / 전문화
된 ~ 36~38, 119 / 천체 ~ 36
해리스, 윌리엄(Harris, William) 129, 130
해리스 워윅(Harris-Warwick, R.M.) 158
해마(hippocampus) 150, 279(g)
 ~ 돌연변이 143 / ~ 손상 65, 142, 143 /
기억과 ~ 136, 142 / 새겨 ~ 165 / Emx
유전자와 ~ 104, 164
해삼 35, 37~38
해파리 160
행동
 ~에 대한 유전자의 영향 106~108,
109~111 / ~의 유전학 252~255 / 단독
유전자와 ~ 112~116 / 사회적 ~ 107,
108, 115~116 / 선천적 ~ 32~34 / 학습
된 ~ 34, 35~37
행동유전학 252
행동장애 185, 252
허시, 앨프리드(Hershey, Alfred) 78
헌팅턴 병 109, 225, 230, 279(g)

『현대 인류학 Current Anthropologist』 8
헤모글로빈 279(g)
헤켈, 에른스트(Haeckel, Ernst) 69
형세 분포도(topographic map) 213, 215,
 219~220, 279(g)
호메오 유전자 돌연변이 162
호버트, 올리버(Hobert, Oliver) 147
호킹, 데이비드(Hocking, David) 51
호턴, 조나단(Horton, Jonathan) 51
Hox 유전자 108, 162~164, 164(f), 279(g)
홉킨스, 낸시(Hopkins, Nancy) 249
환경
 ~의 중요성 15 / 유전력과 ~ 16~17 / 유
전자와 ~ 137~138, 221, 223~224
 → 본성과 양육
회색질 10, 279(g)
효소 71, 74~77, 84, 103, 110, 140, 143,
 147, 149, 183, 185, 225, 231~232,
 237~238, 249, 279(g)
효소 이론 71, 74~77, 249
후각 체계 132, 279(g)
후뇌 100, 129, 152, 163, 164, 279(g)
후벨, 데이비드(Hubel, David) 49~50, 51, 53
후성설(epigenesis) 279(g)
후쿠치 시모고리, 토모미(Fukuchi-Shimogori,
 Tomomi) 104
흰개미 133
흰족제비 52~53, 61
 수르의 실험 56~57, 61
히버드, 에머슨(Hibbard, Emerson) 129

옮긴이 **김명남**
KAIST에서 화학을 공부했으며 현재 인터넷 서점 알라딘 편집장으로 있다. 데이비드 보더니스의 『일렉트릭 유니버스』를 우리말로 옮겼다. starlakim@gmail.com

마음이 태어나는 곳

초판인쇄	2005년 4월 1일
초판발행	2005년 4월 15일

지은이	개리 마커스
옮긴이	김명남
펴낸이	지수현
펴낸곳	해나무
출판등록	2001년 4월 7일 제406-2003-058호

주 소	413-756 경기도 파주시 교하읍 문발리 파주출판도시 513-8
전자우편	henamu@hotmail.com
전화번호	031) 955-8896
팩 스	031) 955-8855

ISBN 89-89799-43-0 03470